U0183415

Cloud Computing Technology

云计算
网络技术教程
项目式微课版

杨运强 吴进 ◉ 主编

冯颖 马玥桓 张春校 陈辉 ◉ 副主编

王天玲 ◉ 主审

人民邮电出版社

北京

图书在版编目（CIP）数据

云计算网络技术教程：项目式微课版 / 杨运强，吴进主编. -- 北京：人民邮电出版社，2024. 8. --（工业和信息化精品系列教材）. -- ISBN 978-7-115-64668-2

Ⅰ．TP393.027；TP393.08

中国国家版本馆 CIP 数据核字第 2024XN4991 号

内 容 提 要

随着计算机网络技术和云计算技术的快速发展，企业对相关领域人才的要求进一步提高，云计算网络技术成为传统网络工程师和云计算运维工程师的必备技能。本书通过 8 个项目、18 个任务的实战讲解，全面介绍云计算网络技术，内容包括构建基础交换网络、构建基础路由网络、构建云服务器网络、构建小型虚拟化网络、构建企业级虚拟化网络、构建 KVM 虚拟机网络与服务、构建 OpenStack 云平台虚拟化网络和构建 Docker 容器虚拟化网络。

本书在结构上采用"任务描述—网络拓扑—知识讲解—任务实战"的组织方式，使用教材以及提供的软件环境和微课即可完成每个任务，掌握相关技能。

本书可作为高职高专和应用型本科院校计算机网络技术、云计算技术等相关专业的教材，也可以作为计算机网络培训班的培训教材和计算机网络爱好者的自学参考用书。

◆ 主　　编　杨运强　吴　进
　　副 主 编　冯　颖　马玥桓　张春校　陈　辉
　　主　　审　王天玲
　　责任编辑　郭　雯
　　责任印制　王　郁　焦志炜

◆ 人民邮电出版社出版发行　　北京市丰台区成寿寺路 11 号
　　邮编　100164　电子邮件　315@ptpress.com.cn
　　网址　https://www.ptpress.com.cn
　　三河市中晟雅豪印务有限公司印刷

◆ 开本：787×1092　1/16
　　印张：16　　　　　　　　　　　2024 年 8 月第 1 版
　　字数：441 千字　　　　　　　　2025 年 1 月河北第 2 次印刷

定价：59.80 元

读者服务热线：(010)81055256　印装质量热线：(010)81055316
反盗版热线：(010)81055315
广告经营许可证：京东市监广登字 20170147 号

　　党的二十大报告对加快建设网络强国、数字中国做出了重要部署，开启了我国信息化发展新征程。随着网络技术和云计算技术的快速发展，企业对人才的技能要求进一步提升。在云计算时代下，云计算网络技术已经成为计算机网络工程师和云计算运维工程师的必备技能。

　　"岗课赛证"人才培养模式是培养高技能应用型人才的重要途径，一线教师的专业技术能力是这一人才培养模式落地的关键。本书的编写团队曾指导学生参加网络系统管理、云计算应用等赛项的职业技能大赛，多次获得省赛一等奖、国赛三等奖，辅导学生考取计算机网络、云计算等方向的"1+X"职业技能等级证书，通过率均在 70% 以上。

　　本书通过在项目和任务的学习中融入素养目标，培养学生理论联系实际的能力、精益求精的工匠精神、与他人合作的团队精神等优秀品质。

　　本书编写团队结合实际工作场景设计教学项目和任务，每个项目都有具体的工作任务，在完成任务的过程中激发学生的学习兴趣，帮助学生掌握相关的知识和技能，从而使课堂教学更加生动、高效。本书编写团队精心录制了微课，使刚接触云计算网络技术的读者能够通过视频进行快速、高效的学习。本书还配有丰富的教学资源，包括课程标准、教案、PPT 课件、课后任务拓展训练答案、源代码文件等，以帮助教师提高教学效率。

　　本书主要内容及学时分配如下表所示。

主要内容	学时分配
项目 1　构建基础交换网络	12
项目 2　构建基础路由网络	8
项目 3　构建云服务器网络	8
项目 4　构建小型虚拟化网络	8
项目 5　构建企业级虚拟化网络	16
项目 6　构建 KVM 虚拟机网络与服务	14
项目 7　构建 OpenStack 云平台虚拟化网络	12
项目 8　构建 Docker 容器虚拟化网络	6
合计	84

前　言

　　本书由辽宁生态工程职业学院杨运强、吴进任主编，辽宁生态工程职业学院冯颖、沈阳市信息工程学校马玥桓、沈阳市第一七八中学张春校、沈阳市第一七五中学陈辉任副主编。辽宁生态工程职业学院王萌、吕双石也参与了本书的编写工作。其中，杨运强编写项目 1、项目 2，吴进编写项目 7 和项目 8，冯颖编写项目 3，马玥桓编写项目 4 和项目 6，吕双石和王萌编写项目 5，张春校和陈辉负责本书教学资源的制作。本书由辽宁生态工程职业学院王天玲负责主审。

　　由于编者水平有限，书中难免存在疏漏和不足之处，欢迎广大读者提出宝贵意见和建议，可发邮件至 594443700@qq.com。

编　者

2024 年 3 月

目 录

目 录

项目 1

构建基础交换网络

项目描述

　　某IT初创企业新建了一栋6层的办公楼，公司决定构建企业级网络，实现办公自动化和网站发布等功能。王亮是刚入职的一名网络工程师，负责协助项目经理完成整个企业网的规划设计、综合布线，以及网络设备和服务器的购买、部署与配置工作，通过与综合布线公司对接，已经完成了综合布线任务。项目经理要求王亮规划各楼层各部门的网络地址和VLAN信息，登录配置楼层接入交换机，隔离网络中各部门之间的广播流量。

　　项目1思维导图如图1-1所示。

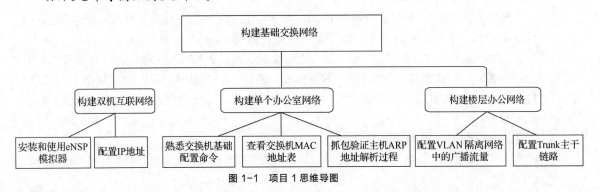

图 1-1　项目 1 思维导图

2

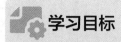

任务 1-1 构建双机互联网络

学习目标

知识目标

- 了解 IP 地址的表示方法和分类。
- 掌握网络地址和 IP 地址的关系。
- 掌握子网掩码的作用。

技能目标

- 能够安装和使用 eNSP 模拟器。
- 能够配置计算机的 IP 地址、子网掩码。
- 能够使用网络基础命令测试网络联通性。

素养目标

- 学习双机互联网络，培养完成一个较大项目时从细微处入手并不断优化改进的能力。
- 学习 IP 地址和网络地址，培养从整体角度看待事物的习惯，以理解事物之间的相互关系和相互作用。

1.1.1 任务描述

根据图 1-2 所示的网络拓扑，两台计算机通过网线连接后组成了双机互联网络，连接的目的是实现网络互联。项目经理要求王亮使用 eNSP 模拟器搭建双机互联网络，为两台计算机配置 IP 地址、子网掩码等信息，并使用基础网络命令测试两台主机的联通性。

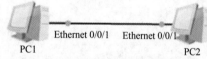

图 1-2 任务 1-1 网络拓扑

微课

V1-1 IP 地址

1.1.2 必备知识

1. IP 地址

（1）IP 地址的作用

IP 地址用来标识计算机网络中的主机，主机之间通过 IP 地址实现互相访问和数据通信，IP 地址类似于现实生活中每个人的身份证号码。

（2）IP 地址表示方法

IP 地址有两个版本，分别是 IPv4 和 IPv6，目前使用的大多数是 IPv4，初学者可首先学习 IPv4，然后学习 IPv6。本书以 IPv4 为主，如不提及 IP 地址的版本，则默认指 IPv4。

IP 地址在计算机内部是以 32 位二进制数表示的，如 11000000101010000000000100000001。但是 32 位二进制数书写起来很麻烦，不利于人们使用和沟通，所以将每 8 位二进制数转换为一个十进制数表示。32 位的二进制数可以转换为 4 个十进制数，中间用点进行分隔，如 192.168.1.1。

2. 十进制和二进制转换方法

计算机内部使用二进制数表示 IP 地址，所以需要掌握二进制和十进制之间的转换方法。

（1）十进制转换为二进制

转换方法：十进制数除以 2 取余数，反写余数，不够 8 位在左侧补 0。

举例：把十进制数 192 转换为二进制数。

首先用 192 除以 2，商为 96，余数为 0；然后用商除以 2，商为 48，余数为 0；以此类推，计算出商和余数，最后将余数反写。结果为 11000000，如表 1-1 所示。

表 1-1　将十进制数 192 转换为二进制数

被除数	除数	余数
192	2	0
96	2	0
48	2	0
24	2	0
12	2	0
6	2	0
3	2	1
1	2	1

通过以上方法将十进制数 10 转换为二进制数的结果为 1010，在书写时，左侧补 4 个 0，为 00001010。

（2）二进制转换为十进制

二进制只有 0 和 1 两个数码。8 位二进制数的最大值是 11111111，转换为十进制数是 255，所以用十进制表示 IP 地址时，每个数值都不可能超过 255。

将二进制转换为十进制时，自右向左数，只看 1 所在的位，如在第 7 位，就是 $2^7=128$，换算后将和依次累加。

举例：将二进制数 11000001 转换为十进制数。

从右向左数，1 在第 0 位、第 6 位、第 7 位。所以 11000001 二进制数转换为十进制数就是 $2^0+2^6+2^7=193$。

3. IP 地址的分类

为方便计算和管理，将 IP 地址分为 A、B、C、D、E 5 类，分类方法是将 IP 地址写成 32 位二进制数，看前 8 位的值。A 类 IP 地址的前 8 位以 0 开头，范围是 00000000～01111111，转换为十进制数是 0～127。类似地，可以计算出 B 类 IP 地址的第一个数的取值范围是 128～191，C 类 IP 地址的第一个数的取值范围是 192～223，D 类 IP 地址的第一个数的取值范围是 224～239，E 类 IP 地址的第一个数的取值范围是 240～255，如表 1-2 所示。例如，10.1.1.1 是 A 类 IP 地址，150.1.2.3 是 B 类 IP 地址，200.1.1.20 是 C 类 IP 地址。

表 1-2　IP 地址的分类

类别	看前 8 位	第一个数（十进制数）范围
A	以 0 开头	0～127
B	以 10 开头	128～191
C	以 110 开头	192～223
D	以 1110 开头	224～239
E	以 1111 开头	240～255

A、B、C 这 3 类 IP 地址由 InterNIC（国际互联网络信息中心）在全球范围内统一分配；D 类 IP 地址是多播地址，用于某些协议向选定的多个节点发送信息；E 类 IP 地址留给将来使用，经常使用的 IP 地址是前 3 类。

4. 特殊 IP 地址

（1）私有 IP 地址和公有 IP 地址

为了节省有限的 IP 地址资源，定义了私有 IP 地址和公有 IP 地址。对于私有 IP 地址，同一个 IP 地址可以配置在不同局域网的主机上。私有 IP 地址外的大多数地址是公有 IP 地址，公有 IP 地址要求全球唯一，通常应用在 Internet 上。在实际网络中，由于多个局域网中都配置了同一个私有 IP 地址，这样就需要在局域网的出口，通过网络地址转换（Network Address Translation，NAT）技术将私有 IP 地址转换为公有 IP 地址，再进行数据通信。3 类私有 IP 地址的范围如表 1-3 所示。

表 1-3　3 类私有 IP 地址的范围

类别	地址范围
A	10.0.0.0～10.255.255.255
B	172.16.0.0～172.31.255.255
C	192.168.0.0～192.168.255.255

（2）广播地址

广播地址可分为某个网络的广播地址和全网广播地址。发往某个网络广播地址的数据会被这个网络中的所有主机接收，发往全网广播地址 255.255.255.255 的数据会在局域网内的任意网络中广播，3 层路由设备会终止这两种广播流量。

（3）回环地址

回环地址的第一个数（十进制数）是 127，其他 3 个数为任意值，用于本地测试，如 127.0.0.1。

（4）0.0.0.0

0.0.0.0 不是一个真正意义上的 IP 地址，它表示的是一个地址集合，如 0.0.0.0 0.0.0.0 表示匹配任意 IP 地址。

（5）169.254.x.x

若主机使用自动获取 IP 地址的方式配置 IP 地址，那么当分配 IP 地址的服务器发生故障或响应时间太长时，主机就会自动配置一个以 169.254 开头的 IP 地址。

5. 网络地址

网络地址是一段连续 IP 地址的集合。计算机网络是由无数个单位的计算机组成的，通常将一段连续的 IP 地址分配给某个单位中的计算机，使用一个网络地址来表示这段连续的 IP 地址，也就是说，网络地址是这段连续 IP 地址的集合，分配给一个单位或者部门。网络地址包含 IP 地址，就好像一个班级包含多个同学一样。为了将一段连续的 IP 地址划分到同一网络中，给主机配置 IP 地址时需配置子网掩码，IP 地址和子网掩码共同确定了主机所在的网络。

微课

V1-2　网络地址

（1）网络位和主机位

默认情况下，A 类 IP 地址的子网掩码是 255.0.0.0，B 类 IP 地址的子网掩码是 255.255.0.0，C 类 IP 地址的子网掩码是 255.255.255.0。255.0.0.0 转换为二进制后由 8 个 1 和 24 个 0 组成，所以 A 类 IP 地址的网络位是 8 位，主机位是 24 位。同理，B 类 IP 地址的网络位是 16 位，主机位是 16 位；C 类 IP 地址的网络位是 24 位，主机位是 8 位。

（2）计算一个网络地址包含的 IP 地址

如果一个 IP 地址的主机位全部为 0，则这个地址是网络地址，如 192.168.10.0 255.255.255.0 就是一个网络地址，因为前 24 位网络位的值是 192.168.10，后 8 位主机位的值是 0，转换为二进制是 00000000，即主机位的值全部为 0。

示例：求网络地址 192.168.10.0 255.255.255.0 包含的 IP 地址。

计算某个网络的 IP 地址范围的方法如下。

网络位对应的数值不变，即前 24 位数值 192.168.10 不变，主机位 8 位数值变化的范围从 8 个 0 到 8 个 1，即最小值为 00000000，最大值为 11111111，如表 1-4 所示。

表 1-4　IP 地址范围

地址名称	数值	计算方法		IP 地址范围
网络地址	192.168.10.0	网络位不变，主机位任意变化	最小值	192.168.10.00000000
子网掩码	255.255.255.0	网络位 24 位，主机位 8 位	最大值	192.168.10.11111111

转换为十进制后，最小的 IP 地址是 192.168.10.0，最大的 IP 地址是 192.168.10.255，中间的 IP 地址范围是 192.168.10.1～192.168.10.254，其中第一个 IP 地址 192.168.10.0 是网络地址，最后一个 IP 地址 192.168.10.255 是广播地址，可以分配给主机使用的地址范围是 192.168.10.1～192.168.10.254（共 254 个）。从结果中可以发现，一个 C 类网络包含的 IP 地址数为 2^8=256 个，即 2 的主机位次幂，可以分配给主机的地址需要减去 2，因为第一个 IP 地址是网络地址，最后一个 IP 地址是广播地址，这两个 IP 地址不能分配给主机。

（3）计算某个 IP 地址所在的网络地址

网络地址是 IP 地址和子网掩码进行与运算的结果，与运算是二进制运算，规则非常简单：0 与 0 得 0，0 与 1 得 0，1 与 1 得 1。

示例：求配置了 IP 地址 192.168.10.1 和子网掩码 255.255.255.0 的主机所在的网络地址。

首先将 IP 地址转换为二进制数，然后将子网掩码转换为二进制数，再进行按位与运算，如表 1-5 所示。

表 1-5　计算 IP 地址所在的网络地址

地址名称	值	转换为二进制数，按位进行与运算
IP 地址	192.168.10.1	11000000 10101000 00001010 00000001
子网掩码	255.255.255.0	11111111 11111111 11111111 00000000
网络地址	192.168.10.0	11000000 10101000 00001010 00000000

将 IP 地址与子网掩码进行与运算后，再转换为十进制数，得到的网络地址是 192.168.10.0。在表示网络地址时，需加上子网掩码，完整的网络地址是 192.168.10.0 255.255.255.0，因为 255.255.255.0 表示网络位是 24 位，所以可以将网络地址简写为 192.168.10.0/24。从计算结果中可以发现一个规律，即任何一个十进制数和 255 做与运算都等于其自身，任何一个十进制数和 0 做与运算都等于 0，通过计算可以验证 IP 地址 192.168.10.2/24～192.168.10.254/24 也在 192.168.10.0/24 这个网络中。

（4）每类 IP 地址的网络个数

网络位确定了每类 IP 地址的网络个数，如 C 类 IP 地址的网络位是 24 位，因为 C 类 IP 地址开头是 110，固定 3 位不变，剩下可以变化的网络位是 21 位，所以 C 类 IP 地址共有网络个数是 2^{21}。

A、B、C 这 3 类 IP 地址的网络位、主机位、网络个数、每个网络中包含的可配置 IP 地址数等如表 1-6 所示。从表中可以看出，A 类 IP 地址的网络个数少，每个网络可配置的 IP 地址数多，适合用于大型网络，C 类则相反。

表 1-6 A、B、C 这 3 类 IP 地址的网络位、主机位、网络个数、每个网络中包含的可配置 IP 地址数等

类别	默认子网掩码	网络位	主机位	网络位固定位不变	网络个数	每个网络中包含的可配置 IP 地址数
A	255.0.0.0	8 位	24 位	开头是 0，固定不变	2^7	$2^{24}-2$
B	255.255.0.0	16 位	16 位	开头是 10，固定不变	2^{14}	$2^{16}-2$
C	255.255.255.0	24 位	8 位	开头是 110，固定不变	2^{21}	2^8-2

6. 子网划分

在实际 IP 地址分配中，将一个网络地址分配给一个单位时，如果这个单位中的主机只有几台，那么把一个大的网络都分配给这个单位就浪费了 IP 地址资源。例如，一个 C 类网络地址 200.1.1.0/24 包含了 254 个可用 IP 地址，一个单位只有 10 台主机，用不了这么多 IP 地址，能把剩下的 IP 地址直接分配给其他单位吗？答案是不能，因为如果直接分配给其他单位，则这两个单位就在同一个网络了，会造成网络地址冲突，给数据转发带来问题。解决 IP 地址浪费的方法是子网划分，即将一个网络划分成几个小的子网，然后将不同子网中的 IP 地址分配给不同单位。

微课

V1-3 子网划分

子网划分通过改变子网掩码、增加网络位数、减少主机位数来实现，举例如下。

示例：将 200.1.1.0/24 划分成两个子网并分配给两个单位，写出每个子网的网络地址和 IP 地址范围。

（1）根据划分的子网数确定新的子网掩码

网络位是 24 位，主机位是 8 位，划分为 2 个子网时，网络位需要从主机位借 n 位，满足 $2^n \geq 2$，其中右侧的 2 代表划分的子网数量，所以这里 $n=1$，即网络位需要从主机位借 1 位，新的子网掩码确定的网络位是 24+1=25 位，主机位是 8-1=7 位，25 个 1 和 7 个 0 组成的二进制数转换为十进制数，就是新的子网掩码 255.255.255.128。

（2）写出每个子网的 IP 地址范围

当写出每个子网的 IP 地址范围时，24 位网络位数值 200.1.1 不变。借 1 位对应二进制有两种变化，分别是 0 和 1。第一个子网地址使用 0，第二个子网地址使用 1。写出第一个子网的最小 IP 地址和最大 IP 地址，如表 1-7 所示。

表 1-7 第一个子网的 IP 地址范围

借位变化值	IP 地址范围	
0	最小值	200.1.1.00000000
0	最大值	200.1.1.01111111

从表中得出最小值是 200.1.1.0，最大值是 200.1.1.127，网络地址是第一个地址加上新的子网掩码，为 200.1.1.0/25，这个网络的广播地址为 200.1.1.127，最小值和最大值之间的地址（200.1.1.1～200.1.1.126，共 126 个 IP 地址）可以分配给第一个单位。同理，可以计算出第二个子网的最小 IP 地址和最大 IP 地址，如表 1-8 所示。

表1-8 第二个子网的IP地址范围

借位变化值	IP地址范围	
1	最小值	200.1.1.10000000
1	最大值	200.1.1.11111111

从表中得出最小值是200.1.1.128，最大值是200.1.1.255，网络地址是第一个地址加上新的子网掩码200.1.1.128/25，这个网络的广播地址是200.1.1.255，最小值和最大值之间的地址（200.1.1.129～200.1.1.254，共126个IP地址）可以分配给第二个单位。

划分成多个子网的计算方法与此类似，例如，划分成4个子网，网络位需要向主机位借2位，那么新的子网掩码是26位，即255.255.255.192。计算4个子网地址时，采用00、01、10、11这4种变化能够快速得到4个子网的网络地址和IP地址范围。

7．常用的传输介质

（1）双绞线

双绞线分为屏蔽双绞线（Shielded Twisted Pair，STP）和非屏蔽双绞线（Unshielded Twisted Pair，UTP），STP有3类、5类和超5类等，UTP有3类、4类、5类和超5类、6类等。常用的5类线可以作为100Mbit/s数据的传输介质，6类线可以作为1000Mbit/s数据的传输介质。双绞线每段长不大于100m，接4个中继器后最长可达到500m。

双绞线由8根不同颜色的线（分成4对）绞合在一起，成对扭绞的作用是尽可能减小电磁辐射与外部电磁干扰的影响，EIA/TIA布线标准规定了两种双绞线的线序：568A与568B。

568B线序双绞线用于不同种设备之间的连接，如计算机和交换机之间的连接，线序如下。

橙白-1，橙-2，绿白-3，蓝-4，蓝白-5，绿-6，棕白-7，棕-8。

568A线序双绞线用于同种设备之间的连接，如计算机和计算机之间，线序如下。

绿白-1，绿-2，橙白-3，蓝-4，蓝白-5，橙-6，棕白-7，棕-8。

（2）光纤

光纤的主要特点是传输频带宽，通信容量大，传输距离远，抗干扰能力强，抗化学腐蚀能力强。光纤主要用于长距离传输信号，包括多模光纤和单模光纤。

多模光纤（Multi Mode Fiber）的中心玻璃芯较粗（芯径为50μm或62.5μm），可传输多种模式的光。但其模间色散较大，这就限制了传输数字信号的频率，而且随着距离的增加，模间色散会更加严重。因此，多模光纤传输的距离比较近，一般只有几千米。

单模光纤（Single Mode Fiber）的中心玻璃芯很细（芯径一般为9μm或10μm），只能传输一种模式的光。因此，其模间色散很小，适用于远程通信。

8．以太网卡

（1）以太网卡的功能

网络接口卡（Network Interface Card，NIC）又被称为网络适配器或局域网接收器，简称网卡，连接在计算机主板插槽上，计算机通过网卡与其他的局域网设备进行连接和数据转发。如图1-3所示，黑色线是双绞线，一端连接到以太网卡的RJ-45接口，另一端连接其他网络设备。

图1-3 连接网卡

（2）以太网卡的分类

① 按结构形态分为集成网卡（LOM）、PCIe网卡、Mezz卡。

② 按带宽分为100Mbit/s网卡、1000Mbit/s网卡、2.5Gbit/s网卡、5Gbit/s网卡、10Gbit/s网卡、25Gbit/s网卡、40Gbit/s网卡、100Gbit/s网卡。

③ 按网络接口分为电口（RJ-45）网卡和光纤口（SC、LC）网卡等。

④ 按应用分为服务器网卡、桌面网卡、工业网卡等。

9．网络基础命令

（1）ipconfig

ipconfig 命令经常搭配参数/all 使用，用于显示当前主机的 IP 地址、子网掩码、网关、DNS 等配置信息。如果本地计算机使用了动态主机配置协议，则使用 ipconfig 命令可以查看计算机是否成功租用到了一个 IP 地址。查看计算机IP 地址、子网掩码、网关、DNS 配置是进行测试和故障分析的前提，在 Windows 下，在"运行"对话框中输入"cmd"命令，进入命令提示符窗口，使用 ipconfig 命令查看本机的 IP 地址、子网掩码等配置信息，如图 1-4 所示。

V1-4 网络基础命令

（2）ping 命令

ping 是计算机网络中一个重要的测试命令，用来测试本机与目标主机能否正常通信。执行 ping命令时默认发送 4 个互联网控制报文协议（Internet Control Message Protocol，ICMP）"回送请求"，每个都有 32 字节数据，若网络通信正常，则会得到 4 个回送应答。在本机的命令提示符窗口中使用 ping 192.168.0.1 命令测试本机与目标主机 192.168.0.1 的联通性，若显示返回数据包时间和 TTL 值，则表示本机与目标主机 192.168.0.1 可以正常通信，如图 1-5 所示。

图 1-4 使用 ipconfig 命令查看配置信息

图 1-5 测试本机与目标主机 192.168.0.1 的联通性

当显示请求超时或者目的地不可达时，表示本机与目标主机网络不通，如图 1-6 所示。

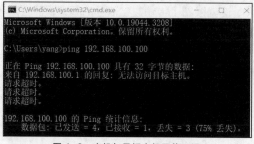

图 1-6 本机与目标主机网络不通

在网络维护过程中，经常使用参数-t 进行测试，其作用是一直向目标主机发送请求数据，可以按"Ctrl+C"组合键停止发送。

1.1.3 安装和使用 eNSP 模拟器

1．eNSP 模拟器的功能

eNSP 是华为推出的一款用于仿真计算机、交换机、路由器、防火墙、无线 AC、无线 AP 等网络设备的软件，功能强大，非常适合初学者学习使用。

V1-5 安装和使用eNSP 模拟器

2. 安装 eNSP 模拟器

（1）安装 VirtualBox 工具

在安装 eNSP 模拟器之前，需要安装 3 款软件为 eNSP 模拟器提供支持。首先安装 VirtualBox 以提供网络设备的虚拟化支持。启动安装程序，其界面如图 1-7 所示。

单击"下一步"按钮，根据提示进行操作，直到进入 Virtual Box 安装完成界面，如图 1-8 所示。单击"完成"按钮，完成 VirtualBox 的安装。

图 1-7　VirtualBox 安装程序启动界面　　　　　图 1-8　VirtualBox 安装完成界面

（2）安装 WinPcap 工具

WinPcap 工具为 Wireshark 提供了抓取网络数据包的网络接口驱动，所以在安装 Wireshark 网络抓包工具前要先安装 WinPcap 工具。启动 WinPcap 安装程序，其界面如图 1-9 所示。

单击"Next"按钮，进入同意安装界面。单击"I Agree"按钮，进入开始安装界面。单击"Install"按钮，等待一会儿后进入安装成功界面，如图 1-10 所示。单击"Finish"按钮，完成 WinPcap 的安装。

图 1-9　WinPcap 安装程序启动界面　　　　　图 1-10　WinPcap 安装成功界面

（3）安装 Wireshark 抓包工具

Wireshark 是一款非常优秀的网络抓包和分析工具，在分析和维护网络时经常使用。启动安装程序，其界面如图 1-11 所示。

单击"Next"按钮，进入同意安装界面。单击"I Agree"按钮，选择需要安装的组件，这里采用默认设置即可。单击"Next"按钮，选择创建快捷方式和关联的文件，这里采用默认设置即可。单击"Next"按钮，这里采用默认设置即可。单击"Next"按钮，选择抓包时的工具支持，如图 1-12 所示。

图 1-11　Wireshark 安装程序启动界面

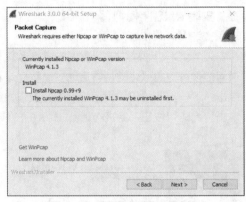

图 1-12　选择抓包时的工具支持

　　这里的默认设置是勾选的，但是当前已经安装了 WinPcap 工具，所以取消勾选。单击"Next"按钮，进入 USB Capture 界面。采用默认设置，单击"Install"按钮，等待一会儿之后就安装成功了。

　　（4）安装 eNSP

　　启动安装程序，选择使用的语言，如图 1-13 所示。

　　选择"中文(简体)"选项，单击"确定"按钮，启动安装向导，单击"下一步"按钮，进入同意安装界面。勾选"我愿意接受此协议"复选框，单击"下一步"按钮，

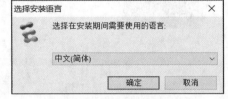

图 1-13　选择使用的语言

进入安装路径设置界面。采用默认安装位置，单击"下一步"按钮，勾选"创建桌面快捷图标"复选框，单击"下一步"按钮，提示已经检测到之前安装的 3 种工具，如图 1-14 所示。

　　单击"下一步"按钮，单击"安装"按钮，等待一会儿后，进入图 1-15 所示的界面，表示已经安装成功了。单击"完成"按钮，启动 eNSP 模拟器。

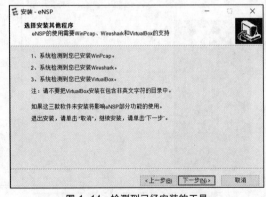

图 1-14　检测到已经安装的工具

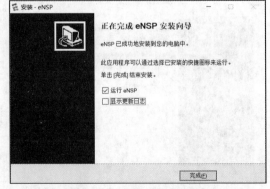

图 1-15　eNSP 安装成功界面

3. 使用 eNSP 模拟器

　　（1）认识 eNSP 操作界面

　　启动 eNSP 模拟器之后，可以进入图 1-16 所示的操作界面。从图中可以发现，eNSP 操作界面主要由 4 部分组成，分别为设备区、设备型号区、工具栏、工作区。设备区提供了华为的各种网络设备，包括交换机、路由器、无线设备、安全设备、主机、服务器等。用户选择某个设备后，设备型号区中会显示该设备的所有型号，可以通过拖曳鼠标指针的方式将某个型号的设备拖到工作区中，进而搭建各种网络拓扑，用户可学习各种设备的工作原理和配置。工具栏中提供了新

建网络拓扑、保存网络拓扑、设置标识、启动网络设备、显示接口连线等功能的快捷按钮，操作起来非常方便。

图 1-16　eNSP 操作界面

（2）搭建双机互联的网络拓扑

单击工具栏中的"新建拓扑"按钮，工作区变为空白，单击设备区第二行第一列的"主机"图标，设备型号区中将显示主机的各种类型，如图 1-17 所示。

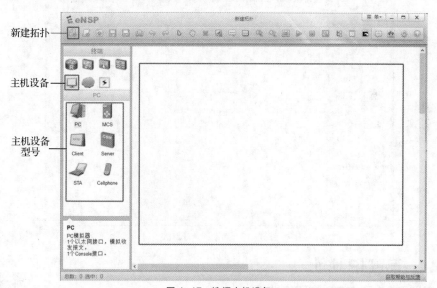

图 1-17　选择主机设备

在主机设备型号中，选择第一项普通的计算机（PC），将其拖曳到工作区中，使用同样的方法再拖曳一个 PC 到工作区中，两台计算机就出现在工作区中了。在设备区中单击"连线"图标，选择设备型号区中的"Copper"选项，单击 PC1，弹出主机的 Ethernet 0/0/1 接口，移动鼠标指针到 PC2 上并单击，弹出 PC2 的 Ethernet 0/0/1 接口，单击这个接口，即可连接 PC1 和 PC2 这两台计算机，成功模拟双绞线连接到两台计算机的网卡，如图 1-18 所示。

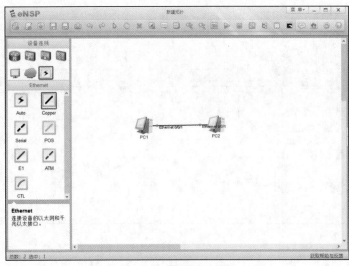

图 1-18　连接两台计算机

连接完成后，主机之间的连线是红色的，这是由于两台计算机还没有启动。可以在工具栏中单击绿色三角形按钮，或者使用鼠标右键单击每一个设备并选择"启动"选项，也可以选中两台设备并将其启动。启动完成后，两台计算机之间的连线变成绿色，如图 1-19 所示，此后就可以做后续的任务了。

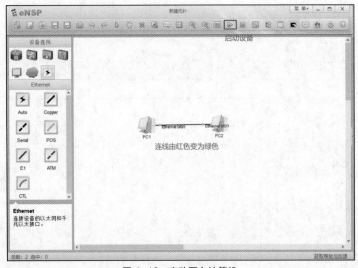

图 1-19　启动两台计算机

1.1.4　配置 IP 地址

1. 规划 PC1 和 PC2 的网络地址

当两台计算机直连或者通过交换机连接时，如果要实现相互访问，则需要将它们配置在同一个网络中，也就是说，两台计算机的网络地址要一致。

在局域网中，为终端设备配置私有 IP 地址。私有 IP 地址有 A、B、C 这 3 类，因为只有两台设备，所以完全可以选择 C 类网络，因为每个 C 类网络都可以配置 254 个主机地址。这里将两台计算机配置在同一个私有网络地址 192.168.1.0/24 中。

微课

V1-6　配置 IP 地址

2. 配置 PC1 和 PC2 的 IP 地址

（1）配置 PC1 的 IP 地址

双击 PC1，进入 PC1 的配置界面，在"基础配置"选项卡的"IPv4 配置"区域中选中"静态"单选按钮，在"IP 地址"文本框中输入 192.168.1.1，在"子网掩码"文本框中输入 255.255.255.0，单击右下角的"应用"按钮，如图 1-20 所示。

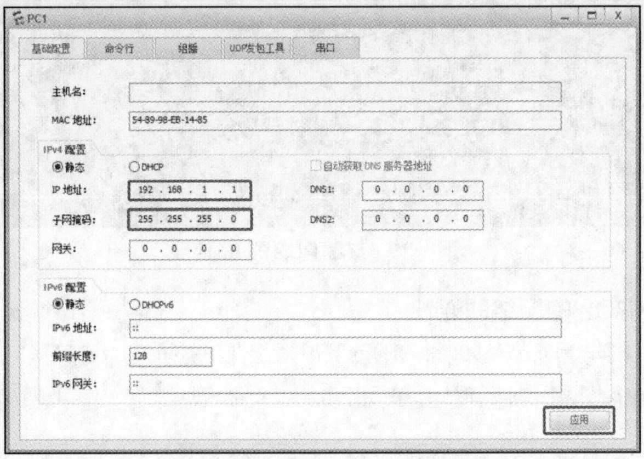

图 1-20　配置 PC1 的 IP 地址

（2）配置 PC2 的 IP 地址

按照 PC1 的 IP 地址配置方法，配置 PC2 的 IP 地址为 192.168.1.2、子网掩码为 255.255.255.0，如图 1-21 所示。

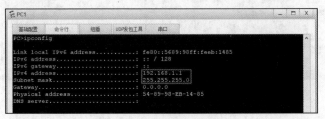

图 1-21　配置 PC2 的 IP 地址

3. 测试网络联通性

（1）查看 PC1 的 IP 地址

测试网络联通性首先要知道本机 IP 地址和目标 IP 地址，然后使用"ping 对方主机 IP 地址"的方式进行测试。首先查看 PC1 的 IP 地址，双击 PC1，在弹出的对话框中选择"命令行"选项卡，在命令提示符窗口中输入 ipconfig 命令，可看到本机的 IP 地址为 192.168.1.1，子网掩码是 255.255.255.0，如图 1-22 所示。

图 1-22　查看 PC1 的 IP 地址

（2）查看 PC2 的 IP 地址

按照查看 PC1 的 IP 地址的方法查看 PC2 的 IP 地址，如图 1-23 所示。

图 1-23　查看 PC2 的 IP 地址

（3）测试 PC1 与 PC2 的网络联通性

在 PC1 上测试本机与目标 IP 地址 192.168.1.2 的联通性，在 PC1 的命令行中输入 ping 192.168.1.2，按"Enter"键，返回的结果如图 1-24 所示。

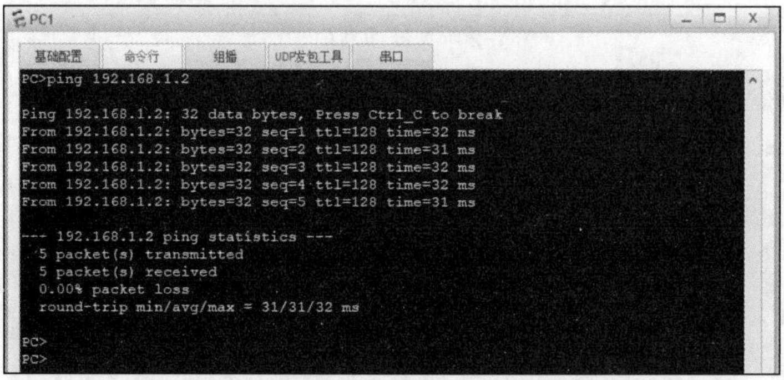

图 1-24　测试 PC1 与 PC2 的网络联通性

在 PC1 上使用 ping 命令向 PC2 发送测试请求后，从 PC2 的 IP 地址 192.168.1.2 返回了 5 条数据响应信息，包含字节大小、序列号、TTL 和时间等信息，说明 PC1 和 PC2 能够正常通信。

（4）测试 PC2 是否可以访问 PC1

在 PC2 的命令行中输入 ping 192.168.1.1，按"Enter"键，返回的结果如图 1-25 所示。

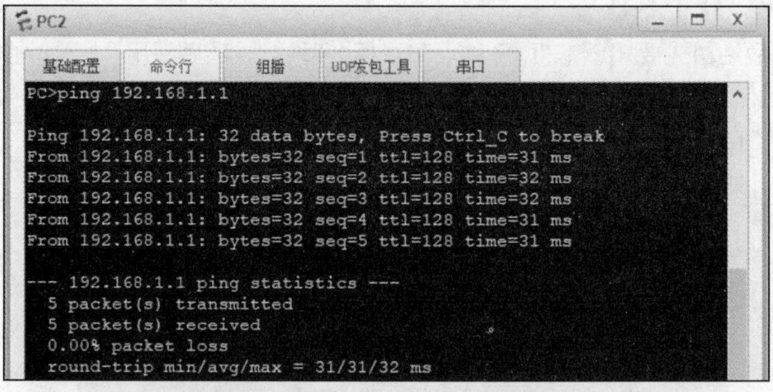

图 1-25　测试 PC2 与 PC1 的网络联通性

从图中可以看出，PC1 能够给 PC2 返回数据，说明 PC2 能够访问 PC1。从 PC1 能够访问

PC2 和 PC2 同样能够访问 PC1 得出结论，网络互联一定是双向的。如果网络两端只是数据单方向可达，如 PC1 的数据能发送到 PC2，但是 PC2 的数据无法发送到 PC1，那么网络是不通的。

（5）修改 IP 地址，使两台计算机处于不同的网络地址并测试其联通性

将 PC1 的 IP 地址修改为 192.168.2.1，如图 1-26 所示。

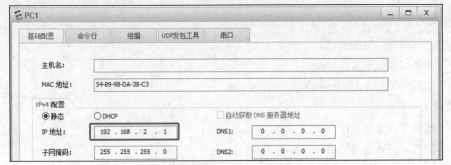

图 1-26　修改 PC1 的 IP 地址

在 PC1 的命令行中再次测试 PC1 能否正常访问 PC2，结果如图 1-27 所示。

图 1-27　测试 PC1 与 PC2 的网络联通性

结果为 Destination host unreachable，即目的地不可达，说明 PC1 无法与 PC2 正常通信。为什么会出现这种情况呢？因为修改 PC1 的 IP 地址后，它的 IP 地址是 192.168.2.1，子网掩码是 255.255.255.0，它所在的网络地址是 192.168.2.0/24，PC2 的网络地址仍然是 192.168.1.0/24，它们已经不在同一个网络了，也就不能够正常通信了，原因将在后续任务中讲解。

（6）验证子网划分后的网络互联

在任务 1-1 中，将 200.1.1.0/24 划分为两个子网并分配给两个单位，新的子网掩码是 255.255.255.128，首先将第一个子网中的地址 200.1.1.1、子网掩码 255.255.255.128 配置给 PC1，将第二个子网中的地址 200.1.1.130、子网掩码 255.255.255.128 配置给 PC2，然后进行联通性测试，如图 1-28 所示，可以发现两台计算机已经无法 ping 通了，说明这两个 IP 地址属于不同的网络。

图 1-28　测试两个不同子网的网络联通性

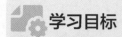

任务 1-2　构建单个办公室网络

学习目标

知识目标

- 了解数据封装的过程。
- 掌握交换机的工作流程。
- 掌握 ARP 地址解析的过程。

技能目标

- 能够登录网管交换机。
- 能够对网管交换机进行基础配置。
- 能够抓包分析 ARP 地址解析的过程。

素养目标

- 构建单个办公室网络，形成对整体和局部关系的认识。
- 抓取数据包学习 ARP 地址解析的过程，培养从细微处观察事物的素养。

1.2.1　任务描述

根据图 1-29 所示的网络拓扑，101 房间的 3 台计算机需要联网办公，首先使用双绞线将 3 台计算机连接到交换机上，在完成物理连接后，需要给计算机配置 IP 地址，实现网络互联。项目经理要求王亮了解交换机的登录方法和基础配置，掌握交换机使用 MAC 地址表进行数据转发的工作原理，抓包分析同一网络的主机和不同网络的主机 ARP 地址解析的过程。

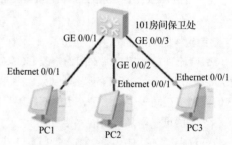

图 1-29　任务 1-2 网络拓扑

1.2.2　必备知识

1. MAC 地址

MAC 地址也叫物理地址、硬件地址，由网络设备制造商生产时烧录在网卡上。IP 地址与 MAC 地址在计算机里都是以二进制形式表示的。

MAC 地址的长度为 48 位二进制数，通常表示为 12 个十六进制数，如 00-16-EA-A2-3C-4B 就是一个 MAC 地址。其中，前 3 个字节 00-16-EA 为网络设备制造商的编号，它由电气电子工程师学会（Institute of Electrical and Electronics Engineers，IEEE）分配，后面的 3 个字节 A2-3C-4B 为该制造商所制造的某块网卡的序列号。MAC 地址是全球唯一的。

2. 交换机

（1）交换机的外形

交换机一般为长方体结构，拥有电源接口、连接终端设备的接口和配置接口，如图 1-30 所示。

图 1-30　交换机

（2）交换机的功能

交换机是计算机网络中一种非常重要的网络设备，作为数据链路层设备，主要功能是将计算机和其他终端设备接入网络中。交换机能够自动学习接入终端设备的 MAC 地址，在交换机上形成MAC 地址表，MAC 地址表中显示了交换机的哪个端口连接着哪个设备的 MAC 地址，进而根据MAC 地址表进行数据转发。

（3）具体工作流程

① 当交换机从某个端口收到一个数据包时，读取数据包中的源 MAC 地址，这样它就知道源MAC 地址的机器是连在哪个端口上的。

② 读取数据包中的目标 MAC 地址，并在地址表中查找相应的端口，如表中有与这个目标 MAC地址对应的端口，则把数据包直接复制到这个端口上。

③ 如果表中找不到相应的端口，则把数据包广播到所有端口，当目标机器对源机器回应时，交换机又可以学习目标 MAC 地址与哪个端口对应，在下次传送数据包时就不再需要对所有端口进行广播了。

交换机不断循环这个过程，直到学习完全网的 MAC 地址信息。

（4）交换机的性能指标

① 由于交换机对多数端口的数据同时进行交换，因此要求具有很大的交换总线带宽。假设二层交换机有 N 个端口，每个端口的带宽是 M，如果交换机总线带宽超过 $N \times M$，那么这个交换机就可以实现线速交换。

② 交换机将学习的 MAC 地址写入地址表中，一般有两种表示方式，一种为 BUFFER RAM（缓冲内存），另一种为 MAC 表项数值，地址表大小会影响交换机的接入容量，表项数值越大，交换机可以支持的设备数量也就越多。

③二层交换机一般含有用于处理数据包转发的专用集成电路（Application Specific Integrated Circuit，ASIC）芯片，因此转发速度可以非常快。由于各个厂家采用的 ASIC 不同，因此产品性能也就不同。

（5）交换机的分类

① 根据网络覆盖范围划分，有局域网交换机和广域网交换机。

② 根据传输介质和传输速度划分，有以太网交换机、快速以太网交换机、千兆以太网交换机、10 千兆以太网交换机、异步传输模式（Asynchronous Transfer Mode，ATM）交换机、光纤分布式数据接口（Fiber Distributed Data Interface，FDDI）交换机和令牌环交换机。

③ 根据交换机端口结构划分，有固定端口交换机和模块化交换机。

④ 根据是否支持网管功能划分，有网管型交换机和非网管型交换机。

3. ARP

（1）ARP 的概念

地址解析协议（Address Resolution Protocol，ARP）是将 IP 地址解析为 MAC 地址的协议。主机或三层网络设备上会维护一张 ARP 表，用于存储 IP 地址和 MAC 地址的映射关系。一般，ARP表项包括动态 ARP 表项和静态 ARP 表项。

（2）ARP 的功能

在局域网中，当主机或其他网络设备向另一台主机或网络设备发送数据时，需要知道对方的网络层 IP 地址。但是仅有 IP 地址是不够的，因为 IP 报文必须封装成帧才能通过物理网络发送，所以发送方还需要知道接收方的 MAC 地址，这就需要一种通过 IP 地址获取 MAC 地址的协议，以完成从 IP 地址到 MAC 地址的映射。ARP 能够将 IP 地址解析为 MAC 地址。

（3）ARP 的分类

① 动态 ARP。

动态 ARP 表项通过 ARP 报文自动生成和维护，能够被老化，可以被新的 ARP 报文更新，也可以被静态 ARP 表项覆盖。动态 ARP 适用于拓扑结构复杂、通信实时性要求高的网络。

② 静态 ARP。

静态 ARP 表项是由网络管理员手动建立的 IP 地址和 MAC 地址之间固定的映射关系。静态 ARP 表项不会被老化，不会被动态 ARP 表项覆盖。

4. 数据封装

（1）网络体系结构

网络体系结构指计算机网络的分层以及各层协议的集合，从上到下可以分为应用层、传输层、网络层、数据链路层、物理层。每层都运行着多种协议，其中较著名的是运行在应用层的 HTTP、运行在传输层的 TCP、运行在网络层的 IP 和 ARP 等。

（2）数据封装和解封装的过程

主机 1 和主机 2 通信的过程就是数据封装和解封装的过程。当主机 1 向主机 2 发送数据时，在应用层、传输层、网络层、数据链路层使用协议封装每层的数据，然后通过传输介质传输比特流；另一端的主机 2 接收数据时，在对应的各层上解封装数据。其中，在网络层封装的重要信息就是源 IP 地址和目标 IP 地址，在数据链路层封装的重要信息是 MAC 地址。计算机网络中最重要的设备有两种：一种是交换机，工作在数据链路层，能够识别数据中的 MAC 地址；另一种是路由器，工作在网络层，能够识别数据中的 IP 地址。

（3）各层封装数据的名称

① 协议数据单元。

应用层协议封装的数据称为协议数据单元（Protocol Data Unit，PDU）。

② 数据段。

在传输层使用 TCP 或者 UDP 封装了源端口和目标端口的数据称为数据段（Segment）。

③ 数据包。

在网络层封装了源 IP 地址、目标 IP 地址等信息的数据称为数据包（Packet）。

④ 数据帧。

在数据链路层封装了源 MAC 地址、目标 MAC 地址的数据称为数据帧（Frame）。

1.2.3　熟悉交换机基础配置命令

1. 登录真实交换机

可以把交换机和路由器等网络设备看作一台计算机，每台设备都有自己的 CPU 和内存，同时具备相应的操作系统。华为网络设备的操作系统称为通用路由平台（Versatile Routing Platform，VRP），用户可以使用终端设备登录到包含该操作系统的网络设备，按照自己的需求对交换机和路由器等网络设备进行配置。初学者首先要学习如何使用配置线登录网络设备。

微课

V1-7　熟悉交换机
基础配置命令

（1）物理连接

目前网络中的大多数交换机是可以被网络管理的。首先给交换机加电，然后使用配置线将笔记本电脑的 USB 端口连接到交换机的 Console 端口上，如图 1-31 所示。

（2）查看笔记本电脑的 COM 端口编号

在桌面上用鼠标右键单击"此电脑"图标，在弹出的快捷菜单中选择"管理"选项，如图 1-32 所示。

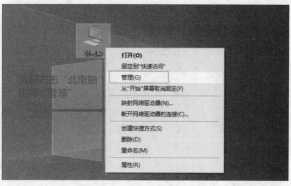

图 1-31　将笔记本电脑的 USB
端口连接到交换机的 Console 端口　　　　　　　图 1-32　选择"管理"选项

选择"设备管理器"选项，查看"端口（COM 和 LPT）"，可以看到连接 USB 的配置线属于"COM3"端口，如图 1-33 所示。

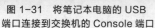

图 1-33　查看笔记本电脑的 COM 端口编号

（3）使用终端登录工具登录交换机

启动终端登录工具 SecureCRT，选择"文件"→"快速连接"选项，弹出"快速连接"对话框，在"协议"下拉列表中选择"Serial"选项；"端口"设为 COM3，因为 USB 的连接线属于笔记本电脑的 COM3 端口；"波特率"设为 9600，"数据位"设为 8，"停止位"设为 1，在"流控"区域中同时勾选 3 个复选框，如图 1-34 所示。

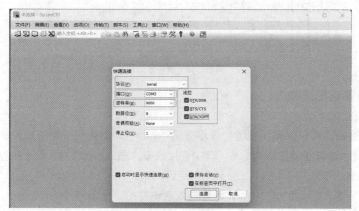

图 1-34　快速连接

单击"连接"按钮后，成功登录交换机，如图 1-35 所示。

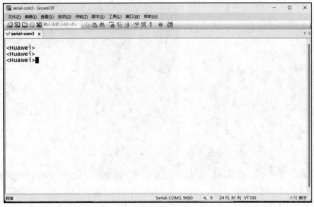

图 1-35　成功登录交换机

2.　在模拟器上登录交换机

在模拟器上登录交换机的方法非常简单，只需双击交换机，就可以进入登录交换机的界面，如图 1-36 所示。

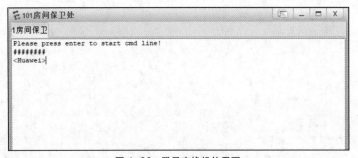

图 1-36　登录交换机的界面

其中，字体、字体颜色、背景颜色可以通过模拟器工具栏中的选项进行设置，如图 1-37 所示。

图 1-37　设置字体、字体颜色和背景颜色

3.　交换机基础配置命令

（1）用户视图

用户视图是登录交换机的默认视图，提示符是<Huawei>。用户视图的配置命令不经常使用，可以使用"？"显示该视图下的所有命令，其中使用最多的是 save 命令（用于保存交换机的配置）。

（2）系统视图

在用户视图下输入 system-view，即可进入系统视图，提示符是[Huawei]。通过系统视图可以对交换机进行各种配置，如修改设备名称、建立 VLAN、配置路由协议等，是平时配置使用最多的模式。

（3）接口视图

在系统视图下，可以通过 interface GigabitEthernet 0/0/1 命令进入设备的 0/0/1 接口，提示符为[Huawei-GigabitEthernet0/0/1]。"GigabitEthernet"表示接口类型为千兆以太网。"0/0/1"的含义如下。

第一个"0"表示板卡号。1U（1 单元高）的网络设备通常只有一个板卡，板卡号为 0。高端设备通常会有多个板卡，板卡号从 0 开始递增。

第二个"0"表示槽位号。板卡要插到插槽上，只有一个插槽的设备的槽位号是 0。具备多个插槽的设备的槽位号从 0 开始递增，以区分不同的插槽。

第三个"1"表示接口编号。一个板卡上通常会有多个接口，接口编号从 1 开始递增，可以通过 display interface brief 命令查看网络设备接口的标志、数量和状态。

除了这 3 种常用模式，还有其他的配置模式，需要时再对其进行说明。

（4）快捷键

① Tab 命令补全。

在进行设备配置时，可以使用"Tab"键进行命令的补齐。例如，当用户使用 system-view 命令从用户视图进入系统视图时，只需要输入 sy 并按"Tab"键进行补全就可以了。如果只输入一个 s 并按"Tab"键，则系统会提示 super 和 system-view 两个命令，因为以 s 开头的命令只有这两个。输入 sy 之后能够补全的原因是，以 sy 开始的命令只有 system-view。

② 问号。

问号可以非常友好地为用户提示命令，如果想知道某个模式下有哪些命令，则可以使用问号获得提示。另外，当一个命令由多个单词构成时，当输入完第一个单词后的空格后，可以使用问号获得后面单词的提示。

（5）退到上级模式

从一个模式进入另一个模式后，如果想退回上级模式，则可使用 quit 命令。例如，从[Huawei]系统模式退到用户模式和从接口模式退到系统模式，都可以使用 quit 命令。

（6）查看配置

查看当前配置的命令非常重要，因为当出现问题时，需要先了解交换机的配置，再进行排错。查看配置的命令是 display，例如，查看当前所有配置的命令是 display current-configuration。

（7）保存配置

保存配置的命令同样重要，因为用户配置完交换机，断电后配置就会失效。所以当配置完成后，需要在用户模式下使用 save 命令保存设备的配置，这样当设备断电再启动后，其配置就不会失效了。

4. 基础配置举例

（1）修改拓扑结构中交换机的名称为 sw1

首先登录交换机，然后输入 sys 并按"Tab"键进入系统视图，命令如下。

```
<Huawei>sys
```

在用户视图下输入 sys，按"Tab"键可以自动将其补全为 system-view。

```
<Huawei>system-view
[Huawei]sys
```

在系统视图下输入 sys，按"Tab"键，可以将其补全为 sysname 命令，按空格键并加上修改的名称，再按"Enter"键，交换机的名称即可修改为 sw1。

```
[Huawei]sysname sw1
[sw1]
```

（2）关闭 GE 0/0/3 端口，使 PC3 无法连接到交换机

进入千兆光口 0/0/3。

```
[sw1]interface GigabitEthernet 0/0/3
```

使用 shutdown 命令，关闭这个端口。

```
[sw1-GigabitEthernet0/0/3]shutdown
```

在拓扑结构中可以看到连接 GE 0/0/3 的交换机
端口已经是红色了，表示端口已经关闭了，如图 1-38
所示。

（3）undo 撤销命令

undo 是撤销命令。会使用撤销命令很重要，因为
用户在配置时会不可避免地出错，使用 undo 命令可
撤销之前的配置，在排错时必须掌握。

① 启用 GE 0/0/3 端口。

当需要启用 GE 0/0/3 端口时，使用 undo shutdown 命令即可，命令如下。

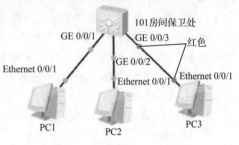

图 1-38　关闭 GE 0/0/3 端口

```
[sw1]interface GigabitEthernet 0/0/3
[sw1-GigabitEthernet0/0/3]undo shutdown
```

此时再查看 GE 0/0/3 端口的状态，可以看到其已经变为绿色，表示可以正常使用了。

② 关闭信息中心。

当一个配置生效时，会弹出一些提示信息，这些提示信息往往影响初学者学习。例如，当关闭
GE 0/0/3 端口后，会弹出以下提示。

```
[sw1-GigabitEthernet0/0/3]shutdown
[sw1-GigabitEthernet0/0/3]
 Dec 21 2023 20:36:45-08:00 sw1 %%01PHY/1/PHY(l)[0]:     GigabitEthernet0/0/3: change
status to down
[sw1-GigabitEthernet0/0/3]
 Dec 21 2023 20:36:51-08:00 sw1 DS/4/DATASYNC_CFGCHANGE:OID 1.3.6.1.4.1.2011.5.25
.191.3.1 configurations have been changed. The current change number is 6, the change
loop count is 0, and the maximum number of records is 4095.
```

关闭提示的方法是在系统视图下输入以下命令。

```
[sw1]undo info-center enable
```

其中，undo 是撤销命令，info-center enable 是启用信息中心，加上 undo 就表示关闭提示。

（4）保存所做配置

在系统视图下，使用 quit 命令或者"Ctrl+Z"组合键退回到用户模式，使用 save 命令保存所
做的配置，命令如下。

```
[sw1]quit
<sw1>save
The current configuration will be written to the device.
Are you sure to continue?[Y/N]y
Info: Please input the file name ( *.cfg, *.zip ) [vrpcfg.zip]:
Now saving the current configuration to the slot 0.
Save the configuration successfully.
```

在保存配置时会弹出提示信息，询问是否保存，输入"y"表示确认保存，输入保存的文件名称，
若要采用默认名称，则直接按"Enter"键即可。

微课

V1-8　查看交换机
MAC 地址表

1.2.4　查看交换机 MAC 地址表

1．配置 3 台计算机的 IP 地址

规划 PC1 的 IP 地址为 192.168.1.1、PC2 的 IP 地址为 192.168.1.2、PC3 的 IP 地址为 192.168.1.3，子网掩码采用 C 类的默认子网掩码 255.255.255.0，如图 1-39～图 1-41 所示。

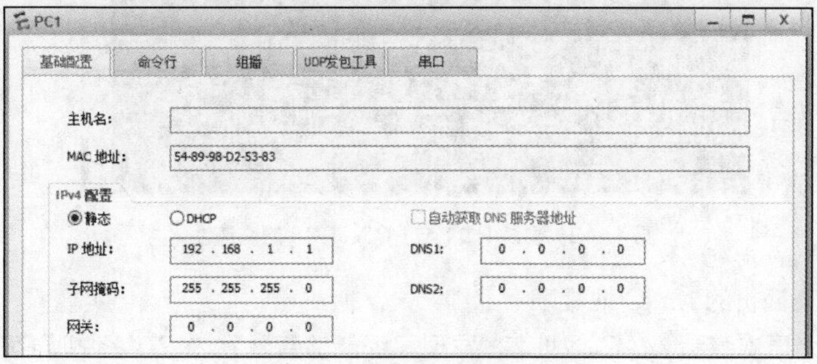

图 1-39　配置 PC1 的 IP 地址

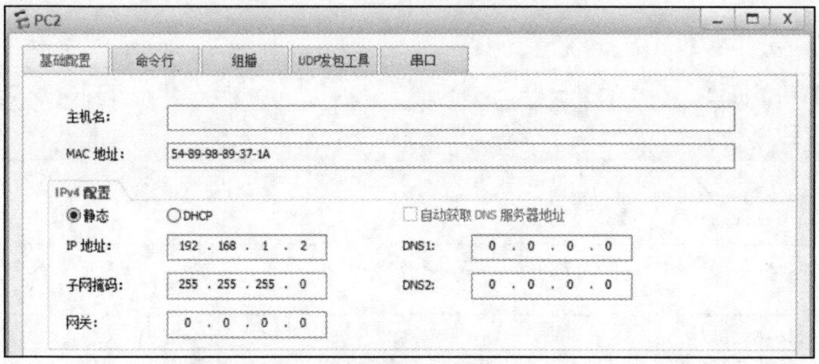

图 1-40　配置 PC2 的 IP 地址

图 1-41　配置 PC3 的 IP 地址

2．查看交换机的 MAC 地址表

（1）初始状态

配置完 IP 地址之后，在交换机上查询 MAC 地址表，命令如下。

```
[sw1]display mac-address
```

可以看到交换机的 MAC 地址表是空的，此时交换机不知道它的哪个接口连接着哪台计算机的网卡 MAC 地址。这是因为 PC1、PC2、PC3 之间还没有进行数据通信，每台计算机的数据流量都还没有到达交换机的接口，所以交换机无法学习到每个接口所连接设备的 MAC 地址。

（2）测试 PC1 与 PC2、PC3 的联通性

在 PC1 上使用 ping 命令测试其与 PC2 和 PC3 的联通性，发现 PC1 和 PC2、PC3 是可以正常通信的，如图 1-42 所示。

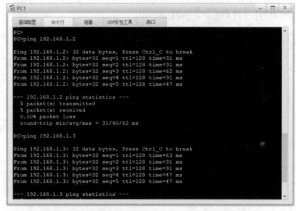

图 1-42　测试 PC1 与 PC2、PC3 的联通性

（3）再次查看交换机的 MAC 地址表

此时在交换机上再次查看 MAC 地址表，发现已经能够查看到内容了，说明 PC1 与 PC2、PC3 之间的数据流量经过交换机后，交换机已经学习到了每个端口所连接设备的 MAC 地址，如图 1-43 所示。

```
[sw1]dis mac-address
MAC address table of slot 0:
---------------------------------------------------------------------------
MAC Address    VLAN/        PEVLAN CEVLAN Port          Type       LSP/LSR-ID
               VSI/SI                                              MAC-Tunnel
---------------------------------------------------------------------------
5489-9849-6525 1            -      -      GE0/0/1       dynamic    0/-
5489-9836-5344 1            -      -      GE0/0/2       dynamic    0/-
5489-9809-1a06 1            -      -      GE0/0/3       dynamic    0/-
---------------------------------------------------------------------------
Total matching items on slot 0 displayed = 3
```

图 1-43　交换机的 MAC 地址表

地址表中显示，交换机的 GE 0/0/1 端口连接设备的 MAC 地址是 5489-9849-6525，交换机的 GE 0/0/2 端口连接设备的 MAC 地址是 5489-9836-5344，交换机的 GE 0/0/3 端口连接设备的 MAC 地址是 5489-9809-1a06。

在 PC1 上使用 ipconfig 命令查看计算机的 IP 地址和 MAC 地址，如图 1-44 所示。

```
PC>
PC>ipconfig

Link local IPv6 address...........:
fe80::5689:98ff:fe49:6525
IPv6 address.....................:: :: / 128
IPv6 gateway.....................:: ::
IPv4 address.....................: 192.168.1.1
Subnet mask......................: 255.255.255.0
Gateway..........................: 0.0.0.0
Physical address.................: 54-89-98-49-65-25
DNS server.......................:
```

图 1-44　使用 ipconfig 命令

可以看到，PC1 的 MAC 地址就是交换机 GE 0/0/1 端口所连接设备的 MAC 地址。同理可以查询到，GE 0/0/2 端口和 GE 0/0/3 端口连接 PC2 和 PC3 的 MAC 地址。

1.2.5 抓包验证主机 ARP 地址解析过程

交换机通过 MAC 地址表转发主机之间的数据，这就要求主机把数据交给交换机时，告诉交换机目标主机的 MAC 地址，这样交换机才可以通过 MAC 地址表查看目标主机 MAC 地址连接在交换机的哪个端口上，然后进行数据转发。这就要求源主机在数据链路层封装目标主机的 MAC 地址。那么在知道了目标主机 IP 地址的情况下，如何获取对方主机的 MAC 地址呢？答案是使用地址解析协议。下面介绍源主机获取目标主机 MAC 地址的 ARP 地址解析过程。

1. 目标主机与源主机在同一网络

在网络通信开始时，源主机首先判断目标主机与本机在不在同一个网络内，例如，源主机 IP 地址是 192.168.1.1，子网掩码是 255.255.255.0，当它与 IP 地址 192.168.1.2 通信时，判断 192.168.1.2 属于自己所在的网络 192.168.1.0/24 后，就会向网络中发送 ARP 广播。广播数据在网络层封装源 IP 地址和目标 IP 地址，在数据链路层封装源 MAC 地址（本机的 MAC 地址），目标 MAC 地址使用 FF-FF-FF-FF-FF-FF 广播地址。当交换机收到这个 ARP 广播数据时，发现目标 MAC 地址是全 F 的地址，就会向交换机的所有端口进行转发，同时将源主机的 MAC 地址和连接的端口存到 MAC 地址表中。

当目标主机 192.168.1.2 收到这个广播报文后，将 192.168.1.1 的 MAC 地址存到本机的 ARP 表中。此后，其向源主机 192.168.1.1 发送应答报文，在网络层封装源 IP 地址为 192.168.1.2、目标 IP 地址为 192.168.1.1。在数据链路层，源 MAC 地址是本机的 MAC 地址，目标 MAC 地址是 192.168.1.1 的 MAC 地址，这时交换机已经能够通过 MAC 地址表找到 192.168.1.1 的 MAC 地址并根据所连接的端口进行转发。另外，交换机会将 192.168.1.2 的 MAC 地址和连接的端口存储到 MAC 地址表中。

当源主机 192.168.1.1 收到回送报文时，将 192.168.1.2 和对应的 MAC 地址存储到自己的 ARP 表中，不同操作系统主机的 ARP 表缓存时间不一致，动态 ARP 一般不会超过 10 分钟，失效后需要重新请求。如果想长时间保存，则可以使用静态 ARP。

（1）在网络拓扑中抓取 GE 0/0/1、GE 0/0/2、GE 0/0/3 端口的数据流量

在安装 eNSP 时，安装了 Wireshark 抓包工具，可以抓取 eNSP 中的数据流量。使用鼠标右键单击交换机，在弹出的快捷菜单中选择"数据抓包"选项，可以抓取交换机中已经连接设备的端口，这里同时抓取 GE 0/0/1、GE 0/0/2、GE 0/0/3 端口的数据流量，如图 1-45 所示。

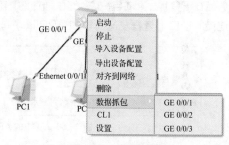

图 1-45 抓取数据流量

（2）抓取 ARP 流量

在每个抓包页面上的应用显示过滤器中输入 arp，目的是只抓取 ARP 流量，如图 1-46 所示。

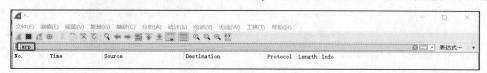

图 1-46 只抓取 ARP 流量

（3）清空主机上已有的 ARP 缓存

在 3 台主机的命令行中输入 arp -d 命令，可以清空已有的 ARP 缓存，这样可以查看整个 ARP 地址解析过程，如图 1-47 所示。

图 1-47　清空已有的 ARP 缓存

（4）在 PC1 上测试与 PC2 的联通性

在 PC1 上使用 ping 192.168.1.2 查看与 PC2 的联通性，在 PC1 的命令行中使用 arp -a 命令查看 ARP 表项，如图 1-48 所示。

图 1-48　PC1 的 ARP 表项

从图中可以看出，此时 PC1 已经获得了 PC2 的 MAC 地址。在 PC2 的命令行中使用 arp -a 命令查看 ARP 表项，如图 1-49 所示。

图 1-49　PC2 的 ARP 表项

从图中可以看出，PC2 已经获得了 PC1 的 MAC 地址，PC1 和 PC2 在进行数据通信时，在数据链路层就可以直接封装对方的 MAC 地址了。

（5）分析 ARP 请求过程

当在 PC1 上测试与 PC2 的联通性时，首先会发送 ARP 广播请求 PC2 的 MAC 地址，在 PC1 所连接的接口上查看发送请求的 ARP 请求包和 PC2 发送给 PC1 的 ARP 应答包，如图 1-50 所示。

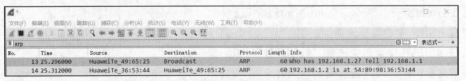

图 1-50　PC1 的 ARP 请求包和 PC2 的 ARP 应答包

图中的第一条记录显示 PC1 发送了一个 ARP 广播包，询问哪台主机的 IP 地址是 192.168.1.2；第二条记录是 PC2 发送给 PC1 的 ARP 应答包，表示 PC2 的 IP 地址是 192.168.1.2，PC 的 MAC 地址是 54:89:98:36:53:44。将第一条记录打开，如图 1-51 所示。

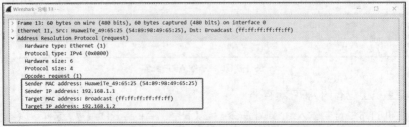

图 1-51　PC1 发送的 ARP 请求包

可以看出，图中内容和我们的分析是一致的，即发送请求时封装自己的源 IP 地址、源 MAC 地址、对方的 IP 地址和全 F 的 MAC 地址，这样交换机收到该数据包后就会向所有端口转发。打开第二条记录，如图 1-52 所示。

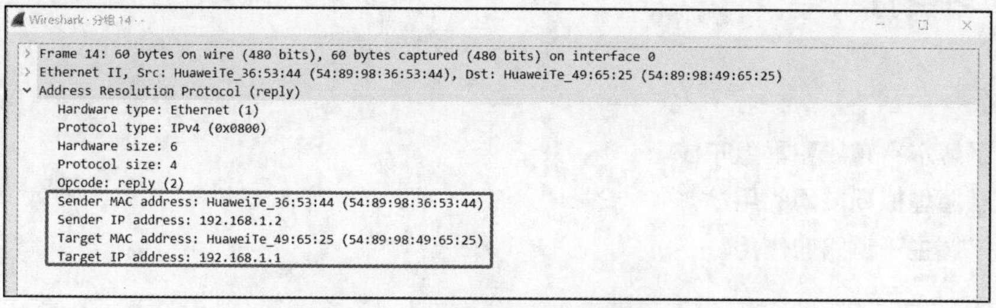

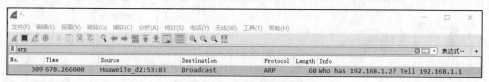

图 1-52　PC2 的 ARP 应答包

从图中可以看出应答包已经封装了源 IP 地址、目标 IP 地址、源 MAC 地址、目标 MAC 地址，已经是单播报文了。

在 PC2 的抓包页面中，同样可以看到两条记录，和 PC1 是一致的，分别是 ARP 请求包和 ARP 应打包。在 PC3 的抓包页面中，同样可以看到它收到了 PC1 的 ARP 请求包，如图 1-53 所示。

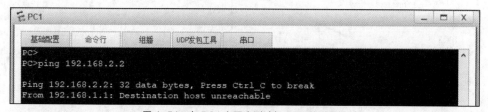

图 1-53　PC3 抓包页面

PC3 有必要收到 PC1 发给 PC2 的 ARP 请求吗？实际上是没有必要的，但是 ARP 必须发送一个广播包，因为 PC1 最开始也不知道要发给谁，所以只能发送广播包。所以广播是必要的，但是很多时候广播是不好的，因为占用了不必要的带宽资源。当网络中存在大量广播时，网络就会瘫痪，在任务 1-3 中将介绍如何隔离网络中的广播流量。

2. 目标主机与源主机不在同一网络

如果目标主机与源主机不在同一个网络，那么源主机还会发送 ARP 请求吗？或者说，这时源主机该如何处理与目标主机之间的通信问题呢？

将 PC2 的 IP 地址修改为 192.168.2.2，子网掩码还是 255.255.255.0，再次测试 PC1 与 PC2 的联通性。此时发现 PC1 与 PC2 是无法正常通信的，如图 1-54 所示。

图 1-54　在 PC1 上再次测试与 PC2 的联通性

在连接 PC1 接口的抓包页面中再次进行查看，发现其中还是之前的两条记录，说明此时 PC1 根本没有发送 ARP 广播包，无法获取到对方的 MAC 地址，当然也就无法正常通信了。

那么一台主机如何与和本机不同网络的主机通信呢？答案是通过网关。当某台主机发现目标主机与本机不在同一网络时，会向网关发送 ARP 请求，然后把数据请求发送给网关，再由网关帮助自己转发请求，这就是配置网关地址的目的。关于网关的知识将在构建基础路由网络项目中介绍。

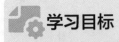

任务 1-3 构建楼层办公网络

学习目标

知识目标
- 了解水平布线和垂直布线。
- 掌握虚拟局域网的用途。
- 掌握主干链路的作用。

技能目标
- 能够配置 VLAN 隔离广播流量。
- 能够配置 Trunk 链路允许多个 VLAN 的数据通过。

素养目标
- 合作完成楼层办公网络，准确表达对细微事物的理解，培养沟通协调能力。
- 对水平布线和垂直布线进行学习，学会从生活和工作经验中不断丰富自己的知识储备。

1.3.1 任务描述

根据图 1-55 所示的网络拓扑，可知 101 房间和 102 房间是保卫处、103 房间是后勤处、201 房间是销售部、202 房间是技术部，每个房间都使用交换机连接了多个用于办公的计算机终端。

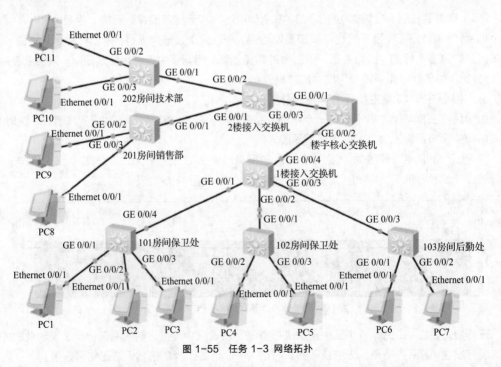

图 1-55 任务 1-3 网络拓扑

楼层接入交换机部署在每个楼层的设备管理间，用于接入每个楼层的所有房间，101、102、103 房间通过水平布线连接到 1 楼接入交换机，201 和 202 房间通过水平布线连接到 2 楼接入交换机，1 楼接入交换机和 2 楼接入交换机通过垂直布线接入楼宇核心交换机。

这里以 1 楼的 3 个房间和 2 楼的 2 个房间为例进行讲解，关键在于掌握相关知识和技术，掌握了 1 楼和 2 楼的网络规划和配置，其他楼层和房间的接入配置就很容易了。

在完成网络综合布线后，项目经理要求王亮在 1 楼和 2 楼的接入交换机上划分 VLAN 隔离网络中的广播流量，然后配置 1 楼接入交换机与楼宇核心交换机、2 楼接入交换机与楼宇核心交换机之间的 Trunk 链路，保证多个 VLAN 的流量能够到达楼宇核心交换机。

1.3.2 必备知识

1. 水平布线和垂直布线

（1）房间到楼层接入交换机的连接方法

如图 1-56 所示，在每个房间的墙壁上都有一个信息面板，每个房间的多台计算机（图中为 30 台）都连接到一台交换机上，这台交换机通过一根网线连接到信息面板。信息面板再通过网线连接到每个楼层弱电井中的 RJ-45 配线架上，配线架再通过一根跳线连接到楼层接入交换机上，每个房间都通过水平布线连接到弱电井的楼层接入交换机上，接入交换机通过光纤跳线连接到光纤配线架。

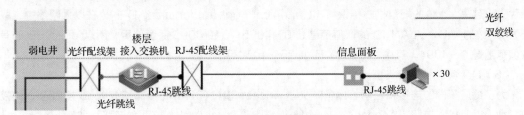

图 1-56　房间接入楼层接入交换机

（2）楼层接入交换机到楼宇核心交换机的垂直布线

如图 1-57 所示，每台楼层接入交换机都通过光纤跳线连接到光纤配线架，再使用光纤通过弱电井连接到楼宇核心交换机上。楼宇核心交换机（如果是多个楼宇的网络，那么此处的核心交换机为汇聚交换机）放置的位置应根据实际情况确定。

2. 虚拟局域网

虚拟局域网（Virtual Local Area Network，VLAN）是将一个物理的局域网在逻辑上划分成多个广播域的通信技术。

在默认情况下，交换机的所有接口都属于 VLAN1，连接的所有终端都处于同一广播域。

交换机划分多个 VLAN 后，每个 VLAN 都是一个广播域。连接在同一 VLAN 内的主机属于同一广播域，可以直接通信，连接到不同 VLAN 内的主机属于不同的广播域，不能直接通信（需要借助三层设备转发）。通过 VLAN 技术可以有效隔离网络中的广播流量，提升网络安全性。

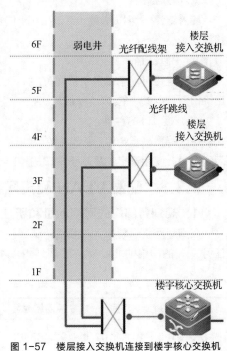

图 1-57　楼层接入交换机连接到楼宇核心交换机

（1）VLAN 的优点

① 限制广播域。

广播域被限制在一个 VLAN 内，节省了带宽，提高了网络处理能力。

② 灵活构建虚拟工作组。

使用 VLAN 可以划分不同的用户到不同的工作组中，同一工作组的用户也不必局限于某一固定的物理范围，网络构建和维护更加方便灵活。

③ 提高了网络的健壮性。

故障被限制在一个 VLAN 内，某个 VLAN 内的故障不会影响其他 VLAN 的正常工作。

④ 增强局域网的安全性。

不同 VLAN 内的报文在传输时是相互隔离的，即一个 VLAN 内的用户不能和其他 VLAN 内的用户直接通信。

（2）VLAN 标签

为了使设备能够分辨不同的 VLAN 报文，需要在报文中添加标识 VLAN 信息的字段。IEEE 802.1Q 协议规定，在以太网数据帧的目标 MAC 地址和源 MAC 地址字段之后、协议类型字段之前加入 4 字节的 VLAN 标签（又称 VLAN Tag，简称 Tag），分别是 2 字节的 TPID，表示帧类型，取值为 802.1Q 时表示 IEEE 802.1Q 的 VLAN 数据帧；3 位的 PRI，取值范围是 0~7，值越大表示优先级越高；1 位的规范格式标识符（Canonical Format Identifier，CFI）；在以太网络中，取值为 12 位的 VID，VLAN ID 的取值范围是 0~4095，0 和 4095 保留使用，所以 VLAN ID 的有效值范围是 1~4094，其中 1~1001 及 1025~4094 用于以太网。

（3）链路类型和接口类型

为了适应不同的连接和组网，设备定义了 Access 接口、Trunk 接口和 Hybrid 接口这 3 种接口类型，以及接入链路（Access Link）和干道链路（Trunk Link）这两种链路类型。

① 接入链路。

接入链路只可以承载一个 VLAN 的数据帧，用于连接设备和用户终端（如用户主机、服务器等）。

② 干道链路。

干道链路可以承载多个不同 VLAN 的数据帧，用于设备之间互联。为了保证其他网络设备能够正确识别数据帧中的 VLAN 信息，在干道链路上传输的数据帧必须加上 Tag。

（4）VLAN 的种类

可以配置基于端口、基于 MAC 地址、基于协议、基于策略的 VLAN，在实际网络中，使用最多的是基于端口的 VLAN。

1.3.3 配置 VLAN 隔离网络中的广播流量

1. 规划各部门的网络地址和所在 VLAN

在实际网络规划中，一般给一个部门规划一个网络地址和一个 VLAN ID，任务 1-3 的网络地址和 VLAN 规划如表 1-9 所示。

微课

V1-9　配置 VLAN 隔离网络中的广播流量

表 1-9　网络地址和 VLAN 规划

部门	房间	网络地址	所属 VLAN	交换机接口
1 楼保卫处	101、102	192.168.1.0/24	VLAN10	1 楼接入交换机的 GE 0/0/1、GE 0/0/2 端口
1 楼后勤处	103	192.168.2.0/24	VLAN20	1 楼接入交换机的 GE 0/0/3 端口
2 楼销售部	201	192.168.3.0/24	VLAN30	2 楼接入交换机的 GE 0/0/1 端口
2 楼技术部	202	192.168.4.0/24	VLAN40	2 楼接入交换机的 GE 0/0/2 端口

2. 配置 IP 地址

按照表 1-9，将每个网络中的 IP 地址分配给每台主机，将每个网络中的第一个 IP 地址留作网关使用。以 1 楼保卫处为例，为 5 台计算机分别配置 IP 地址 192.168.1.2、192.168.1.3、192.168.1.4、192.168.1.5、192.168.1.6，子网掩码都是 255.255.255.0，其他部门的配置方法与此相同。

3. 网络中的广播流量

为每个部门的计算机配置完 IP 地址后，我们来思考一个问题：当每个部门内进行数据通信时，首先要发送 ARP 广播，那么这个广播会广播到与这台交换机相连接的所有房间，101 房间发送的广播会广播到 1 楼和 2 楼的所有房间。这仅仅是一个部门的 ARP 广播流量，如果是多个部门的主机同时发送 ARP 广播，那么网络中会存在大量的 ARP 广播。另外，网络中的广播不是只有 ARP，还有其他多种广播流量，如动态主机配置协议（Dynamic Host Configuration Protocol，DHCP）自动获取 IP 地址的流量。如果这些广播在网络中大量泛滥，那么网络会在短时间内瘫痪。

4. 划分 VLAN

为了将网络中的广播限制在一定范围内，可将每个部门的主机划分到一个 VLAN 内，配置完成后，这些主机之间的通信数据就无法到达其他的 VLAN 内，进而实现隔离广播流量的效果，方法是在接入交换机上配置基于端口的 VLAN。将某个端口加入某个 VLAN 后，当数据进入这个端口时，没有 VLAN 标签的数据会增加 VLAN 的标签，带有相同 VLAN 标签的数据会去掉 VLAN 标签，带有其他 VLAN 标签的数据无法通过此端口。

（1）配置 1 楼接入交换机端口 VLAN

登录到 1 楼接入交换机后，进入系统视图，关闭信息中心提示，修改交换机的名称为 1jr，然后建立两个 VLAN，分别是 VLAN10 和 VLAN20，配置命令如下。

```
<Huawei>system-view            #进入系统视图
[Huawei]undo info-center enable #关闭信息中心提示
[Huawei]sysname 1jr            #修改交换机的名称为 1jr
[1jr]VLAN batch 10 20          #建立两个 VLAN，分别为 VLAN10 和 VLAN20
```

在建立多个 VLAN 时，可以通过建立 VLAN10、VLAN20 这样的方式依次建立，也可以使用 VLAN batch 进行批量建立。

（2）将 GE 0/0/3 划分到 VLAN20

首先将 GE 0/0/3 划分到 VLAN20 中，命令如下。

```
[1jr]interface GigabitEthernet 0/0/3             #进入 GE 0/0/3 端口
[1jr-GigabitEthernet0/0/3]port link-type access  #配置端口模式为 Access
[1jr-GigabitEthernet0/0/3]port default vlan 20   #将端口划分到 VLAN20 中
```

配置完成后，可以在端口下使用 display this 查看其配置信息。

```
[1jr-GigabitEthernet0/0/3]display this
#
interface GigabitEthernet0/0/3
 port link-type access
 port default vlan 20
```

通过配置信息可以发现，GE 0/0/3 端口已经加入 VLAN20。

（3）将 GE 0/0/1 和 GE 0/0/2 端口划分到 VLAN10

可以按照将 GE 0/0/3 端口加入 VLAN20 的方法依次将 GE 0/0/1 和 GE 0/0/2 端口加入 VLAN10；也可以建立一个端口组，将 GE 0/0/1 和 GE 0/0/2 端口加入组中，再将这个端口组加入 VLAN10。如果是多个端口，则建议采用端口组的方式，以节省配置时间。

```
[1jr]port-group 1                                         #建立端口组 1
[1jr-port-group-1]group-member GigabitEthernet 0/0/1 GigabitEthernet 0/0/2
                                                          #向组中加入 GE 0/0/1 和 GE 0/0/2 端口
[1jr-port-group-1]port link-type access                   #配置接口组模式为终端访问模式
[1jr-port-group-1]port default vlan 10                    #将端口组加入 VLAN10 中
```

（4）查看 VLAN 配置

在用户、系统或者接口视图下使用 display vlan 命令可以查看当前交换机的 VLAN 配置，如图 1-58 所示。

```
[1jr]display vlan
The total number of vlans is : 3
--------------------------------------------------------------------------------
U: Up;         D: Down;         TG: Tagged;         UT: Untagged;
MP: Vlan-mapping;               ST: Vlan-stacking;
#: ProtocolTransparent-vlan;    *: Management-vlan;
--------------------------------------------------------------------------------

VID  Type    Ports
--------------------------------------------------------------------------------
1    common  UT:GE0/0/4(U)      GE0/0/5(D)      GE0/0/6(D)      GE0/0/7(D)
                GE0/0/8(D)      GE0/0/9(D)      GE0/0/10(D)     GE0/0/11(D)
                GE0/0/12(D)     GE0/0/13(D)     GE0/0/14(D)     GE0/0/15(D)
                GE0/0/16(D)     GE0/0/17(D)     GE0/0/18(D)     GE0/0/19(D)
                GE0/0/20(D)     GE0/0/21(D)     GE0/0/22(D)     GE0/0/23(D)
                GE0/0/24(D)

10   common  UT:GE0/0/1(U)      GE0/0/2(U)

20   common  UT:GE0/0/3(U)
```

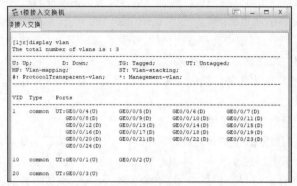

图 1-58　查看交换机的 VLAN 配置

从图中可以发现，GE 0/0/1 和 GE 0/0/2 端口已经划分到 VLAN10，GE 0/0/3 端口划分到 VLAN20，也可以通过 display port vlan 命令查看交换机的 VLAN 和端口对应配置信息，如图 1-59 所示。

```
[1jr]dis port vlan
Port                    Link Type    PVID  Trunk VLAN List
-------------------------------------------------------------------------------
GigabitEthernet0/0/1    access       10    -
GigabitEthernet0/0/2    access       10    -
GigabitEthernet0/0/3    access       20    -
```

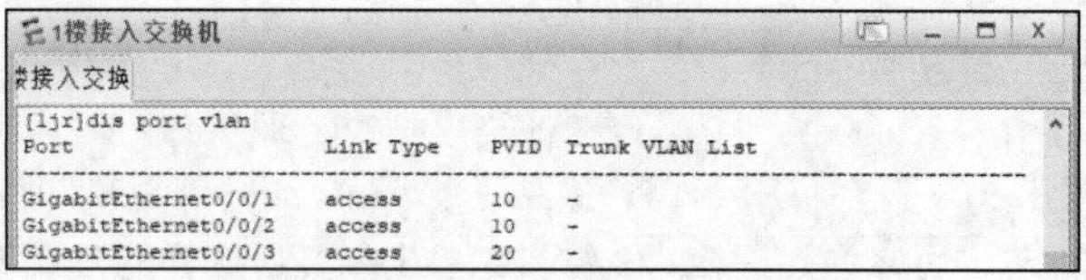

图 1-59　查看 VLAN 和端口对应配置信息

按照以上方法完成 2 楼接入交换机的配置，将 GE 0/0/1 端口划分到 VLAN30，将 GE 0/0/2 端口划分到 VLAN40，配置完成后，查看 VLAN 配置，如图 1-60 所示。

```
[2jr]display port vlan
Port                    Link Type    PVID  Trunk VLAN List
-------------------------------------------------------------------------------
GigabitEthernet0/0/1    access       30    -
GigabitEthernet0/0/2    access       40    -
GigabitEthernet0/0/3    hybrid       1     -
GigabitEthernet0/0/4    hybrid       1     -
GigabitEthernet0/0/5    hybrid       1     -
GigabitEthernet0/0/6    hybrid       1     -
GigabitEthernet0/0/7    hybrid       1     -
GigabitEthernet0/0/8    hybrid       1     -
GigabitEthernet0/0/9    hybrid       1     -
GigabitEthernet0/0/10   hybrid       1     -
```

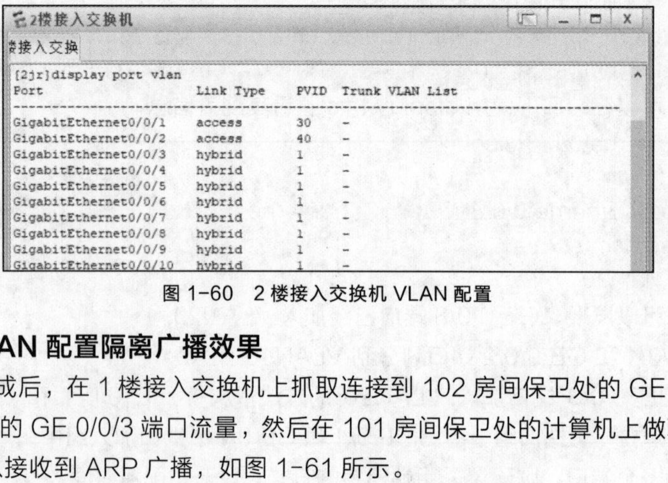

图 1-60　2 楼接入交换机 VLAN 配置

5. 验证 VLAN 配置隔离广播效果

VLAN 配置完成后，在 1 楼接入交换机上抓取连接到 102 房间保卫处的 GE 0/0/2 端口和连接到 103 房间后勤处的 GE 0/0/3 端口流量，然后在 101 房间保卫处的计算机上做联通性测试，发现 GE 0/0/2 端口可以接收到 ARP 广播，如图 1-61 所示。

（2）配置楼宇核心交换机连接 2 楼接入交换机的端口为 Trunk 端口

```
[hx]VLAN batch   30 40                      #批量建立 VLAN30、VLAN40
[hx]interface GigabitEthernet 0/0/1         #进入连接 2 楼接入交换机的 GE0/0/1 端口
[hx-GigabitEthernet0/0/2]port link-type trunk   #配置端口模式为 Trunk
[hx-GigabitEthernet0/0/2]port trunk allow-pass vlan 30 40
                                            #Trunk 端口放行 VLAN30、VLAN40 的流量
```

3. 查看 Trunk 端口配置

在 1 楼接入交换机上使用 display port vlan 可以查看到 GE 0/0/4 端口配置了 Trunk 模式，可以通过的 VLAN 包括默认的 VLAN1 和后来加入的 VLAN10 和 VLAN20，如图 1-63 所示，这样 1 楼的保卫处和后勤处的流量就可以通过 GE 0/0/4 端口发送给楼宇核心交换机了。

```
<ljr>
<ljr>dis port vlan
Port                    Link Type    PVID    Trunk VLAN List
──────────────────────────────────────────────────────────
GigabitEthernet0/0/1    access       10      ~
GigabitEthernet0/0/2    access       10      ~
GigabitEthernet0/0/3    access       20      ~
GigabitEthernet0/0/4    trunk        1       1 10 20
```

图 1-63　1 楼接入交换机的 Trunk 端口配置

同理，可以查看 2 楼接入交换机和楼宇核心交换机的 Trunk 端口配置。

🔍 项目小结

　　项目 1 是初学者入门计算机网络的重要项目。任务 1-1 讲授 IP 地址的分类、网络地址的计算以及如何划分子网，通过任务实践重点解析两台计算机通过网线和网卡进行硬件层面的连接。在软件层面，需要为每台计算机配置 IP 地址和子网掩码。通过网络测试命令发现，当两台计算机直接连接时，如果两台计算机的 IP 地址配置在同一网络，则是可以正常通信的；如果两台计算机的 IP 地址不在同一网络，则无法正常通信。任务 1-2 学习了交换机的基本配置，通过 ARP 抓包验证了处于同一网络的计算机和不同网络的计算机的通信机制。任务 1-3 简单介绍了计算机网络中非常重要的 VLAN 技术，通过实践，读者可学会一个楼层的网络地址规划和 VLAN 配置，为后续项目实践打下坚实基础。

项目练习与思考

1. 选择题

（1）IP 地址是由 32 位二进制数组成的，转换为十进制数后，是（　　）个十进制数。

A. 1　　　　　　　B. 2　　　　　　　C. 3　　　　　　　D. 4

（2）IP 地址分为 5 类，分类的方法是看前 8 位二进制数，其中 C 类 IP 地址的前 8 位以（　　）开头。

A. 0　　　　　　　B. 10　　　　　　　C. 110　　　　　　　D. 1110

（3）130.1.1.5 是一个（　　　）IP 地址。

    A. A类　　　　　　B. B类　　　　　　C. C类　　　　　　D. D类

（4）A 类 IP 地址的默认子网掩码是（　　　）。

    A. 255.0.0.0　　B. 255.255.0.0　　C. 255.255.255.0　D. 255.255.255.255

（5）网络地址和 IP 地址的关系是（　　　）。

    A. 一对一　　　　　B. 一对多　　　　　C. 多对一　　　　　D. 多对多

（6）交换机工作在（　　　），可以识别数据中的 MAC 地址。

    A. 网络层　　　　　B. 数据链路层　　　C. 传输层　　　　　D. 应用层

（7）MAC 地址是网卡的（　　　）。

    A. 物理地址　　　　B. 虚拟地址　　　　C. 逻辑地址　　　　D. 广播地址

（8）使用（　　　）命令可以查看本机的 ARP 表。

    A. arp -d　　　　　B. arp -a　　　　　C. arp -b　　　　　D. arp -c

（9）VLAN 技术可以有效隔离网络中的（　　　）流量。

    A. 单播　　　　　　B. 广播　　　　　　C. 多播　　　　　　D. 路由

（10）主干链路的两端要配置（　　　）端口。

    A. Trunk　　　　　B. Access　　　　　C. Switch　　　　　D. Route

2. 填空题

（1）计算机网络中经常使用的通信介质包括＿＿＿＿＿＿和＿＿＿＿＿＿。

（2）子网掩码规定了 IP 地址的＿＿＿＿＿＿和＿＿＿＿＿＿。

（3）当 IP 地址的＿＿＿＿＿＿位全为 0 时，这个地址就是＿＿＿＿＿＿。

（4）双机互联时，当两台计算机处于＿＿＿＿＿＿时，可以正常通信。

（5）可以通过改变＿＿＿＿＿＿进行子网划分。

（6）在交换机上配置命令时，经常使用的快捷键是＿＿＿＿＿＿和＿＿＿＿＿＿。

（7）ARP 地址解析的目的是知道对方的＿＿＿＿＿＿，请求对方的 MAC 地址。

（8）可以通过笔记本电脑和配置线连接到交换机的＿＿＿＿＿＿端口，对交换机进行管理。

（9）在实际网络中，通常将一个部门规划到一个＿＿＿＿＿＿和一个＿＿＿＿＿＿。

（10）在网络中，最常使用的 VLAN 模式是基于＿＿＿＿＿＿的 VLAN。

3. 简答题

（1）网卡主要分为哪几种类型？

（2）简述数据封装与解封装的过程。

（3）简述 ARP 的地址解析过程。

（4）简述 VLAN 标签的信息字段。

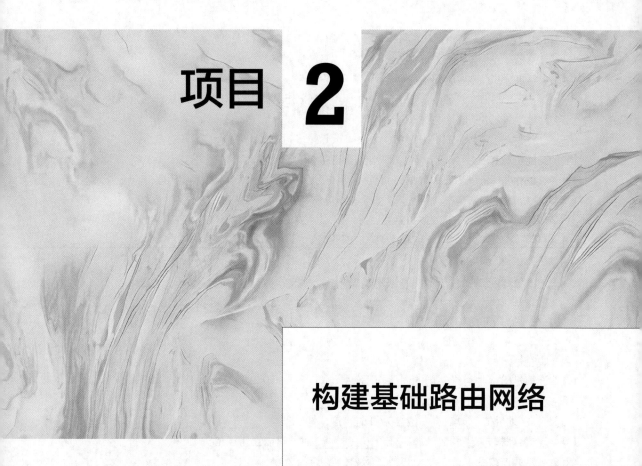

项目 2

构建基础路由网络

项目描述

项目1完成了楼宇各部门网络地址和VLAN规划，在楼层接入交换机上通过划分VLAN隔离部门间的广播流量和单播流量。但各个部门之间需要实现网络互联，并且各部门用户要访问企业内部服务器和外网，这就需要构建企业路由网络。项目经理要求王亮在楼宇核心交换机上配置VLAN间路由来实现部门间网络互联，在楼宇核心交换机和服务器上配置静态路由实现部门用户访问内网服务器，在出口路由器与楼宇核心交换机上配置动态路由来实现内网全互联，在出口路由器上配置NAT实现企业内外网互联。

项目2思维导图如图2-1所示。

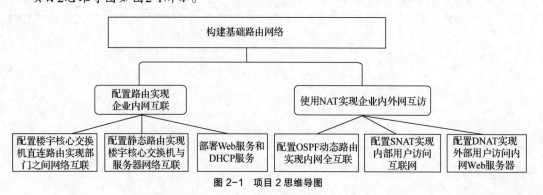

图 2-1　项目 2 思维导图

任务 2-1 配置路由实现企业内网互联

学习目标

知识目标

- 掌握路由相关概念。
- 掌握路由表各字段的含义。

技能目标

- 能够配置直连路由，实现部门之间的网络互联。
- 能够配置静态路由，实现核心交换机与服务器之间的网络互联。

素养目标

- 学习不同路由的应用场景，培养不断学习新技术的习惯。
- 学习华为网络技术，加深对民族品牌的认同，增强民族自豪感和自信心。

2.1.1 任务描述

根据图 2-2 所示的网络拓扑，1 楼和 2 楼的楼层接入交换机通过弱电井垂直布线连接到楼宇核心交换机，楼宇核心交换机连接服务器区路由器，服务器区路由器连接着 DHCP 服务器和 Web（网站）服务器。项目经理要求王亮在楼宇核心交换机上建立交换机虚拟接口（Switch Virtual Interface，SVI），配置接口的 IP 地址生成直连路由表，实现各部门之间的网络互联。使用静态路由实现楼宇核心交换机与 DHCP 服务器、Web 服务器之间的网络互联。

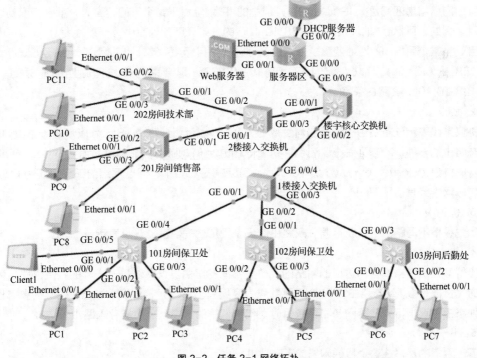

图 2-2 任务 2-1 网络拓扑

2.1.2 必备知识

1. 路由

（1）路由器

微课

V2-1　路由

路由器是一种网络设备，工作在网络层，在物理上使用多个接口连接不同的网络，具备路由选择、地址转换、防火墙、DHCP 等多种功能，用于实现安全、高效的网络通信和资源共享。按照功能，路由器可以分为家庭路由器、中小型企业路由器、大型企业和运营商级路由器等不同类型。

（2）路由表

计算机网络也称分组交换网，当某个数据分组到达一台网络层设备（可简单理解为配置了接口和 IP 地址的设备）后，这台设备会查看分组的目的 IP 地址，并查看本机的路由表，根据路由表信息对该分组进行转发，直到某台网络层设备找到目标地址为止。计算机网络中最重要的设备就是网络层设备，这些设备通常包括路由器、三层交换机、防火墙等，其中路由器是最重要的三层网络设备。

三层网络设备生成路由表的方法通常包括配置设备接口 IP 地址生成直连路由表、手动指定某个网络的下一跳地址生成静态路由表、配置动态路由协议生成动态路由表。路由表通常包含的字段如表 2-1 所示。

表 2-1　路由表通常包含的字段

目的网络	协议	优先级	代价值	下一跳	出接口
192.168.10.0/24	Direct	0	0	192.168.10.1	GigabitEthernet 0/0/0
172.16.5.0/16	Static	60	0	192.168.30.1	GigabitEthernet 0/0/1
192.168.2.0/24	OSPF	10	2	192.168.40.1	GigabitEthernet 0/0/2

① 目的网络。

目的网络用来匹配目标 IP 地址，当分组中的 IP 地址属于某个目的网络时，就会匹配到这条路由条目。例如，目标 IP 地址是 192.168.10.100 的分组会匹配到表中第一条 192.168.10.0/24 路由条目。当某个目标 IP 地址匹配多条路由条目时，如目标 IP 地址 192.168.10.100 既可以匹配 192.168.10.0/24，又可以匹配 192.168.10.100/32，则会采用最长掩码匹配的原则，匹配 192.168.10.100/32 路由条目。

② 协议。

协议字段表示该条路由条目是如何生成的，Direct 表示直连路由，Static 表示静态路由，OSPF 是动态路由的一种。动态路由协议还包括路由信息协议（Routing Information Protocol，RIP）和边界网关协议（Border Gateway Protocol，BGP）等。目前，园区网络内部经常使用 OSPF 协议，广域网中经常使用 BGP。

③ 优先级。

优先级指不同路由协议获得同一条路由时哪个更加优先。其值越小表示越优先。

④ 代价值。

代价值是从自身设备到达目的网络的代价，不同的路由协议算法是不一样的，直连路由和静态路由的代价值是 0，动态路由中 RIP 以跳数作为度量单位，OSPF 协议以链路带宽作为参考值。当同一种路由协议学习到了同一条路由条目时，代价值小的路由条目会被存入路由表。

⑤ 下一跳。

下一跳指的是去往这个目的网络的下一跳 IP 地址。

⑥ 出接口。

出接口指从自身的哪个接口将数据分组发送出去。例如，当设备接收到一个去往 192.168.10.100 的数据分组时，查看路由表后，发现 192.168.10.100 属于 192.168.10.0/24 这个网络，那么这个数据分组会从 GigabitEthernet 0/0/0 发送出去。

2. SVI

SVI 指在交换机上创建的虚拟接口。每个 SVI 都会关联一个 VLAN，通常把这种接口称为逻辑三层接口。虽然 SVI 是虚拟的，但和真实的网卡接口功能是一致的，具备 MAC 地址和 IP 地址，可以完成 ARP 地址解析、数据转发等真实网卡的功能。为虚拟的接口配置 IP 地址后，在交换机上就会生成直连路由表，进而为各个部门的 VLAN 用户提供路由转发服务。同时，SVI 还可以用于远程管理和监控交换机，如通过安全外壳（Secure Shell，SSH）协议或 Telnet 进行远程管理，以收集交换机的统计信息。

3. 静态路由

静态路由是指由用户或网络管理员手动配置的路由信息。当网络拓扑结构或链路状态发生变化时，网络管理员需要手动修改路由表中相关的静态路由信息。静态路由信息在默认情况下是私有的，不会传递给其他的路由器。当然，网络管理员也可以通过对路由器进行设置使之共享。静态路由一般适用于比较简单的网络环境，在这样的环境中，网络管理员能够清楚地了解网络的拓扑结构。

默认路由是一种特殊的静态路由，计算机终端配置的网关其实就是默认路由。

4. 网关和 DNS

当一台主机访问的目标地址不在本机知道的网络地址内时，这台主机就无法直接与目标主机通信。例如，局域网中某台计算机知道的网络中是不可能包含百度服务器的 IP 地址的，那么这台计算机想访问百度网站，该如何处理呢？答案是将请求数据发送给这台计算机的网关设备，若网关设备知道的网络中也不包含百度服务器的 IP 地址，那么就继续交给网关设备的下一跳，以此类推。所以说在计算机网络中，99%的设备都要配置自己的网关，目的就是当访问的某个目标地址不在本机知道的网络地址内时，交给下一跳处理。

DNS 是域名服务系统，当用户访问某个互联网上的主机应用时，如访问百度服务器的 Web 网站服务时，用户是无法记住百度服务器的 IP 地址的，但可以记住百度服务器的域名 www.baidu.com。当用户在浏览器中访问 www.baidu.com 时，首先会访问本机配置的 DNS 服务器，由 DNS 服务器返回百度服务器的 IP 地址，用户再通过 IP 地址访问百度服务器。

在计算机中，可以在配置 IP 地址和子网掩码的对话框中配置网关和 DNS 服务器，如图 2-3 所示。需要注意的是，网关和本机 IP 地址一定要处于同一个网络中，否则网关也不能到达。其中，8.8.8.8 是一个免费的 DNS 服务器 IP 地址，经常被使用。

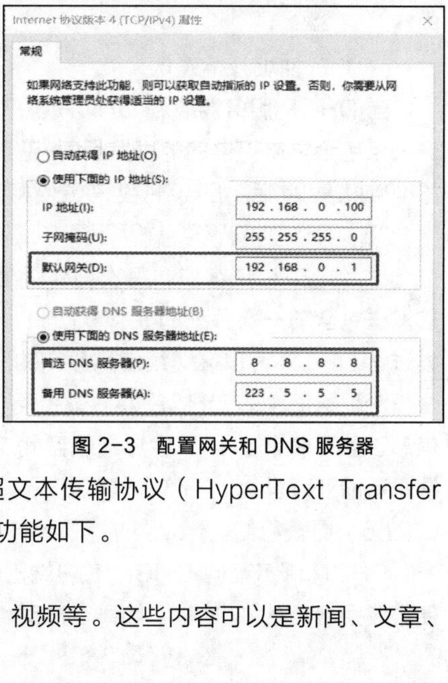

图 2-3 配置网关和 DNS 服务器

5. Web（网站）服务

Web 服务是互联网上应用最广泛的一种服务，使用超文本传输协议（HyperText Transfer Protocol，HTTP）在客户端和服务器端进行数据交换，其功能如下。

（1）内容展示

Web 可以展示各种类型的内容，如文字、图片、音频、视频等。这些内容可以是新闻、文章、产品信息、多媒体资源等。

（2）电子商务

许多企业和商家通过 Web 提供在线购物、支付和订单管理等电子商务功能，为用户提供便捷的购物体验。

（3）社交互动

社交媒体平台和社区网站是 Web 服务的重要组成部分，能使用户创建个人资料、发布内容、与他人互动、分享兴趣和经验等。

（4）在线服务

许多服务提供商通过 Web 提供在线服务，如在线银行、在线学习、在线预订、在线咨询等。

6．DHCP

DHCP 是一种局域网的网络协议，在传输层使用用户数据报协议（User Datagram Protocol，UDP）工作，服务器端采用 67 号端口，客户端采用 68 号端口。DHCP 通常被用于局域网环境，主要作用是集中管理、分配 IP 地址，使客户端动态获得 IP 地址、网关地址、DNS 服务器 IP 地址等信息。其工作过程如下。

（1）寻找 DHCP 服务器

当 DHCP 客户端第一次登录网络的时候，若计算机发现本机上没有任何 IP 地址设定，则将以广播方式发送 DHCP discover 信息来寻找 DHCP 服务器，即向 255.255.255.255 发送特定的广播信息。网络上每一台安装了 TCP/IP 的主机都会接收该广播信息，但只有 DHCP 服务器才会做出响应。

（2）分配 IP 地址

在网络中接收到 DHCP discover 信息的 DHCP 服务器会做出响应，它从 IP 地址池中挑选一个 IP 地址分配给 DHCP 客户端，向 DHCP 客户端发送一条 DHCP offer 信息，其中包含分配的 IP 地址和其他设置信息。

（3）接收 IP 地址

DHCP 客户端接收到 DHCP offer 提供的信息之后，选择第一条接收到的信息，然后以广播的方式回答一条 DHCP request 信息，该信息包含向它所选定的 DHCP 服务器请求 IP 地址的内容。

（4）IP 地址分配确认

当 DHCP 服务器收到 DHCP 客户端回答的 DHCP request 信息之后，便向 DHCP 客户端发送一条包含它所提供的 IP 地址和其他设置的 DHCP ack 信息，告诉 DHCP 客户端可以使用它提供的 IP 地址。此后，DHCP 客户端便将其 TCP/IP 与网卡绑定。

（5）再次登录

之后，DHCP 客户端每次重新登录网络时，就不需要再发送 DHCP discover 信息了，而是直接发送包含前一次分配的 IP 地址的 DHCP request 信息。当 DHCP 服务器收到这一信息后，它会尝试让 DHCP 客户端继续使用原来的 IP 地址，并回答一条 DHCP ack 信息。如果此 IP 地址已无法再分配给原来的 DHCP 客户端使用，则 DHCP 服务器给 DHCP 客户端回答一条 DHCP nack 信息。当原来的 DHCP 客户端收到此 DHCP nack 信息后，必须重新发送 DHCP discover 信息来请求新的 IP 地址。

（6）更新租约

DHCP 服务器向 DHCP 客户端出租的 IP 地址一般会有一个租借期限，期满后 DHCP 服务器便会收回出租的 IP 地址。如果 DHCP 客户端要延长其 IP 租约，则必须更新其 IP 租约。DHCP 客户端启动时和 IP 租约到达租约期限的 50%时，DHCP 客户端都会自动向 DHCP 服务器发送更新其 IP 租约的信息。

2.1.3　配置楼宇核心交换机直连路由实现部门之间网络互联

1. 配置 SVI

（1）创建 SVI

1 楼的保卫处用户属于 VLAN10、后勤处用户属于 VLAN20，2 楼的销售部用户属于 VLAN30、技术部用户属于 VLAN40。首先在楼宇核心交换机上创建与用户对应的 VLAN。

```
[hj]vlan batch 10 20 30 40        #创建与部门用户对应的 VLAN10、VLAN20、VLAN30、VLAN40
[hj]interface vlan 10             #建立关联 VLAN10 的 SVI
[hj-Vlanif10]quit
[hj]interface vlan 20             #建立关联 VLAN20 的 SVI
[hj-Vlanif20]quit
[hj]interface vlan 30             #建立关联 VLAN30 的 SVI
[hj-Vlanif30]
[hj-Vlanif30]quit
[hj]interface vlan 40             #建立关联 VLAN40 的 SVI
[hj-Vlanif40]quit
```

（2）配置接口的 IP 地址，生成直连路由

```
[hj]interface vlan 10                   #进入关联 VLAN10 的 SVI
[hj-Vlanif10]ip address 192.168.1.1 24  #配置 IP 地址为 192.168.1.1
[hj-Vlanif10]quit
[hj]interface vlan 20                   #进入关联 VLAN20 的 SVI
[hj-Vlanif20]ip address 192.168.2.1 24  #配置 IP 地址为 192.168.2.1
[hj-Vlanif20]quit
[hj]interface vlan 30                   #进入关联 VLAN30 的 SVI
[hj-Vlanif30]ip address 192.168.3.1 24  #配置 IP 地址为 192.168.3.1
[hj-Vlanif30]quit
[hj]interface vlan 40                   #进入关联 VLAN40 的 SVI
[hj-Vlanif40]ip address 192.168.4.1 24  #配置 IP 地址为 192.168.4.1
```

（3）查看某个 SVI 地址

配置完接口的 IP 地址后，可以通过 dis interface 命令加上接口名显示某个接口的配置信息，如查看 VLAN10 SVI 地址，如图 2-4 所示，IP 地址和硬件地址都已经存在，和普通的网卡接口功能一致，就可以正常接收和转发数据了。

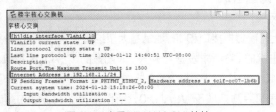

图 2-4　查看 VLAN10 SVI 地址

（4）查看全部接口的 IP 地址

可以使用 display ip interface brief 命令查看某台设备所有接口的 IP 地址信息。查看楼宇核心

交换机的所有接口 IP 地址，如图 2-5 所示。从图中可以看到 4 个 SVI 配置的 IP 地址和子网掩码，需要注意的是，只有当 Physical（物理）和 Protocol（协议）字段都是 up 状态时，该接口才能正常转发数据。

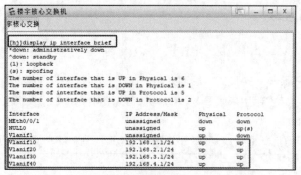

图 2-5　查看楼宇核心交换机的所有接口 IP 地址

（5）查看路由表

配置了三层设备的接口 IP 地址后，就会在设备上自动生成关于接口地址配置的直连路由。查看三层设备的路由表的命令是 display ip routing-table，楼宇核心交换机的路由表如图 2-6 所示。从表中可以发现，Proto（协议）字段值是 Direct 时表示直连路由。

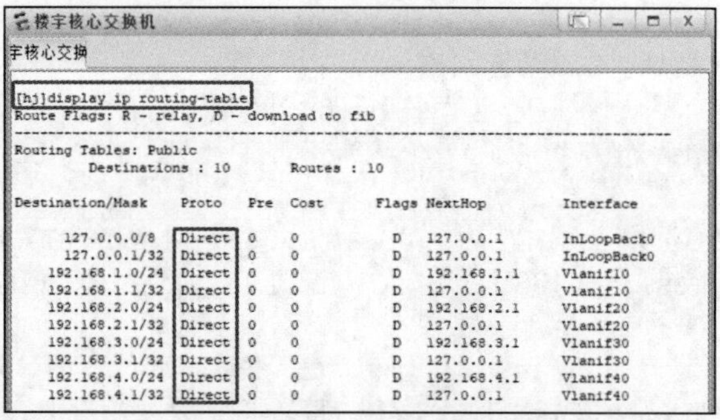

图 2-6　楼宇核心交换机的路由表

其中，127.0.0.1 是设备默认的回环接口。当配置了某个接口的 IP 地址后，会生成关于这个配置的两条路由。其中一条是配置的 IP 地址所在的网络，如配置了 192.168.1.1/24，那么会生成 192.168.1.0/24 这条路由，下一跳是接口的 IP 地址，出接口即 VLAN10。同时，生成了一条 192.168.1.1/32 的主机路由，代表 192.168.1.1 就是本设备的一个接口，下一跳是 127.0.0.1（代表本机），出接口是 VLAN10。其他路由条目的生成与 VLAN10 原理一致。

2. 测试部门用户网络互联

（1）配置部门用户网关

在楼宇核心交换机上配置虚拟接口和 IP 地址是为了给每个 VLAN 用户提供网关，当某个 VLAN 用户无法访问某台目标主机时，将请求发送给网关，即配置的 VLAN 虚拟接口，要先配置每个 VLAN 用户的网关地址。1 楼 101 和 102 房间的保卫处属于 VLAN10，所以配置这两个房间主机的网关为 192.168.1.1。103 房间后勤处属于 VLAN20，所以配置 103 房间主机的网关为 192.168.2.1。同理，配置 201 房间销售部的网关为 192.168.3.1，配置 202 房间技术部的网关为 192.168.4.1。其中，101 房间 PC1 主机的网关配置如图 2-7 所示，其他主机的网关配置这里不再列出，请读者按照说明自行配置。

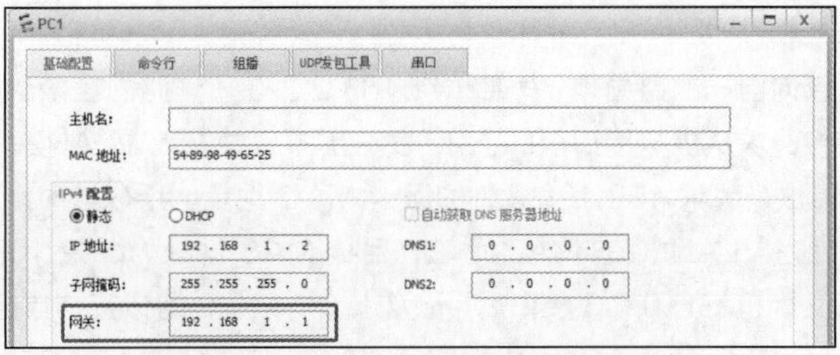

图 2-7 101 房间 PC1 主机的网关配置

（2）测试主机与网关的联通性

在 101 房间 PC1 的命令行中输入 ping 192.168.1.1，测试本机与网关的联通性，返回结果如图 2-8 所示，说明 PC1 可以和网关 192.168.1.1 正常通信。

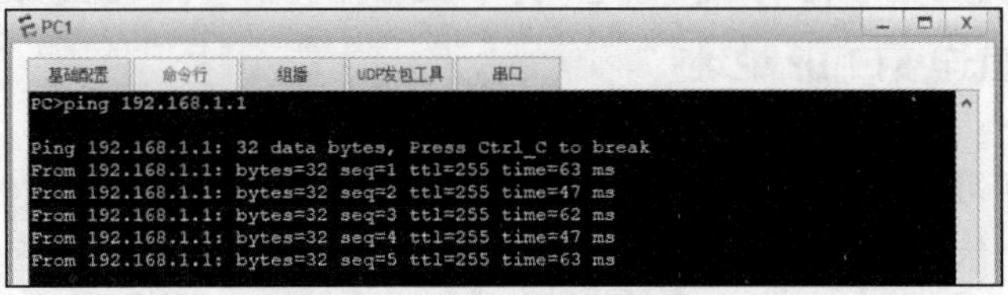

图 2-8 PC1 与网关正常通信

在 103 房间 PC6 的命令行中输入 ping 192.168.2.1，测试本机与网关的联通性，返回结果如图 2-9 所示，说明 PC6 可以和网关 192.168.2.1 正常通信。

图 2-9 PC6 与网关正常通信

同理，通过测试可以得到 201 房间 PC8 主机能够与网关 192.168.3.1 正常通信，202 房间 PC10 主机能够与网关 192.168.4.1 正常通信。

（3）测试部门之间的主机联通性

在 101 房间 PC1 上测试与 103 房间 PC6 的联通性，结果如图 2-10 所示，能够正常通信，通信的过程如下。

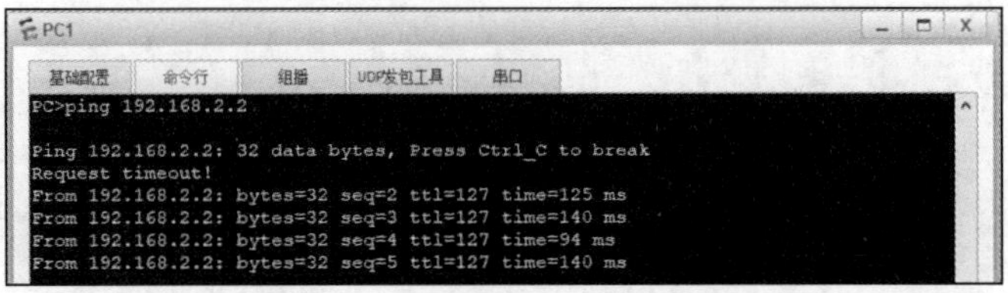

图 2-10 不同部门的用户的联通性

① 发送请求到网关。

当 PC1 发现目标 PC6 的 IP 地址不在本机所知道的网络内时，会向本机的网关发送 ARP 请求，请求网关的网卡 MAC 地址，然后将请求发送给网关，即楼宇核心交换机的 VLAN10 虚拟接口，到达 VLAN10 接口的数据会去掉 VLAN10 的标签。

② 查询路由表。

楼宇核心交换机查询自己的路由表，发现 192.168.2.2 在直连路由表条目 192.168.2.0/24 中，此时就会根据该条目将请求从虚拟接口 VLAN20 发送出去，并打上 VLAN20 的标签，在数据转发前，还要发送 ARP 请求，请求 192.168.2.2 的网卡 MAC 地址。所以这时源 IP 地址和目标 IP 地址不变，源 MAC 地址为 VLAN20 的 MAC 地址，目标 MAC 地址为 192.168.2.2 的 MAC 地址。当数据到达 1 楼接入交换机 GE 0/0/3 接口后，会去掉 VLAN20 的标签，数据到达 PC6 主机。

③ 回送数据包。

网络通信是双向的，数据到达 PC6 后，发现源地址是 192.168.1.2，PC6 会将请求发送给自己的网关 192.168.2.1，楼宇核心交换机再查询路由表，把数据转发到 PC1 上，实现了不同 VLAN 用户的网络互联。

2.1.4 配置静态路由实现楼宇核心交换机与服务器网络互联

1. 配置设备直连接口 IP 地址

（1）物理连接

在设备区中选择两台 AR2220 路由器，一台作为服务器区路由器连接到楼宇核心交换机，另一台作为 DHCP 服务器。服务器区路由器连接了 Web 服务器和 DHCP 服务器，Web 服务器使用终端设备中的 Server 设备。拖曳设备到工作区中后，按照任务 2-1 的拓扑结构进行设备连接。

微课

V2-3 配置静态路由实现楼宇核心交换机与服务器网络互联

（2）规划 IP 地址

需要配置路由的设备包括楼宇核心交换机、服务器区路由器、Web 服务器和 DHCP 服务器，规划各设备直连接口 IP 地址，如表 2-2 所示。

表 2-2 设备互联和 IP 地址规划

设备名称	连接方式	直连接口	IP 地址
楼宇核心交换机	直连	GE 0/0/3	192.168.5.1/24
服务器区路由器		GE 0/0/0	192.168.5.2/24
服务器区路由器	直连	GE 0/0/1	192.168.10.1/24
Web 服务器		Ethernet 0/0/0	192.168.10.2/24
服务器区路由器	直连	GE 0/0/2	192.168.20.1/24
DHCP 服务器		GE 0/0/0	192.168.20.2/24

（3）配置接口 IP 地址

① 配置服务器区路由器接口 IP 地址。

```
<Huawei>sys
[Huawei]sysname fwqq
[fwqq]interface GigabitEthernet 0/0/0
[fwqq-GigabitEthernet0/0/0]ip address 192.168.5.2 24      #配置 GE 0/0/0 接口的 IP 地址
[fwqq]interface GigabitEthernet 0/0/1
[fwqq-GigabitEthernet0/0/1]ip address 192.168.10.1 24     #配置 GE 0/0/1 接口的 IP 地址
[fwqq-GigabitEthernet0/0/1]quit
[fwqq]interface GigabitEthernet 0/0/2
[fwqq-GigabitEthernet0/0/2]ip address 192.168.20.1 24     #配置 GE 0/0/2 接口的 IP 地址
```

② 配置服务器的接口 IP 地址和网关。

首先配置 Web 服务器的 IP 地址、子网掩码、网关，Web 服务器连接到服务器区路由器的 GE

0/0/1 接口，所以网关配置为 192.168.10.1，如图 2-11 所示。

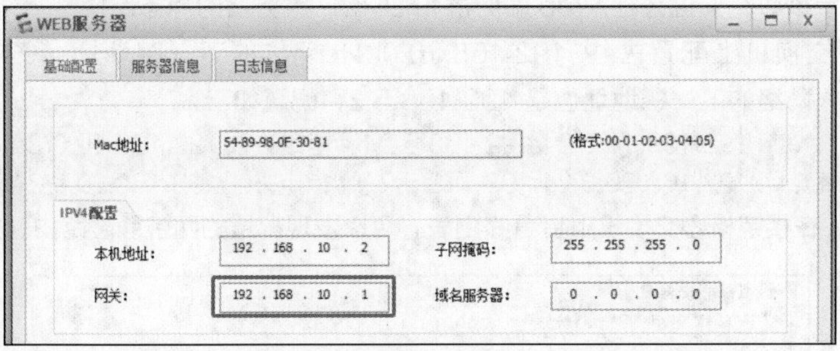

图 2-11　配置 Web 服务器的 IP 地址、子网掩码、网关

其次配置 DHCP 服务器 GE 0/0/0 接口的 IP 地址。

```
[Huawei]sysname dhcp
[dhcp]interface GigabitEthernet 0/0/0
[dhcp-GigabitEthernet0/0/0]ip address 192.168.20.2 24    #配置 GE 0/0/0 接口的 IP 地址
```

DHCP 服务器使用的是一台路由器，这台服务器的网关是 192.168.20.1，那么如何配置这台服务器的网关呢？实际上就是在这台设备上配置一条默认路由，默认路由是一条特殊的静态路由，配置如下。

```
[dhcp]ip route-static 0.0.0.0 0.0.0.0 192.168.20.1          #配置 DHCP 服务器的默认路由
```

其中，0.0.0.0 0.0.0.0 可以匹配任意的 IP 地址，当这台设备不知道某个目标 IP 地址如何到达时，就会匹配到这条路由，并交给下一跳地址，这里的下一跳地址是 192.168.20.1。这与在计算机上配置网关的道理是一样的。

③ 配置楼宇核心交换机的直连接口 IP 地址。

在交换机的普通端口上是无法配置 IP 地址的，在楼宇核心交换机上先建立 VLAN，给 VLAN 配置 IP 地址后，分别将直连接口加入相应的 VLAN，就可以实现与服务器区路由器的直连通信，配置如下。

```
[hx]vlan batch 50                                #建立 VLAN50
[hx]interface vlan 50                            #进入 VLAN50 接口
[hx-Vlanif50]ip address 192.168.5.1 24           #配置 VLAN50 接口的 IP 地址
[hx-Vlanif50]quit
[hx]interface GigabitEthernet 0/0/3
[hx-GigabitEthernet0/0/3]port link-type access
[hx-GigabitEthernet0/0/3]port default vlan 50    #将 GE 0/0/3 接口加入 VLAN50
```

配置完成后，在楼宇核心交换机上测试与服务器区路由器的联通性，结果是可以通过直连路由通信，如图 2-12 所示。

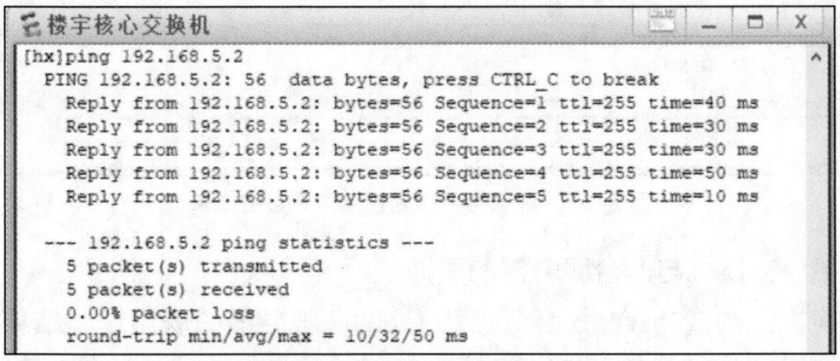

图 2-12　测试楼宇核心交换机与服务器区路由器的联通性

2. 配置静态路由

（1）配置楼宇核心交换机去往 Web 服务器和 DHCP 服务器的静态路由

在楼宇核心交换机上配置去往 192.168.10.0/24 网络的下一跳地址 192.168.5.2，去往 192.168.20.0/24 网络的下一跳地址也是 192.168.5.2，配置如下。

```
[hx]ip route-static 192.168.10.0 24 192.168.5.2    #指定去往 192.168.10.0/24 网络的下一跳地址
[hx]ip route-static 192.168.20.0 24 192.168.5.2    #指定去往 192.168.20.0/24 网络的下一跳地址
```

配置完成后，在楼宇核心交换机上查看路由表，可以发现配置的两条静态路由，如图 2-13 所示。

```
楼宇核心交换机                                          _  □  X
[hx]display ip routing-table
Route Flags: R - relay, D - download to fib
------------------------------------------------------------
Routing Tables: Public
         Destinations : 16        Routes : 16

Destination/Mask    Proto   Pre  Cost      Flags NextHop       Interface

      127.0.0.0/8   Direct  0    0         D     127.0.0.1     InLoopBack0
      127.0.0.1/32  Direct  0    0         D     127.0.0.1     InLoopBack0
     192.168.1.0/24 Direct  0    0         D     192.168.1.1   Vlanif10
     192.168.1.1/32 Direct  0    0         D     127.0.0.1     Vlanif10
     192.168.2.0/24 Direct  0    0         D     192.168.2.1   Vlanif20
     192.168.2.1/32 Direct  0    0         D     127.0.0.1     Vlanif20
     192.168.3.0/24 Direct  0    0         D     192.168.3.1   Vlanif30
     192.168.3.1/32 Direct  0    0         D     127.0.0.1     Vlanif30
     192.168.4.0/24 Direct  0    0         D     192.168.4.1   Vlanif40
     192.168.4.1/32 Direct  0    0         D     127.0.0.1     Vlanif40
     192.168.5.0/24 Direct  0    0         D     192.168.5.1   Vlanif50
     192.168.5.1/32 Direct  0    0         D     127.0.0.1     Vlanif50
     192.168.6.0/24 Direct  0    0         D     192.168.6.1   Vlanif60
     192.168.6.1/32 Direct  0    0         D     127.0.0.1     Vlanif60
     192.168.10.0/24 Static 60   0         RD    192.168.5.2   Vlanif50
     192.168.20.0/24 Static 60   0         RD    192.168.5.2   Vlanif50
```

图 2-13　查看楼宇核心交换机的路由表

（2）在服务器区路由器上配置回程默认路由

网络的通信是双向的，在配置楼宇核心交换机到 Web 服务器和 DHCP 服务器的静态路由后，数据可以从楼宇核心交换机到达两台服务器，当数据到达两台服务器后，Web 服务器和 DHCP 服务器都会将回程数据交给网关（服务器区路由器）处理。回程的数据已经将源 IP 地址作为目标 IP 地址，服务器区路由器是不知道如何去往目标 IP 地址的，例如，目标 IP 地址为 VLAN10 的用户 192.168.1.2 或者 VLAN20 的用户 192.168.2.2 时。可以为服务器区路由器配置静态路由，指明访问的所有目的网络地址。但实际上可以发现，服务器与路由器去往任何目标 IP 地址的路由都只有一条，即交给楼宇核心交换机，所以可以为服务器区路由器配置一条默认路由，使其匹配所有的目标地址，配置如下。

```
[fwqq]ip route-static 0.0.0.0 0.0.0.0 192.168.5.1    #指定去往任意目标地址的下一跳地址
```

配置完成后，在服务器区路由器上查看路由表，发现第一条路由条目就是配置的静态路由，如图 2-14 所示。

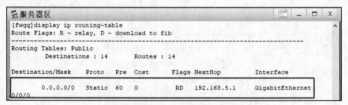

```
服务器区                                               _  □  X
[fwqq]display ip routing-table
Route Flags: R - relay, D - download to fib
------------------------------------------------------------
Routing Tables: Public
         Destinations : 14        Routes : 14

Destination/Mask    Proto   Pre  Cost      Flags NextHop       Interface

      0.0.0.0/0     Static  60   0         RD    192.168.5.1   GigabitEthernet
0/0/0
```

图 2-14　在服务器区路由器上查看路由表

（3）测试楼宇核心交换机与两台服务器的联通性

在楼宇核心交换机上测试与 Web 服务器和 DHCP 服务器的联通性，结果是可以正常通信，如图 2-15 所示。

图 2-15　测试楼宇核心交换机与两台服务器的联通性

2.1.5　部署 Web 服务和 DHCP 服务

1. 部署 Web 服务

在网络联通之后，就可以使用网络上的服务了，首先使用网络中的 Web
服务。

V2-4　部署 Web
服务和 DHCP 服务

（1）准备简单网页

在桌面上建立一个文件夹，名称为 web，在文件夹中建立一个文本文件，
打开文本文件，输入内容"Web server"，将其另存为 index.html，网页就准
备好了。

（2）配置 Web 服务器使用网页

在 Web 服务器的"服务器信息"选项卡中，选择"HttpServer"选项，然后在"文件根目录"
中选择桌面上的 web 文件夹，单击"启动"按钮，如图 2-16 所示。

图 2-16　导入网站目录

（3）使用客户端测试

在终端设备中，选择 Client 设备，使其连接到 101 房间的任意接口，配置设备的 IP 地址和网
关，如图 2-17 所示。

图 2-17　配置设备的 IP 地址和网关

在"客户端信息"选项卡中，选择"HttpClient"选项，在"地址"文本框中输入"http://192.168.10.2/

index.html"，单击"获取"按钮，成功返回 Web 网站文件。如图 2-18 所示，保存文件，打开文件后可以发现其内容是"Web server"。

图 2-18　访问 Web 服务器

2. 部署 DHCP 服务

DHCP 服务器用来为用户分配 IP 地址、子网掩码、DNS 等信息，可以节省配置 IP 地址等的时间，在大型网络和无线网络中是必备配置。在实际网络中，通常使用中继技术为用户分配 IP 地址。以下应用 DHCP 中继为 VLAN10、VLAN20、VLAN30、VLAN40 的用户自动分配 IP 地址。

（1）在楼宇核心交换机上配置 DHCP 中继

当 VLAN10 用户自动获取 IP 地址等信息时，首先会发送请求广播到楼宇核心交换机的 VLAN10 虚拟接口，所以需要在虚拟接口上告诉这个用户 DHCP 服务器的地址，其他的 VLAN 与此同理。楼宇核心交换机 DHCP 中继配置如下。

```
[hx]dhcp enable                                #开启 DHCP 功能
[hx]interface vlan 10                          #进入 VLAN10 虚拟接口
[hx-Vlanif10]dhcp select relay                 #开启 DHCP 中继模式
[hx-Vlanif10]dhcp relay server-ip 192.168.20.2 #DHCP 服务器的 IP 地址是 192.168.20.2
[hx-Vlanif10]quit
[hx]interface vlan 20                          #进入 VLAN20 虚拟接口
[hx-Vlanif20]dhcp select relay                 #开启 DHCP 中继模式
[hx-Vlanif20]dhcp relay server-ip 192.168.20.2 #DHCP 服务器的 IP 地址是 192.168.20.2
[hx-Vlanif20]quit
[hx]interface vlan 30                          #进入 VLAN30 虚拟接口
[hx-Vlanif30]dhcp select relay                 #开启 DHCP 中继模式
[hx-Vlanif30]dhcp relay server-ip 192.168.20.2 #DHCP 服务器的 IP 地址是 192.168.20.2
[hx-Vlanif30]quit
[hx]interface vlan 40                          #进入 VLAN40 虚拟接口
[hx-Vlanif40]dhcp select relay                 #开启 DHCP 中继模式
[hx-Vlanif40]dhcp relay server-ip 192.168.20.2 #DHCP 服务器的 IP 地址是 192.168.20.2
```

（2）在 DHCP 服务器上分配 IP 地址等信息

配置过程是首先开启 DHCP 功能，然后在服务器接口下选择全局模式分配 IP 地址。接下来为每个 VLAN 用户配置相对应的 IP 地址池，在 IP 地址池中定义分配的网络地址、网关、DNS 等信息。

```
[dhcp]dhcp enable                              #开启 DHCP 功能
[dhcp]interface GigabitEthernet 0/0/0          #进入 GE 0/0/0 接口
[dhcp-GigabitEthernet0/0/0]dhcp select global  #选择在全局模式下分配 IP 地址
[dhcp-GigabitEthernet0/0/0]quit
[dhcp]ip pool vlan10                           #建立名称为 VLAN10 的 IP 地址池
```

```
[dhcp-ip-pool-vlan10]network 192.168.1.0 mask 24          #为用户分配 192.168.1.0/24 网络
[dhcp-ip-pool-vlan10]gateway-list 192.168.1.1             #定义分配的网关地址
[dhcp-ip-pool-vlan10]dns-list 8.8.8.8                     #定义分配的 DNS 服务器 IP 地址
[dhcp-ip-pool-vlan10]quit
[dhcp]ip pool vlan20                                      #建立名称为 VLAN20 的 IP 地址池
[dhcp-ip-pool-vlan20]network 192.168.2.0 mask 24          #为用户分配 192.168.2.0/24 网络
[dhcp-ip-pool-vlan20]gateway-list 192.168.2.1             #定义分配的网关地址
[dhcp-ip-pool-vlan20]dns-list 8.8.8.8                     #定义分配的 DNS 服务器 IP 地址
[dhcp-ip-pool-vlan20]quit
[dhcp]ip pool vlan30                                      #建立名称为 VLAN30 的 IP 地址池
[dhcp-ip-pool-vlan30]network 192.168.3.0 mask 24          #为用户分配 192.168.3.0/24 网络
[dhcp-ip-pool-vlan30]gateway-list 192.168.3.1             #定义分配的网关地址
[dhcp-ip-pool-vlan30]dns-list 8.8.8.8                     #定义分配的 DNS 服务器 IP 地址
[dhcp-ip-pool-vlan30]quit
[dhcp]ip pool vlan40                                      #建立名称为 VLAN40 的 IP 地址池
[dhcp-ip-pool-vlan40]network 192.168.4.0 mask 24          #为用户分配 192.168.4.0/24 网络
[dhcp-ip-pool-vlan40]gateway-list 192.168.4.1             #定义分配的网关地址
[dhcp-ip-pool-vlan40]dns-list 8.8.8.8                     #定义分配的 DNS 服务器 IP 地址
```

在配置中继时，需要注意两点：一是要在接口下开启全局模式；二是配置地址池时，VLAN10 只是一个名称，但应尽量与业务 VLAN 名称对应，VLAN10 的用户是靠网关对应的网络地址匹配地址池的，如 VLAN10 在楼宇核心交换机的网关是 192.168.1.1，在 192.168.1.0/24 网络地址中，就会从地址池 VLAN10 中获取 IP 地址等信息。

（3）客户端自动获取 IP 地址

在 PC1 的"基础配置"选项卡的"IPv4 配置"区域中，选中"DHCP"单选按钮，单击"应用"按钮，如图 2-19 所示。

图 2-19　使用 DHCP 方式获取 IP 地址

在命令行中查看本机的 IP 地址信息，可以看到已经获取到 IP 地址、子网掩码、网关、DNS 等信息，如图 2-20 所示。和 DHCP 服务器配置一致，在其他计算机上同样可以自动获取到 IP 地址。

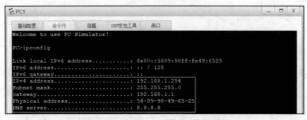

图 2-20　查看 PC1 的 IP 地址信息

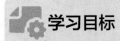

任务 2-2 使用 NAT 实现企业内外网互访

学习目标

知识目标

- 掌握 OSPF 动态路由的配置方法。
- 理解 NAT 的作用。
- 理解 ACL 的作用。

技能目标

- 能够配置 OSPF 实现内网全互联。
- 能够配置 SNAT 实现内部用户访问互联网。
- 能够配置 DNAT 实现外部用户访问内网 Web 服务器。

素养目标

- 学习 OSPF 动态路由协议配置，培养解决问题的能力和创新思维。
- 学习内外网主机互联，培养团队合作和持续学习的精神。

2.2.1 任务描述

根据图 2-21 所示的网络拓扑，楼宇核心交换机连接到楼宇出口路由器，楼宇出口路由器连接到联通网络服务提供商路由器（以下简称联通路由器），联通路由器连接着测试客户端 Client2 和百度服务器。考虑到内网的网络地址较多，使用静态路由已经无法满足路由配置要求，所以项目经理要求王亮在楼宇核心交换机和楼宇出口路由器上配置开放最短路径优先（Open Shortest Path First，OSPF）协议实现内网全互联。在楼宇出口路由器上配置源地址转换实现内部用户访问外网服务器，配置目标地址转换实现外网用户访问内网服务器。

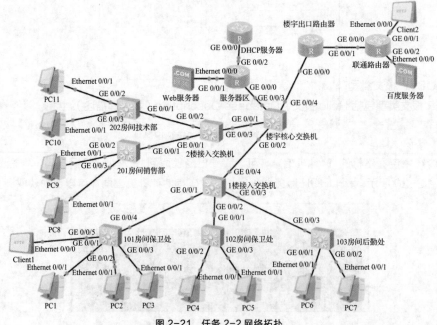

图 2-21 任务 2-2 网络拓扑

2.2.2　必备知识

1. OSPF 动态路由协议

（1）OSPF 简介

OSPF 是一种内部网关协议（Interior Gateway Protocol，IGP），用于在单一自治系统（Autonomous System，AS）内决策路由。OSPF 是对链路状态路由协议的实现。

（2）链路状态公告

OSPF 协议是根据链路状态公告（Link-State Announcement，LSA）计算生成路由表的，LSA 是 OSPF 接口上的描述信息，如接口上的 IP 地址、子网掩码、网络类型、Cost 值等。OSPF 路由器之间交换的并不是路由表，而是 LSA。OSPF 协议通过获得网络中所有的链路状态信息，计算出到达每个目标的精确网络路径。OSPF 路由器会将自己所有的链路状态毫无保留地发给邻居，邻居将收到的链路状态全部放入链路状态数据库（Link-State Database），邻居再发给自己的所有邻居，并且在传递过程中绝对不会有任何更改。通过这样的过程，最终网络中所有的 OSPF 路由器都拥有网络中所有的链路状态，并且所有路由器的链路状态都能描绘出相同的网络拓扑。

（3）OSPF 区域

OSPF 路由器之间会将所有的 LSA 相互交换，当网络规模达到一定程度时，LSA 将形成一个庞大的数据库，势必会给 OSPF 计算带来巨大的压力。为了降低 OSPF 计算的复杂程度，减轻计算压力，OSPF 采用分区域计算，将网络中的所有 OSPF 路由器划分成不同的区域，每个区域都负责各自区域的 LSA 传递与路由计算，再将一个区域的 LSA 简化和汇总之后转发到另外一个区域。OSPF 的区域 0 就是所有区域的核心，称为 BackBone 区域（骨干区域），而其他区域称为 Normal 区域（常规区域），所有的常规区域都应该直接和骨干区域相连。

（4）邻居

OSPF 只有在邻接状态下才会交换 LSA，路由器会将链路状态数据库中所有的内容毫无保留地发给所有邻居。要想在 OSPF 路由器之间交换 LSA，必须先形成 OSPF 邻居。OSPF 邻居靠发送 Hello 包来建立和维护，Hello 包会在启动了 OSPF 的接口上周期性发送。在不同的网络中，发送 Hello 包的间隔也会不同。若超过 4 倍的 Hello 时间还没有收到邻居的 Hello 包，则邻居关系将被断开。两台 OSPF 路由器要想建立邻居关系，必须满足相同的 OSPF 区域、相同的 Hello 与失效时间、相同的认证密码（如果配置了认证）、相同的末节标签（如果配置了末节标签）4 个条件。邻居建立完成后，还要经过若干报文交换才能处于邻接状态，并交换 LSA。

（5）OSPF 报文类型

OSPF 报文类型包括 Hello 报文、Database Description（数据库描述）、Link-State Request（链路状态请求）、Link-State Update（链路状态更新）、Link-State Acknowledge（链路状态确认）。LSA 被封装在 Link-State Update 内。

（6）Router-ID（路由器标识）

每一台运行 OSPF 协议的路由器都有唯一的 Router-ID，Router-ID 使用 IP 地址的形式来表示。可以手动指定路由器的 Router-ID，若没有手动指定，则采用活动 Loopback 接口最大的 IP 地址作为 Router-ID。如果没有活动的 Loopback 接口，则选择活动物理接口最大的 IP 地址作为 Router-ID。

2. NAT

网络地址转换（Network Address Translation，NAT）是一种在计算机网络中常用的技术，用于将内网的私有 IP 地址转换为公网的公共 IP 地址，以实现内网与外网的通信。

由于 IPv4 地址资源有限，无法满足全球范围内所有设备的需求，因此在内网中使用私有 IP 地址，而将公共 IP 地址保留给互联网上的路由器和服务器等设备。当内网的设备需要与外网通信时，NAT 会将内部设备的私有 IP 地址转换为公共 IP 地址，使其能够在互联网上进行通信。

NAT 技术分为两种，一种是 SNAT（Source NAT，源 NAT），另一种是 DNAT（Destination NAT，目标 NAT）。当内网设备发送数据包到外网时，数据包的源 IP 地址会被改写为公共 IP 地址，这个过程称为出站 NAT（Outbound NAT）或源 NAT。外网返回响应数据包时，数据包的目标 IP 地址会被改写为对应的内部设备的私有 IP 地址，这个过程称为入站 NAT（Inbound NAT）或目标 NAT。

NAT 还提供了网络安全方面的保护，因为内网的私有 IP 地址对外网是不可见的，能够在一定程度上隐藏内网的拓扑结构，提高网络的安全性。

NAT 有多种实现方式，包括静态 NAT、动态 NAT、端口地址转换（Port Address Translation，PAT）等。每种方式都有其特点和适用场景，本任务采用 PAT 技术实现内外网互访。

需要注意的是，NAT 只适用于 IPv4 网络，而在 IPv6 网络中，地址空间更加充裕，不再需要使用 NAT 来解决地址短缺问题。

3. ACL

访问控制列表（Access Control List，ACL）是一种用于在网络设备上实现对网络流量进行控制和管理的机制。它可以根据预定义的规则对网络中的数据包进行过滤和处理，从而控制数据包的流动和访问权限。

ACL 通常用在路由器、交换机和防火墙等网络设备上，通过配置 ACL 规则，可以实现以下功能。

① 流量过滤。

ACL 可以根据源 IP 地址、目标 IP 地址、传输层协议、端口号等条件对数据包进行过滤，只允许符合规则的数据包通过，而拒绝不符合规则的数据包通过。

② 访问控制。

ACL 可以根据规则设置不同层次的安全策略，限制特定用户或主机对网络资源的访问，如可以设置只有特定 IP 地址的主机来访问某台服务器，其他主机被禁止访问。

访问控制列表种类：ACL 可以分为标准 ACL 和高级 ACL，标准 ACL 只能匹配源 IP 地址和源 MAC 地址，高级 ACL 不但可以匹配源 IP 地址，还可以匹配目标 IP 地址和协议类型。

ACL 规则类型：ACL 包括允许（permit）和拒绝（deny）两种规则，当数据包与 ACL 规则匹配时，根据规则的配置，可以选择允许或拒绝该数据包通过。

给设备配置 IP 地址时要使用子网掩码，其从左到右依次是连续的"1"和"0"，"1"代表强匹配，"0"代表任意匹配。在做路由匹配（如 OSPF 声明直连接口）时要使用反掩码，其从左到右依次是连续的"0"和"1"，"0"代表强匹配，"1"代表任意匹配。在配置 ACL 匹配规则时要使用通配符掩码，其"1"和"0"的位置可以交叉，"0"代表强匹配，"1"代表任意匹配。

2.2.3 配置 OSPF 动态路由实现内网全互联

（1）物理连接

在设备区中选择两台 AR2220 路由器，其中一台作为楼宇出口路由器连接到楼宇核心交换机，另一台作为联通路由器连接到楼宇出口路由器。联通路由器连接了 Web 服务器以测试终端 Client2，另一端连接着百度服务器。拖曳设备到工作区中后，按照图 2-21 进行设备连接。

微课

V2-5　配置 OSPF 动态路由实现内网全互联

（2）规划 IP 地址

需要配置的设备包括楼宇核心交换机、楼宇出口路由器、联通路由器、Client2 测试终端、百度服务器，规划各设备直连接口 IP 地址，如表 2-3 所示。

表 2-3　设备互联和 IP 地址规划

设备名称	连接方式	直连接口	IP 地址
楼宇核心交换机	直连	GE 0/0/4	192.168.6.1/24
楼宇出口路由器		GE 0/0/0	192.168.6.2/24
楼宇出口路由器	直连	GE 0/0/1	200.1.1.1/24
联通路由器		GE 0/0/0	200.1.1.2/24
联通路由器	直连	GE 0/0/1	202.1.1.1/24
Client2 测试终端		Ethernet 0/0/0	202.1.1.2/24
联通路由器	直连	GE 0/0/2	39.156.66.1/8
百度服务器		Ethernet 0/0/0	39.156.66.18/8

（3）配置接口 IP 地址

① 配置楼宇核心交换机的接口 IP 地址。

```
[hx]vlan 60
[hx-vlan60]quit
[hx]interface vlan 60
[hx-Vlanif60]ip address 192.168.6.1 24                  #配置 VLAN60 接口的 IP 地址
[hx]interface GigabitEthernet 0/0/4
[hx-GigabitEthernet0/0/4]port link-type access
[hx-GigabitEthernet0/0/4]port default vlan 60           #将 GE 0/0/4 接口加入 VLAN60
```

② 配置楼宇出口路由器的接口 IP 地址。

```
[Huawei]sysname ck                                      #修改路由器的名称为 ck
[ck]interface GigabitEthernet 0/0/0
[ck-GigabitEthernet0/0/0]ip address 192.168.6.2 24      #配置 GE 0/0/0 接口的 IP 地址
[ck-GigabitEthernet0/0/0]quit
[ck]interface GigabitEthernet 0/0/1
[ck-GigabitEthernet0/0/1]ip address 200.1.1.1 24        #配置 GE 0/0/1 接口的 IP 地址
```

③ 配置联通路由器的接口 IP 地址。

```
[Huawei]sysname lt                                      #修改路由器的名称为 lt
[lt]interface GigabitEthernet 0/0/0
[lt-GigabitEthernet0/0/0]ip address 200.1.1.2 24        #配置 GE 0/0/0 接口的 IP 地址
[lt-GigabitEthernet0/0/0]quit
[lt]interface GigabitEthernet 0/0/1
[lt-GigabitEthernet0/0/1]ip address 202.1.1.1 24        #配置 GE 0/0/1 接口的 IP 地址
[lt-GigabitEthernet0/0/1]quit
[lt]interface GigabitEthernet 0/0/2
[lt-GigabitEthernet0/0/2]ip address 39.156.66.1 8       #配置 GE 0/0/2 接口的 IP 地址
```

④ 配置 Client2 测试终端与百度服务器的 IP 地址。

根据表 2-3 配置 Client2 测试终端和百度服务器的 IP 地址，Client2 测试终端的配置如图 2-22 所示。

百度服务器 IP 地址配置如图 2-23 所示。

图 2-22　Client2 测试终端的配置

图 2-23　百度服务器 IP 地址配置

（4）配置楼宇核心交换机的路由

① 配置楼宇核心交换机的默认路由。

因为内网的所有 VLAN 用户都要访问互联网，所以 VLAN 用户数据需要到达楼宇出口路由器，可以在楼宇核心交换机上配置一条默认路由，指向与楼宇出口路由器相连的接口地址 192.168.6.2，配置如下。

```
[hx]ip route-static 0.0.0.0 0.0.0.0 192.168.6.2
```

配置完成后，所有部门用户的数据到达楼宇核心交换机网关后，可以通过默认路由将数据发送到楼宇出口路由器上。

② 配置楼宇核心交换机的 OSPF 动态路由。

内网用户的业务数据到达楼宇出口路由器后，在楼宇出口路由器上是不具备回程路由的。如果使用静态路由一条一条地去配置，则工作量太大，且容易出错。所以需要在楼宇核心交换机和楼宇出口路由器上运行 OSPF 动态路由协议，传递各个直连接口的链路状态，通过路由算法算出到达某个网络地址的路径。

配置 OSPF 动态路由协议的方法是在全局模式下配置 OSPF 的进程和路由器的 Router-ID，然后声明区域，将直连接口发布在区域内。区域 0 是骨干区域，如果配置其他区域，则其要和骨干区域相连。楼宇核心交换机的 OSPF 配置如下。

```
[hx]ospf 1 router-id 1.1.1.1
#开启 OSPF 进程 1，进程只有本地意义，配置唯一的 Router-ID
[hx-ospf-1]area 0                                      #声明区域 0
[hx-ospf-1-area-0.0.0.0]network 192.168.1.0 0.0.0.255
#声明直连接口 192.168.1.1 所在网络，子网掩码为反掩码，是 255.255.255.255 减去
#255.255.255.0 的值
[hx-ospf-1-area-0.0.0.0]network 192.168.2.0 0.0.0.255
#声明直连接口 192.168.2.1 所在网络
[hx-ospf-1-area-0.0.0.0]network 192.168.3.0 0.0.0.255
#声明直连接口 192.168.3.1 所在网络
[hx-ospf-1-area-0.0.0.0]network 192.168.4.0 0.0.0.255
#声明直连接口 192.168.4.1 所在网络
[hx-ospf-1-area-0.0.0.0]network 192.168.6.0 0.0.0.255
#声明直连接口 192.168.6.1 所在网络
[hx-ospf-1]import-route static          #重分发静态路由到 OSPF 进程中
```

以上配置需要注意两点：一是将直接接口发布到区域中时，要使用反掩码，反掩码是 255.255.255.255 减去正常的掩码，因为正常的子网掩码是 255.255.255.0，所以反掩码是 0.0.0.255；二是 import-route static 的作用是将楼宇核心交换机去往服务器区的静态路由信息发布到 OSPF 进程中，传递给楼宇出口路由器，这样楼宇出口路由器就可以通过 OSPF 路由学习到去往服务器区的路由信息了。

（5）配置楼宇出口路由器的路由

① 配置楼宇出口路由器的 OSPF 动态路由。

楼宇出口路由器与楼宇核心交换机同时运行 OSPF 协议后，两台设备建立了邻居关系，并互相发送 LSA，最终才能形成各自的 OSPF 路由表，所以需要在楼宇出口路由器上配置 OSPF 动态路由协议，发布直连接口，配置如下。

```
[ck]ospf 1 router-id 2.2.2.2          #配置 OSPF 进程为 1，Router-ID 为 2.2.2.2
[ck-ospf-1]area 0                     #声明区域 0
[ck-ospf-1-area-0.0.0.0]network 192.168.6.0 0.0.0.255   #声明直连网络
```

以上配置没有将楼宇出口路由器连接联通路由器的接口发布到 OSPF 进程中，这是因为内网用户是不需要知道楼宇出口路由器连接公网的 IP 地址的，即便想访问出口的公网 IP 地址，也可以通过楼宇核心交换机的默认路由到达公网接口。所以只需要声明与楼宇核心交换机的直连接口，与楼宇核心交换机建立 OSPF 邻居关系，学习内网的地址信息即可。

② 查看 OSPF 邻居。

在楼宇出口路由器上使用 display ospf peer brief 命令查看 OSPF 邻居，发现已经与楼宇核心交换机建立邻居关系了，如图 2-24 所示。

从图中可见 State 状态已经是 Full 了，两台设备已经建立了邻接关系，交换了链路状态信息。

图 2-24　与楼宇核心交换机建立邻居关系

③ 查看路由表。

在楼宇出口路由器上使用 display ip routing-table protocol ospf 命令查看通过 OSPF 路由协议学习的路由信息，如图 2-25 所示。

```
[ck]display ip routing-table protocol ospf
Route Flags: R - relay, D - download to fib
------------------------------------------------------------
Public routing table : OSPF
         Destinations : 6        Routes : 6

OSPF routing table status : <Active>
         Destinations : 6        Routes : 6

Destination/Mask    Proto   Pre  Cost      Flags NextHop        Interface

    192.168.1.0/24  OSPF    10   2         D     192.168.6.1    GigabitEthernet
0/0/0
    192.168.2.0/24  OSPF    10   2         D     192.168.6.1    GigabitEthernet
0/0/0
    192.168.3.0/24  OSPF    10   2         D     192.168.6.1    GigabitEthernet
0/0/0
    192.168.4.0/24  OSPF    10   2         D     192.168.6.1    GigabitEthernet
0/0/0
   192.168.10.0/24  O_ASE   150  1         D     192.168.6.1    GigabitEthernet
0/0/0
   192.168.20.0/24  O_ASE   150  1         D     192.168.6.1    GigabitEthernet
0/0/0
```

图 2-25　楼宇出口路由器的 OSPF 路由信息

从图中可以看出，通过 OSPF 路由协议学习到了 VLAN10、VLAN20、VLAN30、VLAN40 这 4 个部门的网络地址信息，下一跳是直连的楼宇核心交换机接口 IP 地址 192.168.6.1。同时通过 O_ASE 的 OSPF 外部路由学习到了服务器区的地址信息，这个 OSPF 外部路由是通过楼宇核心交换机使用 import-route static 命令将本机知道的静态路由信息发到 OSPF 进程，然后楼宇出口路由器进行学习获取到的。

④ 配置去往联通路由器的默认路由。

当内网用户发送数据到楼宇出口路由器时，楼宇出口路由器需要把数据发送给自己的下一跳设备，即联通路由器，再由联通路由器寻找目标 IP 地址。所以需要在楼宇出口路由器上配置一条默认路由，下一跳指向联通路由器。

```
[ck]ip route-static 0.0.0.0 0.0.0.0 200.1.1.2
```

（6）测试内网全互联

① 测试 PC1 与楼宇出口路由器的联通性。

在 PC1 上测试其与楼宇出口路由器的联通性，结果如图 2-26 所示，PC1 与楼宇出口路由器的两个接口都可以正常通信。

```
PC1                                                        □ X
基础配置    命令行    组播    UDP发包工具    串口
PC>ping 192.168.6.2

Ping 192.168.6.2: 32 data bytes, Press Ctrl_C to break
From 192.168.6.2: bytes=32 seq=1 ttl=254 time=78 ms
From 192.168.6.2: bytes=32 seq=2 ttl=254 time=78 ms
From 192.168.6.2: bytes=32 seq=3 ttl=254 time=110 ms
From 192.168.6.2: bytes=32 seq=4 ttl=254 time=78 ms
From 192.168.6.2: bytes=32 seq=5 ttl=254 time=78 ms

--- 192.168.6.2 ping statistics ---
  5 packet(s) transmitted
  5 packet(s) received
  0.00% packet loss
  round-trip min/avg/max = 78/84/110 ms

PC>ping 200.1.1.1

Ping 200.1.1.1: 32 data bytes, Press Ctrl_C to break
From 200.1.1.1: bytes=32 seq=1 ttl=254 time=78 ms
From 200.1.1.1: bytes=32 seq=2 ttl=254 time=78 ms
From 200.1.1.1: bytes=32 seq=3 ttl=254 time=94 ms
From 200.1.1.1: bytes=32 seq=4 ttl=254 time=94 ms
From 200.1.1.1: bytes=32 seq=5 ttl=254 time=78 ms
```

图 2-26　测试 PC1 与楼宇出口路由器的联通性

② 测试楼宇出口路由器与 Web 服务器和 DHCP 服务器的联通性。

在楼宇出口路由器上测试与服务器区中的 Web 服务器和 DHCP 服务器的联通性，结果如图 2-27 所示。

```
楼宇出口路由器                                          □ X
宇出口路由
[ck]ping 192.168.10.2
PING 192.168.10.2: 56  data bytes, press CTRL_C to break
  Reply from 192.168.10.2: bytes=56 Sequence=1 ttl=253 time=30 ms
  Reply from 192.168.10.2: bytes=56 Sequence=2 ttl=253 time=50 ms
  Reply from 192.168.10.2: bytes=56 Sequence=3 ttl=253 time=40 ms
  Reply from 192.168.10.2: bytes=56 Sequence=4 ttl=253 time=40 ms
  Reply from 192.168.10.2: bytes=56 Sequence=5 ttl=253 time=30 ms

--- 192.168.10.2 ping statistics ---
  5 packet(s) transmitted
  5 packet(s) received
  0.00% packet loss
  round-trip min/avg/max = 30/38/50 ms
[ck]ping 192.168.20.2
PING 192.168.20.2: 56  data bytes, press CTRL_C to break
  Reply from 192.168.20.2: bytes=56 Sequence=1 ttl=253 time=100 ms
  Reply from 192.168.20.2: bytes=56 Sequence=2 ttl=253 time=50 ms
  Reply from 192.168.20.2: bytes=56 Sequence=3 ttl=253 time=50 ms
  Reply from 192.168.20.2: bytes=56 Sequence=4 ttl=253 time=60 ms
  Reply from 192.168.20.2: bytes=56 Sequence=5 ttl=253 time=60 ms
```

图 2-27　测试楼宇出口路由器与 Web 服务器和 DHCP 服务器的联通性

从图中可以发现，楼宇出口路由器已经可以与 Web 服务器和 DHCP 服务器正常通信了，实现了内网的全互联。

2.2.4　配置 SNAT 实现内部用户访问互联网

1. 配置 ACL

当业务网络地址中的用户访问公网时，例如，VLAN10 中的用户 PC1 访问百度服务器 39.156.66.18 时，PC1 首先会发送请求给楼宇核心交换机的 VLAN10 网关，楼宇核心交换机通过默认路由发送给楼宇出口路由器。在楼宇出口路由器上，会将 PC1 的 IP 地址转换为公网 IP 地址，如 200.1.1.1，再发送给联通路由器。联通路由器经过路由表转发给其他路由器，直到找到目标 IP 地址 39.156.66.18。这时候，百度服务器的回程目标地址是楼宇出口路由器转换后的地址 200.1.1.1，数据到达楼宇出口路由器时，再转换为 PC1 的 IP 地址 192.168.1.1。在楼宇出口路由器上将源地址 192.168.1.1 转换为 200.1.1.1 的过程叫作 SNAT（源网络地址转换）。

在配置源网络地址转换时，使用 ACL 规定哪些地址可以进行网络地址转换，这里允许内网的业务

微课

V2-6　配置 SNAT 实现内部用户访问互联网

网络地址进行 SNAT，即 192.168.1.0/24、192.168.2.0/24、192.168.3.0/24、192.168.4.0/24。访问控制列表配置如下。

```
[ck]acl 2000                                    #定义标准访问控制列表，序号为 2000
[ck-acl-basic-2000]rule 10 permit source 192.168.1.0 0.0.0.255
  #规则 10 允许 192.168.1.0/24 网络数据通过
[ck-acl-basic-2000]rule 20 permit source 192.168.2.0 0.0.0.255
  #规则 20 允许 192.168.2.0/24 网络数据通过
[ck-acl-basic-2000]rule 30 permit source 192.168.3.0 0.0.0.255
  #规则 30 允许 192.168.3.0/24 网络数据通过
[ck-acl-basic-2000]rule 40 permit source 192.168.4.0 0.0.0.255
  #规则 40 允许 192.168.4.0/24 网络数据通过
[ck-acl-basic-2000]rule 50 deny source any
  #规则 50 拒绝所有网络数据通过
```

以上配置需要注意的是标准访问控制列表的编号为 2000～2999，这里采用的是 2000。rule 是顺序规则，一旦某个数据按顺序匹配了某条规则，匹配就结束了。在定义匹配规则时，使用的通配符掩码为 0.0.0.255。最后一条 rule 50 的规则表示拒绝其他所有数据通过，这是因为华为设备的默认规则是允许所有，所以以上这条规则的目的是只允许 4 个业务网络进行 SNAT。

2. 配置楼宇出口路由器进行 SNAT

当某个业务网络的数据到达楼宇出口路由器时，将源 IP 地址转换为连接服务提供商网络的公网 IP 地址。因为有多个业务地址需要转换，所以可采用 PAT 的形式，即转换为公网 IP 地址加上端口的形式。这种方式配置简单，所以称为 Easy IP（简单 IP），配置如下。

```
[ck]interface GigabitEthernet 0/0/1            #进入连接公网的接口
[ck-GigabitEthernet0/0/1]nat outbound 2000     #对 ACL 2000 的数据进行 SNAT
```

3. 测试配置结果

在联通路由器的 GE 0/0/0 端口上抓取数据包，使用 PC1 测试与百度服务器的联通性，可以看到 PC1 可以访问百度服务器，如图 2-28 所示。

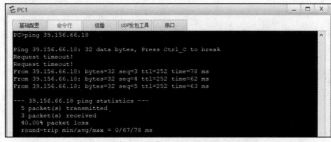

图 2-28　测试 PC1 与百度服务器的联通性

抓包页面显示所有的联通性测试报文的源 IP 地址都是 200.1.1.1，如图 2-29 所示，说明在测试数据到达楼宇出口路由器时，已经将源 IP 地址 192.168.1.1 转换为 200.1.1.1 了。

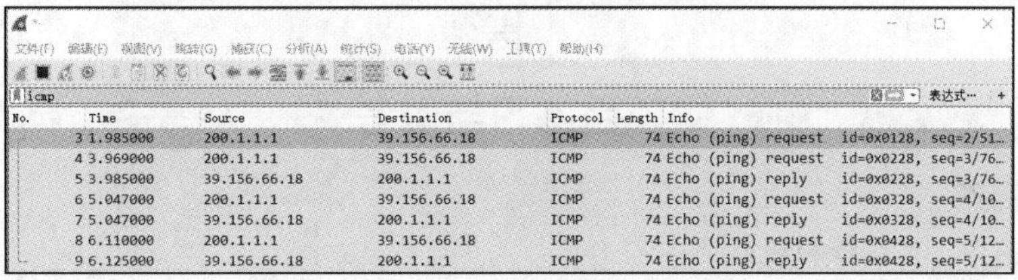

图 2-29　抓包页面

2.2.5 配置 DNAT 实现外部用户访问内网 Web 服务器

微课

V2-7 配置 DNAT
实现外部用户访问
内网 Web 服务器

1. 发布内网 Web 服务器

企业内部的网站是要对外提供服务的，但外网用户无法访问内网服务器的地址，这时可以在楼宇出口路由器上配置 DNAT，实现外网用户访问楼宇出口路由器的公网地址，并跳转到内网的服务器上。配置 DNAT 后，当用户访问楼宇出口路由器的公网 IP 地址时，路由器会将目标 IP 地址转换为内网服务器的 IP 地址，进而实现跳转，配置如下。

```
[ck]interface GigabitEthernet 0/0/1                    #进入 GE 0/0/1 接口
[ck-GigabitEthernet0/0/1]nat server protocol tcp global current-interface www in
side 192.168.10.2 www
#当访问当前接口的 Web 服务器时，跳转到内部 Web 服务器（IP 地址为 192.168.10.2）
```

2. 测试访问效果

在 Web 服务器测试终端 Client2 上访问 http://200.1.1.1/index.html 时，发现已经跳转到内网的 Web 服务器上并下载了相应的文件，如图 2-30 所示。

图 2-30 测试外部用户访问内网 Web 服务器

 项目小结

在任务2-1完成楼层交换网络配置的基础上，在楼宇核心交换机上配置SVI，为接口配置IP地址以生成直连路由，通过VLAN间路由实现了内网各楼层用户的网络互联。因为内网用户有访问服务器的需求，而且内网服务器的网络相对简单固定，所以配置了楼宇核心交换机到达服务器网络的静态路由，实现了内网用户访问服务器。任务2-2通过配置楼宇核心交换机和楼宇出口路由器的OSPF动态路由协议实现了内网的全互联，因为内网用户要访问互联网，所以在楼宇出口路由器上实现数据的SNAT。内网的服务器有对外部发布的需求，所以在楼宇出口路由器上配置DNAT来实现外部用户访问内网Web服务器。

项目练习与思考

1. 选择题

（1）路由器工作在计算机网络中的（　　　）。

A. 物理层　　　　B. 数据链路层　　　　C. 网络层　　　　D. 传输层

（2）通过配置直连接口的 IP 地址可以生成（　　　）路由表。

    A．RIP   B．OSPF   C．直连   D．静态

（3）DHCP 服务器不能为用户分配（　　　）。

    A．IP 地址   B．子网掩码   C．DNS   D．MAC 地址

（4）Web 服务器在传输层默认使用（　　　）端口提供服务。

    A．10   B．20   C．80   D．100

（5）OSPF 的骨干区域是（　　　）。

    A．Area 0   B．Area 1   C．Area 2   D．应用层

（6）运行 OSPF 协议的三层设备的（　　　）不能相同。

    A．Router-ID   B．id   C．process   D．网关

（7）OSPF 的（　　　）只有本地意义，其在两台设备上可以相同。

    A．进程号   B．区域号   C．网络号   D．DNS

（8）SNAT 是对（　　　）进行转换的技术。

    A．目标 IP 地址   B．源 IP 地址   C．中间地址   D．MAC 地址

（9）DNAT 是对（　　　）进行转换的技术。

    A．源 MAC 地址   B．源 IP 地址   C．目标 IP 地址   D．目标 MAC 地址

2．填空题

（1）路由器依靠_____进行数据转发。

（2）路由表中最重要的两个字段是_____和_____。

（3）当路由表的路由条目都可以匹配一个地址时，选择_____进行数据转发。

（4）静态路由适用于网络拓扑比较_____的场景。

（5）当网络拓扑比较复杂时，使用_____路由协议生成路由表。

（6）ACL 分为_____和_____。

（7）运行 OSPF 动态路由协议的设备之间需要建立_____。

（8）运行 OSPF 动态路由协议的设备之间传递的是_____。

（9）OSPF 的非骨干区域要和_____区域相连。

（10）Web 服务器和浏览器之间采用_____协议进行数据传输。

3．简答题

（1）简述网关和 DNS 的作用。

（2）简述 DHCP 自动分配 IP 地址的流程。

（3）简述 SNAT 和 DNAT 的作用。

（4）简述路由表的字段和作用。

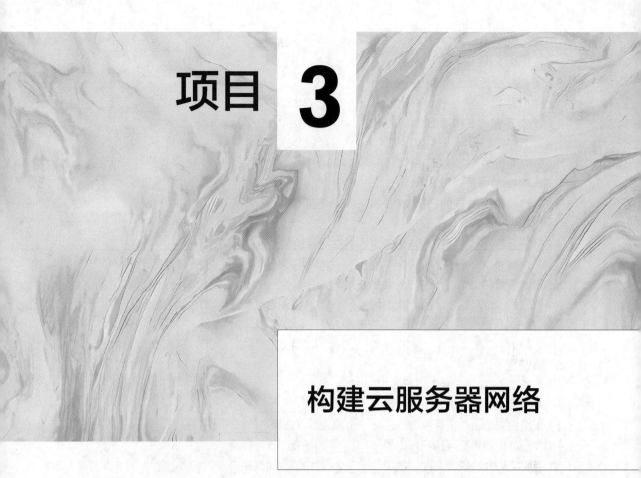

项目 **3**

构建云服务器网络

项目描述

为降低IT应用的成本、提升企业运营效率，公司决定建设数据中心，对计算、存储、网络等资源进行虚拟化。项目经理要求王亮在公司采购的4台服务器上安装CentOS 8网络操作系统，登录系统后配置静态路由实现4台服务器的网络互联，使用虚拟化网络中的重要工具Iptables实现SNAT和DNAT。

项目3思维导图如图3-1所示。

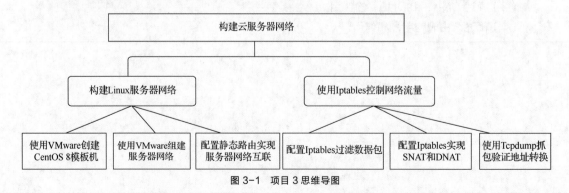

图 3-1　项目 3 思维导图

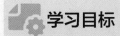

任务 3-1 构建 Linux 服务器网络

学习目标

知识目标

- 掌握 Linux 操作系统的发展和分类。
- 掌握创建模板机和安装 CentOS 8 操作系统的方法。
- 掌握 Linux 静态路由的配置方法。

技能目标

- 能够使用 VMware 创建 CentOS 8 模板机。
- 能够配置静态路由实现 4 台服务器的网络互联。

素养目标

- 学习制作模板机，养成系统全面考虑问题的习惯。
- 学习 VMware 的 3 种网络模式，养成认真观察、不断探索和创新的品质。

3.1.1 任务描述

根据图 3-2 所示的网络拓扑，服务器 node1、node2、node3、node4 使用网卡进行物理连接，node1 和 node2 通过 ens160 网卡互联，node3 和 node4 通过 ens160 网卡互联，node2 和 node3 通过 ens192 网卡互联。项目经理要求王亮在 node2 和 node3 上开启路由转发功能，在 node1 和 node4 上配置默认路由，在 node2 和 node3 上配置静态路由，实现 node1 与 node4 之间的网络互联。本书将使用 VMware 工具创建的虚拟机统称为服务器。

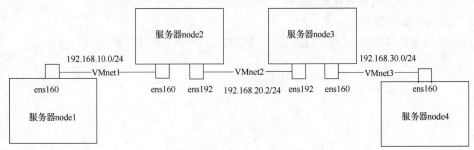

图 3-2 任务 3-1 网络拓扑

3.1.2 必备知识

1. Linux 系统概况

Linux 是一套自由、源代码开放的类 UNIX 操作系统，诞生于 1991 年 10 月 5 日（第一次正式对外公布），由芬兰学生林纳斯·托瓦兹（Linus Torvalds）和后来陆续加入的众多爱好者共同开发完成。Linux 是一种基于 POSIX 和 UNIX 的多用户、多任务，支持多线程和多 CPU 的操作系统。

Linux 能运行主要的 UNIX 工具软件、应用程序和网络协议，支持 32 位和 64 位硬件。Linux 继承了 UNIX 以网络为核心的设计思想，是一种性能稳定的多用户网络操作系统。Linux 存在着许多不同的版本，但它们都使用了 Linux 内核，可安装在各种计算机设备中，如手机、平板计算机、路由器、视频游戏控制台、台式计算机、大型机和超级计算机等。严格来讲，Linux 这个词本身只表示 Linux 内核，但实际上人们已经习惯了用 Linux 来指代整个基于 Linux 内核并且使用 GNU 工程各种工具和数据库的操作系统。

Linus Torvalds 被称为 Linux 之父，是著名的计算机程序员、Linux 内核的发明人。他利用个人时间及器材创造出了这套当今全球最流行的操作系统内核之一，现受聘于开放源代码开发实验室，全力开发 Linux 内核。

Linux 是一种诞生于网络、成长于网络且成熟于网络的奇特的操作系统。1991 年，当时还是芬兰大学学生的 Linus Torvalds 萌发了开发一种自由的 UNIX 操作系统的想法，当年，Linux 就诞生了。为了不让这个羽翼未丰的操作系统夭折，Linus Torvalds 将自己的作品发布在互联网上。从此，一大批计算机、编程人员加入开发中来，一场声势浩大的"运动"应运而生，Linux 逐渐成长起来。

Linux 刚开始时要求所有的源代码必须公开，并且任何人均不得从 Linux 交易中获利。然而，这种纯粹的自由软件的理想是不利于 Linux 普及和发展的，于是 Linux 开始采用通用性公开许可证（General Public License，GPL）作为解决方案。

Linux 凭借优秀的设计、不凡的性能，加上 IBM、Intel、CA、CORE、Oracle 等国际知名企业的大力支持，市场份额逐步扩大，逐渐成为主流操作系统之一。

2. Linux 内核版本

可以使用 uname -r 命令查看 Linux 内核版本号，如下所示。

```
[root@localhost ~]# uname -r
4.18.0-348.el8.x86_64
```

① 4 表示当前内核主版本号。

② 18 表示当前内核次版本号。

③ 0-348 中的 0 表示当前内核更新次数，348 表示当前内核修补次数。

④ el8 表示当前内核为 RHEL 8 系列。

⑤ x86_64 表示 64 位操作系统。

3. Linux 发行版本

Linux 在全球范围内有上百款发行版本，常用的 Linux 发行版本如图 3-3 所示。

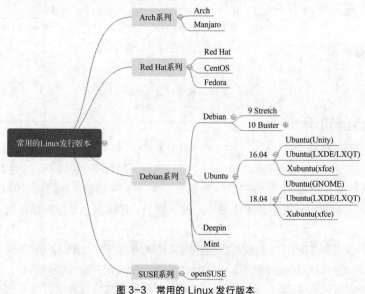

图 3-3　常用的 Linux 发行版本

4. CentOS 8 网络操作系统

（1）基于 RHEL 8

CentOS 8 是基于 Red Hat Enterprise Linux 8 的一个免费、开源的版本。它继承了 RHEL 8 的稳定性和可靠性，并且提供了与 RHEL 8 兼容的软件包和功能。

（2）长期支持

CentOS 8 提供长期支持（Long-Term Support，LTS）的版本，这意味着它将获得持续的更新和安全补丁，以保持系统的稳定性和安全性。

（3）主要特性

CentOS 8 引入了许多新的特性和改进，包括更短的启动时间、增强的安全性、更新的内核和文件系统、改进的容器支持等。此外，它还提供了广泛的软件包和工具，适用于各种应用场景和需求。

（4）软件包管理

CentOS 8 使用了 DNF 包管理器来替代之前的 YUM 包管理器。DNF 提供了更快速的软件包安装和更新，同时具有更好的依赖关系解决和软件包管理功能。

（5）容器支持

CentOS 8 对容器化技术提供了更好的支持，包括 Docker 引擎和 Kubernetes 容器编排。它提供了一系列工具和库，用于构建、部署和管理容器化应用程序。

5. Linux 中的 route 命令

在 Linux 操作系统中，route 是一种用于管理和操作 IP 路由表的命令行工具，用于查看、添加、删除和修改路由表条目，控制数据包在网络中的路径选择。以下是常见 route 命令的参数、选项和用法。

（1）主要参数

① add：使用 route add 命令可增加指定的路由记录。

② del：使用 route del 命令可删除指定的路由记录。

③ gw：gw 用来设置网关，也就是下一跳地址。

④ via：使用 route via 命令可将网络流量路由到指定的下一跳地址或者接口。

⑤ dev：使用 route dev 命令可在路由时选择本地的某个接口。

（2）主要选项

① –n：不执行 DNS 反向查找，直接显示数字形式的 IP 地址。

② –v：显示详细信息。

③ –net：添加到一个网络的路由表。

④ –host：添加到一台主机的路由表。

（3）主要用法

① 查看路由表：使用 route –n 命令可以显示当前系统的路由表，这将列出网络目的地、网关、子网掩码、接口和其他相关信息。

② 添加路由表条目：使用 route add 命令可以向路由表中添加新的路由条目。例如，route add –net 10.0.0.0/24 gw 192.168.1.1 命令代表添加一条静态路由，将目标 IP 地址为 10.0.0.0/24 的数据包发送给 192.168.1.1。

③ 删除路由表条目：使用 route del 命令可以从路由表中删除指定的路由条目。例如，route del –net 10.0.0.0/24 将删除目标 IP 地址为 10.0.0.0/24 的路由。

④ 设置默认网关：使用 route add default gw 命令可以设置默认网关。例如，route add

default gw 192.168.1.1 将设置默认网关为 192.168.1.1。

⑤ 设置路由度量值：使用 route metric 命令可以修改路由表条目的优先级。度量值越低，表示路由越优先。例如，route add −net 10.0.0.0/24 gw 192.168.1.1 metric 50 将为目标地址为 10.0.0.0/24 的路由设置度量值 50。

微课

V3-1 使用 VMware 创建 CentOS 8 模板机

3.1.3 使用 VMware 创建 CentOS 8 模板机

1. 安装 CentOS 8 操作系统

（1）创建虚拟机

打开 VMware Workstation，在"主页"选项卡中选择"创建新的虚拟机"选项，如图 3-4 所示。

图 3-4 选择"创建新的虚拟机"选项

在弹出的"新建虚拟机向导"对话框中，选中"典型(推荐)"单选按钮，单击"下一步"按钮，如图 3-5 所示。在弹出的界面中选中"稍后安装操作系统"单选按钮，单击"下一步"按钮，如图 3-6 所示。在"选择客户机操作系统"界面中，选中"Linux"单选按钮，设置版本为"CentOS 8 64 位"，如图 3-7 所示。

图 3-5 "新建虚拟机向导"对话框

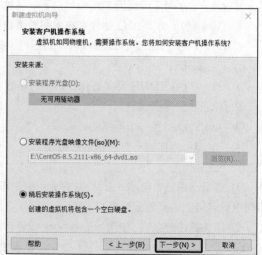

图 3-6 安装客户机操作系统

单击"下一步"按钮，进入"命名虚拟机"界面，设置虚拟机的名称和保存位置，如图 3-8 所示。

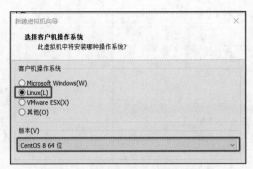

图 3-7　选择客户机操作系统和版本

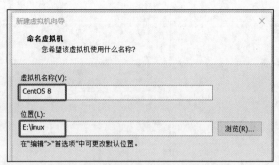

图 3-8　设置虚拟机的名称和保存位置

单击"下一步"按钮，修改最大磁盘大小为 100GB，为后续任务做准备，保持默认的虚拟磁盘文件存储方式，如图 3-9 所示。

单击"下一步"按钮后，单击"完成"按钮，完成虚拟机的创建。

（2）编辑虚拟机设置

虚拟机创建完成后，在左侧的"库"面板中单击虚拟机的名称，在"CentOS 8"选项卡中选择"编辑虚拟机设置"选项，如图 3-10 所示。

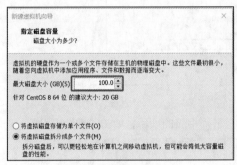

图 3-9　指定磁盘容量

图 3-10　选择"编辑虚拟机设置"选项

在弹出的"虚拟机设置"对话框中，修改内存大小为 2GB，修改处理器的内核数量为 2，勾选"虚拟化引擎"区域中的"虚拟化 Intel VT-x/EPT 或 AMD-V/RVI(V)"复选框，如图 3-11 所示。

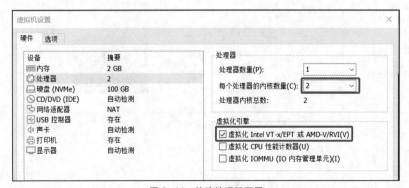

图 3-11　修改处理器配置

在"CD/DVD(IDE)"选项中，选择本地磁盘中的 CentOS 8 镜像文件，如图 3-12 所示。

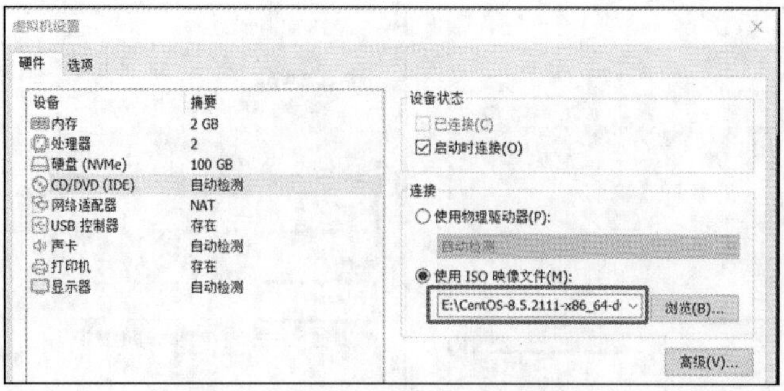

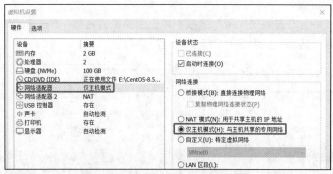

图 3-12　选择本地磁盘中的镜像文件

单击"虚拟机设置"对话框底部的"添加"按钮，在进入的硬件类型界面中选择"网络适配器"选项，在"网络连接"区域中选中"仅主机模式（H）：与主机共享的专用网络"单选按钮，如图 3-13 所示。

图 3-13　修改网络适配器的网络模式

移除"USB 控制器""声卡""打印机"选项，方法是选择相应的项目，单击"虚拟机设置"对话框底部的"移除"按钮，修改完成后，单击"虚拟机设置"对话框下方的"确定"按钮。

（3）安装操作系统

在名称为 CentOS 8 的虚拟机选项卡中选择"开启此虚拟机"选项，如图 3-14 所示。

图 3-14　选择"开启此虚拟机"选项

在弹出的对话框中，使用鼠标或者键盘选择"Install CentOS Linux 8"选项，并按"Enter"键，如图 3-15 所示。

在询问安装过程使用何种语言界面中，设置语言为中文，单击"继续"按钮，在弹出的"安装信息摘要"对话框中设置"安装目的地""软件选择""网络和主机名""根密码"。单击"安装目的地"按钮，在弹出的对话框中默认选择本地磁盘，单击"完成"按钮。单击"软件选择"按钮，在弹出的"软件选择"对话框中，选中"最小安装"单选按钮，如图 3-16 所示。最后，单击"完成"按钮即可。

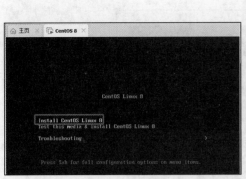

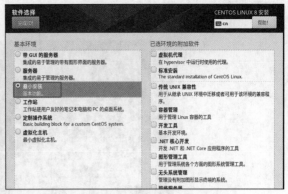

图 3-15　选择安装 CentOS Linux 8　　　　　图 3-16　选中"最小安装"单选按钮

在"网络和主机名"对话框中，将两块网卡开启，即选中网卡后单击该对话框右上角的"打开/关闭"按钮，设置其为打开状态，如图 3-17 所示。

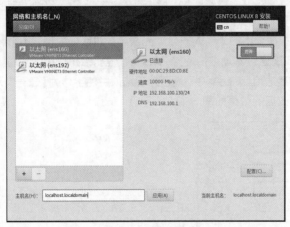

图 3-17　开启网卡

修改完成后，单击"完成"按钮。在"根密码设置"对话框中，输入两次超级用户 root 的密码，这里设置密码为"1"，单击两次"完成"按钮即可。

以上设置完成后，单击"安装信息摘要"对话框右下方的"开始安装"按钮，开始安装 CentOS 8 操作系统，等待一会儿即可完成安装。

2. 登录安装网络组件

（1）本地登录

在安装完成对话框中单击"重启系统"按钮，弹出本机登录对话框，如图 3-18 所示。

图 3-18　本机登录对话框

输入用户名"root"、密码"1"即可登录系统，使用 ip a 命令查看网络配置信息，如图 3-19 所示。

从图中可以看出系统安装了两块网卡。第一块是 ens160，通过仅主机模式获取到 192.168.100.129/24 的 IP 地址和子网掩码；第二块是 ens192，通过 NAT 模式获取到 192.168.200.129/24 的 IP 地址和子网掩码。能够获取到 100 段和 200 段的地址，是因为在 VMware

"编辑"菜单中的"虚拟网络编辑器"中设置了VMnet1的子网IP地址是192.168.100.0/24、VMnet8的子网IP地址是192.168.200.0/24，设置网关为192.168.200.2后，虚拟机可以通过NAT方式访问互联网。

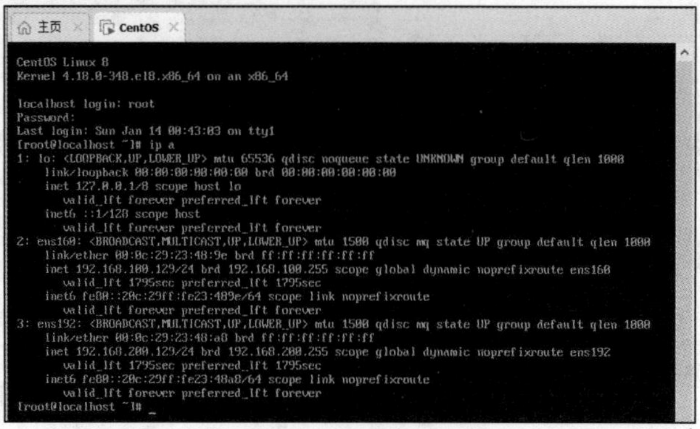

图 3-19　查看网络配置信息

（2）远程登录

运行 SecureCRT 工具，在"快速连接"对话框的"主机名"文本框中输入 192.168.100.129，在"用户名"文本框中输入 root，如图 3-20 所示。

单击"连接"按钮，在弹出的"输入安全外壳密码"对话框中输入 root 用户的密码"1"，单击"确定"按钮，就可以实现通过本地虚拟网卡 VMnet1 登录到模板机了。登录后，在 SecureCRT 的"选项"菜单中的"会话选项"对话框中，设置外观选项中的字体为"三号"，字符编码为"UTF-8"，单击"确定"按钮，修改后的效果如图 3-21 所示。

图 3-20　设置 IP 地址信息

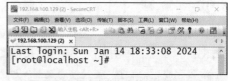

图 3-21　修改字体和字符编码后的效果

（3）配置本地源

当读者没有网络环境时，可以使用本地源安装软件。如果具备网络环境，则建议使用阿里云的源。若同时使用本地源和网络源，则建议配置源的优先级，否则在出现网络中断时，源会发生错误。这里配置本地源。

① 挂载本地 ISO 镜像。

使用 vi 命令打开/etc/fstab 文件，在文件末尾处输入以下配置。

```
/dev/sr0          /mnt   iso9660   defaults   0 0
```

保存文件并退出后，在命令行中输入 mount -a，使挂载生效。

② 配置本地源。

首先，进入/etc/yum.repos.d 目录，创建目录 backup，把提供的所有源移动到 backup 目录中；其次，创建 local.repo 文件，在文件中输入以下内容。这里的 base 是基础文件目录，app 是应用文件目录，分别指向挂载目录中的 BaseOS 和 AppStream 目录，保存配置。

```
[base]
name=base
baseurl=file:///mnt/BaseOS
gpgcheck=0
enabled=1
[app]
name=app
baseurl=file:///mnt/AppStream
gpgcheck=0
enabled=1
```

使用 yum clean all 命令清除缓存，再使用 yum repolist 命令查看本地源配置，结果如图 3-22 所示。

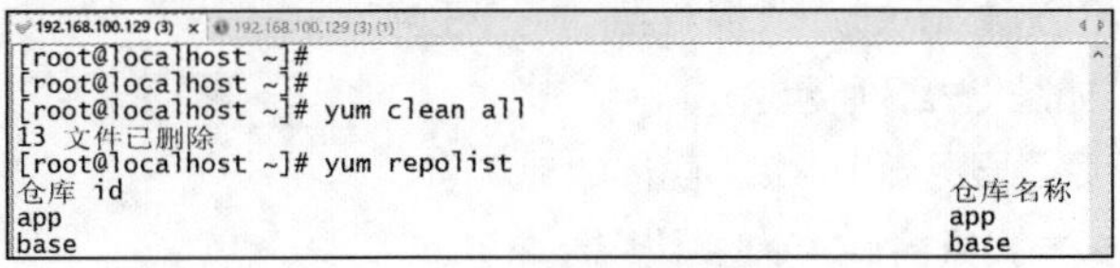

```
192.168.100.129 (3)  ×  192.168.100.129 (3) (1)
[root@localhost ~]#
[root@localhost ~]#
[root@localhost ~]# yum clean all
13 文件已删除
[root@localhost ~]# yum repolist
仓库 id                                              仓库名称
app                                                  app
base                                                 base
```

图 3-22　查看本地源配置

（4）安装其他工具

① 安装网络工具 net-tools。

配置了源之后，安装 net-tools 网络工具，如下所示。

```
[root@localhost ~]# yum install net-tools -y
```

也可以使用 dnf install 命令安装软件，方法和使用源基本一致。

② 安装网桥工具。

网桥工具在虚拟化网络中经常使用，需提前安装到模板机中。首先上传 bridge-utils-1.5-9.el7.x86_64.rpm 软件包，然后在命令行中安装该软件，如下所示。

```
[root@localhost ~]# rpm -ivh bridge-utils-1.5-9.el7.x86_64.rpm
```

③ 安装网络抓包工具 Tcpdump。

Tcpdump 是非常优秀的分析网络流量、排查网络故障的网络抓包工具，安装命令如下。

```
[root@localhost~]# yum install tcpdump -y          #安装 Tcpdump 网络抓包工具
```

④ 设置防火墙工具。

Iptables 防火墙工具被广泛应用于云计算网络中，将默认的 firewalld 防火墙工具关闭，安装并启动 Iptables 防火墙工具，命令如下。

```
[root@localhost~]# yum install iptables-services -y     #安装 Iptables 防火墙工具
[root@localhost~]# systemctl stop firewalld && systemctl disable firewalld
                                                #关闭默认的 firewalld 防火墙工具
[root@localhost~]# systemctl start iptables && systemctl enable iptables
                                        #启动 Iptables 防火墙工具，设置其开机自启动
[root@localhost~] iptables -F                  #清空 Iptables 的默认配置
[root@localhost~]# service iptables save        #保存 Iptables 配置
```

⑤ 关闭 SELinux。

```
[root@localhost~]# sed -i '/SELINUX=/cSELINUX=disabled' /etc/selinux/config
[root@localhost~]# setenforce 0
```

3. 导出 OVA 模板机

创建好模板机之后，在 VMware Workstation 的"虚拟机"菜单中选择"电源"选项中的"关闭客户机"选项，关闭虚拟机。

选择"文件"菜单中的"导出为 OVF"选项，在弹出的"将虚拟机导出为 OVF"对话框中，输入文件名"CentOS8.ova"，选择保存的磁盘后，单击"保存"按钮，即可将虚拟机保存为名称为 CentOS8.ova 的模板机。

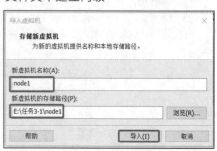

微课

V3-2 使用
VMware 组建
服务器网络

3.1.4 使用 VMware 组建服务器网络

1. 创建 4 台 CentOS 8 服务器

在本地磁盘中建立文件夹"任务 3-1"，在"任务 3-1"文件夹中建立同级的 4 个子文件夹，分别为 node1、node2、node3、node4。

在 VMware 中选择"文件"菜单中的"打开"选项，选择保存好的 CentOS8.ova 文件，在弹出的"导入虚拟机"对话框中输入主机名称 node1，保存到"E:\任务 3-1\node1"目录下，如图 3-23 所示。

单击"导入"按钮后，服务器 node1 就创建成功了。同理，创建服务器 node2、服务器 node3、服务器 node4，并将其存储到对应的目录中。

图 3-23　导入模板机

2. 修改 IP 地址

4 台服务器 IP 地址规划如表 3-1 所示。

表 3-1　服务器互联和 IP 地址规划

设备名称	连接方式	直连接口	IP 地址	所属网络
服务器 node1	直连	ens160	192.168.10.3/24	VMnet1
服务器 node2		ens160	192.168.10.2/24	
服务器 node2	直连	ens192	192.168.20.2/24	VMnet2
服务器 node3		ens192	192.168.20.3/24	
服务器 node3	直连	ens160	192.168.30.2/24	VMnet3
服务器 node4		ens160	192.168.30.3/24	

按照以上配置修改 4 台服务器的 IP 地址，在/etc/sysconfig/network-scripts/目录下配置服务器 node1 的 ens160 网卡，将 BOOTPROTO 设置为 static，即静态配置模式，设置 IPADDR 为192.168.10.3，设置 NETMASK 为 255.255.255.0，如图 3-24 所示。

图 3-24　配置服务器 node1 的网卡

配置 ens192 网卡，设置 ONBOOT=NO，即开机不自动启动，不获取 IP 地址。配置完成后，在命令行中输入重启网卡和网络管理的命令，如下所示。

> nmcli networking off && nmcli networking on && nmcli c reload

需要注意的是，CentOS 8 弃用了 network.service 服务，采用 NetworkManager.service 服务来管理网络，nmcli 是 NetworkManager（网络管理）提供的命令，重启网络管理的命令如下。

> nmcli networking off && nmcli networking on

该命令相当于 CentOS 7 中的 systemctl restart network。查看当前的网络管理工具 NetworkManager 是否启动的命令如下。

> [root@node1 ~]# nmcli n

重启网络管理后，还需要重新加载配置文件，配置才能生效，重启所有网卡的命令如下。

> nmcli c reload

如果想禁用或启用某块网卡，则可以使用"nmcli c down/up 网卡名"命令。重启完成后，查看服务器 node1 的 IP 地址信息，如图 3-25 所示。

图 3-25　查看服务器 node1 的 IP 地址信息

ip 命令是 iproute 软件包的组成部分，提供了若干网络管理任务，如开启或关闭网络接口、分配和移除 IP 地址和路由、管理 ARP 缓存等。ip a 是 ip addr 的简写，用于查看网卡配置信息。

从图 3-25 中可以发现，服务器 node1 的 ens160 网卡的 IP 地址是 192.168.10.3，ens192 网卡关闭后就获取不到 IP 地址了。

按照以上方法配置服务器 node2 两块网卡的 IP 地址，如图 3-26 所示。

图 3-26　配置服务器 node2 的 IP 地址

配置服务器 node3 两块网卡的 IP 地址，如图 3-27 所示。

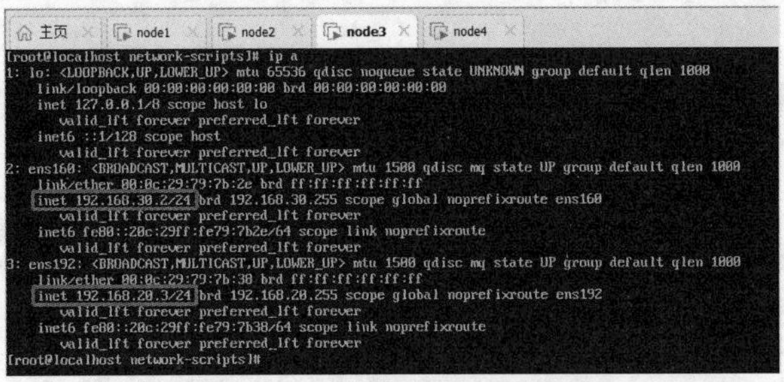

图 3-27　配置服务器 node3 的 IP 地址

配置服务器 node4 的 ens160 网卡的 IP 地址，如图 3-28 所示。

图 3-28　配置服务器 node4 的 IP 地址

3. 配置服务器网络

（1）VMware 的 3 种网络模式

VMware 采用桥接、仅主机、NAT 这 3 种网络模式实现虚拟机与虚拟机、虚拟机与宿主机、虚拟机与外网之间的通信。通过 VMware 中的"编辑"菜单打开"虚拟网络编辑器"，可以看到 3 种网络模式默认使用的虚拟交换机，如图 3-29 所示。其中，桥接模式使用的虚拟交换机是 VMnet0，仅主机模式使用的虚拟交换机是 VMnet1，NAT 模式使用的虚拟交换机名是 VMnet8。3 种模式下，虚拟机和宿主机之间都可以正常通信。在桥接模式和 NAT 模式下，虚拟机可以访问外网；在仅主机模式下，虚拟机无法访问外网。

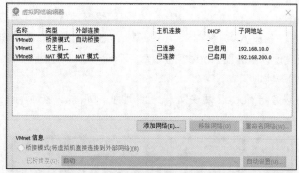

图 3-29　3 种网络模式默认使用的虚拟交换机

① 桥接模式。

桥接模式是指将宿主机网卡与虚拟机网卡连接到同一个虚拟机上。在桥接模式下，虚拟机 IP 地址需要与主机配置在同一个网段，如果需要访问外网，则网关与 DNS 需要与宿主机网卡一致。桥接模式的网络拓扑如图 3-30 所示，外框表示宿主机。

② 仅主机模式。

仅主机模式的网络拓扑如图 3-31 所示，虚拟机在同一个网段，虚拟机和宿主机之间默认通过 VMnet1 虚拟交换机通信，虚拟机只能与宿主机通信，无法与外网通信。VMnet1 具备 IP 地址分配功能，可以为虚拟机分配 IP 地址，可以添加多个仅主机网络，如 VMnet2、VMnet3 等。

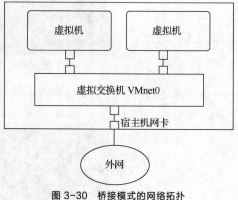

图 3-30　桥接模式的网络拓扑

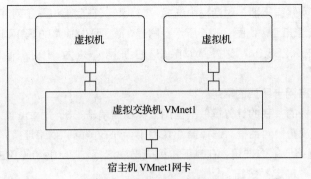

图 3-31 仅主机模式的网络拓扑

③ NAT 模式。

NAT 模式的网络拓扑如图 3-32 所示。虚拟机在同一个网段，虚拟机和宿主机之间默认通过 VMnet8 虚拟交换机通信，虚拟机不但可以与宿主机通信，而且可以与外网通信，因为 NAT 模式增加了一个虚拟 NAT 设备，连接到了 VMnet8 虚拟交换机上。网关是虚拟 NAT 设备连接 VMnet8 的接口，当虚拟机上的外网数据到达虚拟 NAT 设备后，将源地址转换为出接口的 IP 地址，因为出接口连接到了宿主机与外网通信接口，所以可以访问外网。

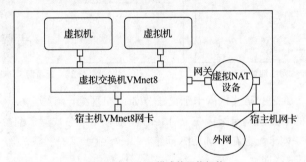

图 3-32 NAT 模式的网络拓扑

（2）添加 VMnet2 和 VMnet3 仅主机网络

首先，通过"编辑"菜单打开"虚拟网络编辑器"对话框，单击"添加网络"按钮，在弹出的"添加虚拟网络"对话框中选择要添加的网络。这里保持默认的 VMnet2，单击"确定"按钮，如图 3-33 所示。添加完 VMnet2 后，再添加一个网络 VMnet3。

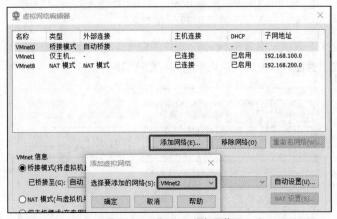

图 3-33 VMware 添加网络

其次，在"虚拟网络编辑器"对话框中选择 VMnet1，在底部设置子网 IP 为 192.168.10.0、子网掩码为 255.255.255.0，如图 3-34 所示。同理，设置 VMnet2 的子网 IP 为 192.168.20.0、子 网 掩 码 为 255.255.255.0；设 置 VMnet3 的 子 网 IP 为 192.168.30.0、子 网 掩 码 为 255.255.255.0。

（3）设置服务器各网卡所属的网络

在左侧"库"面板的"我的计算机"下使用鼠标右键单击主机"node1"选项，选择"设置"选项，打开"虚拟机设置"对话框。选择第 1 块网卡，在右侧的"网络连接"区域中，选中"自定义（U）：特定虚拟网络"单选按钮，在其下拉列表框中选择"VMnet1（仅主机模式）"选项，如图 3-35 所示，单击"确定"按钮。

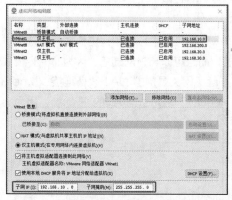

图 3-34 修改网络地址

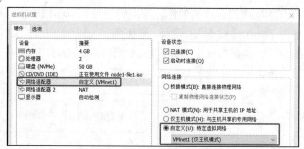

图 3-35 配置网卡所在网络

同理，将服务器 node2 的第 1 块网卡配置在 VMnet1 网络，将第 2 块网卡配置在 VMnet2 网络；将服务器 node3 的第 1 块网卡配置在 VMnet3 网络，将第 2 块网卡配置在 VMnet2 网络；将服务器 node4 的第 1 块网卡配置在 VMnet3 网络。

（4）登录服务器测试联通性

使用 SecureCRT 登录到 4 台服务器上，登录完成后，使用 hostnamectl set-hostname 命令修改主机名，如图 3-36 所示。

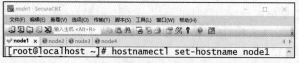

图 3-36 修改主机名

在服务器 node1 上测试与服务器 node2 直连的网卡，发现是能够正常访问的，但是在测试其与服务器 node4 的联通性时，发现无法正常访问，如图 3-37 所示。

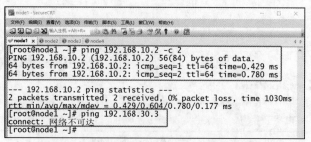

图 3-37 测试服务器 node1 与其他服务器的联通性

3.1.5 配置静态路由实现服务器网络互联

微课

V3-3 配置静态路由实现服务器网络互联

服务器 node1 在 192.168.10.0/24 网络,服务器 node4 在 192.168.30.0/24 网络,两台主机分别连接到服务器 node2 和服务器 node3,所以需要为服务器 node2 和服务器 node3 增加路由功能,帮助服务器 node1 和服务器 node4 转发数据,才能实现服务器 node1 和服务器 node4 之间的网络互联。

1. 配置默认路由

服务器 node1 只有到服务器 node2 的一条链路,所以首先配置服务器 node1 到服务器 node2 的默认路由,当服务器 node1 无法找到目标 IP 地址时,将数据请求转发给服务器 node2,相当于配置服务器 node1 的网关。同理,需要配置服务器 node4 到服务器 node3 的默认路由。

在服务器 node1 上添加一条默认路由,命令如下。

```
[root@node1 ~]# route add default gw 192.168.10.2
```

添加完成后,使用 route -n 命令查看服务器 node1 的路由表,如图 3-38 所示。

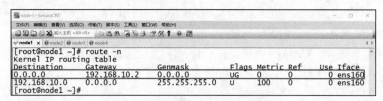

图 3-38 查看服务器 node1 的路由表

从图中可以看出,服务器 node1 有两条路由,一条是配置了 IP 地址后自动生成的直连路由 192.168.10.0/24 网络,另一条是使用 route add 命令添加到主机的默认路由。

同样,在服务器 node4 上添加一条默认路由,命令如下。

```
[root@node4 ~]# route add default gw 192.168.30.2
```

添加完成后,使用 route -n 命令查看服务器 node4 的路由表,如图 3-39 所示。

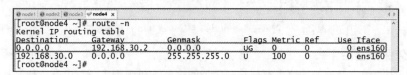

图 3-39 查看服务器 node4 的路由表

需要注意的是,默认路由(也就是网关)可以在网卡的 GATEWAY 选项中配置,这里为了讲解默认路由的配置,使用 route 命令添加了服务器 node1 和服务器 node4 的默认路由。

2. 配置服务器 node2 与服务器 node3 的静态路由

在服务器 node2 上添加静态路由,设置去往 192.168.30.0/24 网络的下一跳是与本机直连的服务器 node3 的 ens192 网卡的 IP 地址 192.168.20.3,命令如下。

```
[root@node2 ~]# route add -net 192.168.30.0/24 gw 192.168.20.3
```

添加完成后,使用 route -n 命令查看服务器 node2 的路由表,如图 3-40 所示。

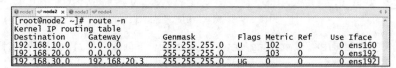

图 3-40 查看服务器 node2 的路由表

从图中可以看出，添加了一条去往 192.168.30.0/24 的路由条目，下一跳是 192.168.20.3。

同样，在服务器 node3 上添加一条静态路由，去往 192.168.10.0/24 网络的下一跳是 192.168.20.2，命令如下。

```
[root@node3 ~]# route add -net 192.168.10.0/24 gw 192.168.20.2
```

添加完成后，使用 route -n 命令查看服务器 node3 的路由表，如图 3-41 所示。

```
[root@node3 ~]# route -n
Kernel IP routing table
Destination     Gateway         Genmask         Flags Metric Ref    Use Iface
192.168.10.0    192.168.20.2    255.255.255.0   UG    0      0        0 ens192
192.168.20.0    0.0.0.0         255.255.255.0   U     102    0        0 ens192
192.168.30.0    0.0.0.0         255.255.255.0   U     101    0        0 ens160
[root@node3 ~]#
```

图 3-41　查看服务器 node3 的路由表

3. 开启服务器 node2 与服务器 node3 的路由转发模式

配置完路由后，在服务器 node1 上访问服务器 node4，发现还是无法访问。这是因为在 CentOS 8 上，路由转发功能默认是关闭的，所以需要开启路由功能，方法如下。

在服务器 node2 上的/etc/sysctl.conf 文件末尾加上 net.ipv4.ip_forward = 1，保存文件后使用 sysctl –p 命令使配置生效，如下所示。

```
[root@node2 ~]# sysctl -p
```

同样，在服务器 node3 的/etc/sysctl.conf 文件末尾加上 net.ipv4.ip_forward = 1，并执行如下命令。

```
[root@node3 ~]# sysctl -p
```

在服务器 node1 上再次测试与服务器 node4 的联通性，发现它们已经可以相互访问了，如图 3-42 所示。

```
[root@node1 ~]# ping 192.168.30.3
PING 192.168.30.3 (192.168.30.3) 56(84) bytes of data.
64 bytes from 192.168.30.3: icmp_seq=1 ttl=62 time=0.859 ms
64 bytes from 192.168.30.3: icmp_seq=2 ttl=62 time=0.542 ms
64 bytes from 192.168.30.3: icmp_seq=3 ttl=62 time=1.40 ms
64 bytes from 192.168.30.3: icmp_seq=4 ttl=62 time=1.35 ms
```

图 3-42　测试服务器 node1 与服务器 node4 的联通性

4. 永久保存路由

在命令行中通过命令添加的路由都是临时生效的，当主机重启后，路由就失效了。下面介绍如何添加永久路由。

（1）创建永久的默认路由

在服务器 node1 上删除默认路由，命令如下。

```
[root@node1 ~]# route del default
```

查看路由表，可以发现默认路由已经被删除了，如图 3-43 所示。

```
[root@node1 ~]# route -n
Kernel IP routing table
Destination     Gateway         Genmask         Flags Metric Ref
192.168.10.0    0.0.0.0         255.255.255.0   U     100    0
```

图 3-43　默认路由已经被删除

在网络配置文件目录/etc/sysconfig/network-scripts/下创建名称为 route-ens160 的路由配置文件，代表为 ens160 网卡创建路由配置。在文件中输入如下内容。

```
default via 192.168.10.2
```

以上配置中，default 表示默认路由，via 表示通过哪个 IP 地址转发。保存配置后，重启网络管理服务和配置。

```
[root@node1 network-scripts]# nmcli n off && nmcli n on && nmcli c reload
```

查看服务器 node1 的路由表，可以发现静态路由已经存在路由表中了，而且主机重启后路由不会消失。同理，可以修改服务器 node4 的默认路由。

（2）创建永久的静态路由

在服务器 node2 上删除静态路由，命令如下。

```
[root@node2 ~]# route del -net 192.168.30.0/24
```

在网卡配置文件目录/etc/sysconfig/network-scripts/下创建文件 route-ens192。注意，要使用 ens192 网卡，因为去往 192.168.30.0/24 的下一跳是 192.168.20.3，与 ens192 网卡直连。在路由配置文件中输入以下命令。

```
192.168.30.0/24 via 192.168.20.3
```

保存配置后，重启网络管理服务和配置。

```
[root@node2 network-scripts]# nmcli n off && nmcli n on && nmcli c reload
```

查看服务器 node2 的路由表，发现静态路由已经出现在路由表中了。同理，可以修改服务器 node3 的静态路由。

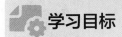 任务 3-2　使用 Iptables 控制网络流量

学习目标

知识目标

- 掌握 Iptables 工具与内核 Netfilter 的关系。
- 掌握 Iptables 四表五链的工作机制。
- 掌握 Tcpdump 抓包工具的使用方法。

技能目标

- 能够配置 Iptables 规则过滤网络流量。
- 能够配置 Iptables 规则实现 SNAT 和 DNAT。
- 能够使用抓包工具抓取并分析 Linux 操作系统中的网络流量。

素养目标

- 学习 Iptables 规则，培养学习的热情和动力，不断提升自己的知识水平。
- 使用抓包工具，培养勇于尝试新方法和新思路、不断探索和创新的精神。

3.2.1　任务描述

根据图 3-44 所示的网络拓扑，服务器 node1、node2、node3 的 ens160 网卡连接到 VMnet1 虚拟交换机上，服务器 node3 的 ens192 网卡通过 VMnet8 虚拟交换机连接到 Windows 10 主机。项目经理要求王亮在服务器 node3 上配置 Iptables 数据过滤规则，实现只允许 Windows 10 主机使用 SSH 远程登录服务器 node3。配置 SNAT，使服务器 node1 和服务器 node2 可以访问互联网。配置 DNAT，使 Windows 10 主机可以访问服务器 node2 上的 Web 服务器，使用 Tcpdump 抓包工具验证配置效果。

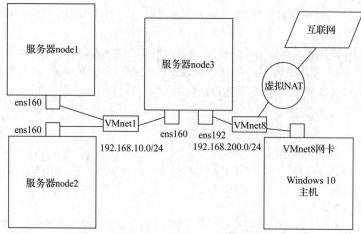

图 3-44　任务 3-2 网络拓扑

3.2.2　必备知识

1.　Iptables 工具介绍

Iptables 是一种在 Linux 操作系统中管理 IPv4 数据包过滤与 NAT 的工具。它允许系统管理员通过配置规则来控制数据包的流动，实现网络安全、路由、NAT 等功能。

（1）Netfilter

Netfilter（安全框架）是一个工作在 Linux 内核的网络数据包处理框架，是 Linux 操作系统核心层内部的一个数据包处理模块，它具备网络地址转换、数据包内容修改以及数据包过滤等防火墙功能。用户需要使用一种工具把用户态的"安全设定"配置到内核态 Netfilter，这种工具就是 Iptables。

（2）firewalld 和 Iptables 的关系

微课

V3-4　Iptables
工具介绍

在 CentOS 8 中，默认启用的防火墙工具是 firewalld，它增加了区域概念和应用层协议的支持，但底层调用的仍然是 Iptables 命令。因为 Iptables 广泛应用在虚拟化网络中，如虚拟化网络中的防火墙、安全组等功能都是通过 Iptables 实现的，所以掌握 Iptables 工具是学习云计算网络的基础。

2.　Iptables 四表五链

Iptables 基于一种称为"四表五链"的数据结构模型。

（1）四表

表是一类规则的集合，Iptables 包括以下 4 类规则表。

① filter 表：用于过滤数据包，是默认的表。它用于控制数据包的传输，如允许或拒绝特定的网络连接。

② nat 表：用于网络地址转换，它可以修改数据包的源地址、目标地址或端口号。它通常用于实现网络地址转换、端口转发等功能。

③ mangle 表：用于修改数据包的 IP 头部信息，通常用于特殊的网络处理需求。

④ raw 表：用于配置连接追踪的规则，可以控制数据包的连接追踪机制。

（2）五链

链是指某个数据包进入系统、离开系统需要经历的关卡，默认包括以下几个链，也可以自定义链。

① INPUT 链：用于处理进入系统的数据包。

② OUTPUT 链：用于处理离开系统的数据包。

③ FORWARD 链：用于处理通过系统转发的数据包，Linux 操作系统作为路由器使用时数据包将经过此链进行转发。

④ PREROUTING 链：用于在数据包到达网络接口之前进行处理，如 NAT 规则的修改。

⑤ POSTROUTING 链：用于在数据包离开网络接口之后进行处理，如 NAT 规则的修改。

当数据包进入系统且访问系统的某个应用时，需要经过 PREROUTING 链、INPUT 链；当数据包从系统某个程序发出时，需要经过 OUTPUT 链、POSTROUTING 链；当一个数据包只是经过本系统时，需要经过 PREROUTING 链、FORWARD 链、POSTROUTING 链。

3. 表链对应关系

配置 Iptables 就是定义某个链上的规则，所以需要知道表（规则）和链的对应关系。

① filter 表对应的链：在 INPUT 链、FORWARD 链、OUTPUT 链上定义 filter 表规则，用于过滤数据包。filter 表是定义规则时的默认表，即定义规则时，如果不指定表，则默认为 filter 表。

② nat 表对应的链：在 PREROUTING 链、POSTROUTING 链、OUTPUT 链上定义 nat 表规则，用于网络地址转换。通常，PREROUTING 链用于用户目标地址转换、POSTROUTING 链用于源地址转换。

③ mangle 表对应的链：在 PREROUTING 链、POSTROUTING 链、INPUT 链、OUTPUT 链、FORWARD 链上定义 mangle 表规则，用于修改数据包的服务类型，配置路由实现服务质量（Quality of Service，QoS）内核模块等，平时几乎不使用。

④ raw 表对应的链：在 OUTPUT 链、PREROUTING 链上定义 raw 表规则，用于决定数据包是否被状态跟踪机制处理，平时几乎不使用。

4. Iptables 工具的语法

Iptables 工具的语法为 iptables [-t table] command [链名] [条件匹配] [-j 目标动作]。

table 用于指明定义哪些表的规则，经常使用的有 filter 表和 nat 表。如果不指定，则默认是 filter 表。链名指明在哪些链上定义规则，下面重点介绍 command、条件匹配和目标动作。

（1）command

① -A：Append，在规则后边追加一条规则。规则是有顺序的，数据包从上到下匹配规则。匹配结束后，不再继续匹配其他规则。如果所有规则都没有匹配上，则最后的默认规则是允许通过。

② -I：Insert，在指定的位置插入规则，如 Insert 3 表示插入的规则位于第 3 条。

③ -L：List，查看规则列表。-L 经常搭配-n、-v、--line-number 使用。其中，-n 表示只显示 IP 地址和端口号码，不显示域名和服务器名称；-v 表示显示详细规则信息；--line-number 表示显示规则的编号。

④ -D：Delete，从规则列表中删除规则，如 iptables -D FILTER 3 表示删除 filter 表中的第 3 条规则。

⑤ -P：Policy，设置某个链的默认规则，如 iptables -P INPUT DROP 表示设置 INPUT 链的默认规则为丢弃。

⑥ -F：Flush，清空链上的规则，不指明链时表示清空所有链上的规则。清空规则还可以使用-X，表示清空自定义的链上规则；-Z，表示清空指定链的所有计数器。其中，经常使用的是-F。

（2）条件匹配

① 按网络接口匹配。

-i 匹配数据进入的网络接口，-o 匹配数据流出的网络接口，如-i ens160 表示匹配从 ens160 网卡进入的数据包，-o ens192 表示匹配从 ens192 网卡流出的数据包。

② 按源地址和目标地址匹配。

-s 匹配源地址，如-s 192.168.10.3 表示匹配源地址是 192.168.10.3 的数据包，也可以指定网络地址，如-s 192.168.10.0/24。如果要匹配不连续的多个地址，则可以用逗号分隔，如-s 192.168.10.1,192.168.20.1。

-d 匹配目标地址，如-d 200.1.1.2 表示匹配的目标地址是 200.1.1.2，也可以匹配一个网络地址，如-d 200.1.1.0/24。

③ 按协议类型匹配。

-p 匹配协议类型，可以是 TCP、UDP、ICMP 等，如-p tcp 表示匹配的是 TCP 的数据包。在协议之前加上!表示取反，如!tcp 表示除了 TCP 之外的其他协议。

④ 按源及目标端口匹配。

--sport 匹配源端口，可以是单个端口，也可以是端口范围，如--sport 1000 表示匹配源端口 1000 的数据包，--sport 1000:2000 表示匹配源端口 1000～2000 的数据包。

--dport 匹配目标端口，如--dport 80 表示匹配目标端口 80 的数据包。

--sport 和--dport 必须配合-p 参数使用。

（3）目标动作

① ACCEPT。

ACCEPT 允许数据包通过本链，如 iptables -A INPUT -j ACCEPT 表示在 INPUT 链规则末尾添加一条规则，允许所有访问本机的数据包通过。

② DROP。

DROP 阻止数据包通过本链，如 iptables -I OUTPUT -s 192.168.10.2 -j DROP 表示在 OUTPUT 链的前边插入一条规则，阻止来自 192.168.10.2 的数据包通过。

③ SNAT。

SNAT 用于源地址转换，如 iptables -t nat -A POSTROUTING -s 192.168.10.0/24 -j SNAT --to 192.168.200.10 表示在数据包离开网络接口时，将 192.168.10.0/24 网络的源 IP 地址转换为 192.168.200.10，连续目标地址可以写成 192.168.200.10-192.168.200.20 的形式。

④ DNAT。

DNAT 用于目标地址转换，如 iptables -t nat -A PREROUTING -i ens192 -p tcp --dport 80 -j DNAT --to 192.168.10.3 表示将进入 ens192 网卡的访问 80 端口数据的目标地址转换为 192.168.10.3。

⑤ MASQUERADE。

动态 SNAT 转换，当用于连接公网的 IP 地址不固定时，使用 MASQUERADE 进行源 IP 地址转换，如 iptables -t nat -A POSTROUTING -s 192.168.1.0/24 -o ens192 -j MASQUERADE 表示对源地址是 192.168.1.0/24 的数据包进行地址伪装，转换为 ens192 网卡上的 IP 地址。

（4）应用示例

① 拒绝外部数据访问本地服务器 80 端口。

在配置 Iptables 规则时，要注意以下两点。

一是要清楚使用的是过滤规则还是地址转换规则。本例是拒绝访问，所以是过滤规则，作用在 filter 表上，默认可以不写。作用在 filter 表上的链包括 INPUT 链、FORWARD 链、OUTPUT 链。

二是要清楚数据包的流向，是访问本机、从本机流出，还是只是经过本机，确定后才能在某个链上配置规则。本例要求拒绝访问本机的 80 端口，是访问本机的数据，访问本机的数据会经过 PREROUTING 和 INPUT 两个链，所以要写在 INPUT 链上。

进行条件匹配，执行动作，配置如下。

```
iptables -A INPUT -p tcp --dport 80 -j DROP
```

② 将源地址是 192.168.20.0/24 的地址转换为自己出接口的 IP 地址，IP 地址为 192.168.200.10。

因为是流向本机的数据，所以经过的链是 PREROUTING、FORWARD、POSTROUTING，一般将源地址转换配置在 POSTROUTING 链上，将目标地址转换配置在 PREROUTING 链上。因为是地址转换要求，所以配置在 nat 表上。确定表和链后，再进行规则匹配，执行动作，配置如下。

```
iptables -t nat -A POSTROUTING -s 192.168.20.0/24 -j SNAT --to 192.168.200.10
```

5. Tcpdump 工具的使用

Tcpdump 是网络抓包工具，可以针对关键字[如主机名（host）、网段（net）、端口（port）]进行抓包，也可以针对数据包的方向[如源（src）、目标（dst）]进行抓包，还可以针对协议（如 TCP、UDP、ICMP 等）进行抓包。

（1）Tcpdump 工具常用选项

① –i：监听的网络接口。

② –e：在输出行中输出数据链路层的头部信息，包括源 MAC 地址和目标 MAC 地址，以及网络层的协议。

微课

V3-5 Tcpdump 工具的使用

③ –nn：指定将每个监听到的数据包中的域名转换为 IP 地址、端口从应用名称转换为端口号并对其进行显示。

④ –v：输出稍微详细的信息，如在 IP 包中可以包括 TTL 和服务类型的信息。

⑤ –vv：输出详细的报文信息。

⑥ –c：在收到指定数目的包后，Tcpdump 就会停止。

⑦ –w：将输出结果写到某个文件中。

⑧ –t：不显示抓包时间戳。

（2）过滤命令

① 类型关键字：主要包括 host、net、port，如 host 192.168.10.2 表示指定主机 192.168.10.2，net 192.168.1.0/24 表示指明 192.168.1.0 是一个网络地址，port 21 表示指明端口号是 21。

② 方向关键字：主要包括 src、dst、dst or src、dst and src，如 src 192.168.10.2 表示指明数据包中的源地址是 192.168.10.2，dst net 192.168.10.0/24 表示指明目标网络地址是 192.168.10.0/24。

③ 协议关键字：主要包括 ARP、IP、ICMP、TCP、UDP 等协议，默认 Tcpdump 会监听所有协议的数据包。

（3）应用举例

① 监听本机 ens160 端口关于 192.168.200.20 的数据包。

```
tcpdump -i ens160 host 192.168.200.20
```

②监听所有端口关于 192.168.10.0/24 网络地址的数据包。

```
tcpdump net 192.168.10.0/24
```

③ 监听 ens192 端口的关于 192.168.200.0/24 网络且目标端口为 80 的数据包。

```
tcpdump -i ens192 net 192.168.200.0/24 and dst port 80
```

④ 监听 ens160 端口上所有采用 TCP 且目标端口是 22 的数据包。

```
tcpdump -i ens160 tcp and dst port 22
```

⑤ 监听 ens160 源主机为 192.168.10.2 且目标端口不是 80 的数据，显示数据链路层信息，

以 IP 地址和端口号方式显示，并将结果保存到文件 1.txt 中。

微课

V3-6　配置
Iptables 过滤
数据包

```
tcpdump -nn -e -i ens160 src host 192.168.10.2 and dst port not 80 -w
1.txt
```

3.2.3　配置 Iptables 过滤数据包

1. 修改设备 IP 地址和网络

设备 IP 地址规划如表 3-2 所示。

表 3-2　设备 IP 地址规划

设备名称	网卡	IP 地址	网关	网络
服务器 node1	ens160	192.168.10.2/24	192.168.10.4	VMnet1
服务器 node2	ens160	192.168.10.3/24	192.168.10.4	VMnet1
服务器 node3	ens160	192.168.10.4/24		VMnet1
	ens192	192.168.200.4/24		VMnet8
Windows 10 主机	VMware Network Adapter VMnet8	192.168.200.1/24		VMnet8

根据表 3-2 的 IP 地址规划配置 4 台服务器的 IP 地址和网关，其中服务器 node1 的 IP 地址和网关配置如图 3-45 所示。这里在 IP 地址的配置中配置了网关，同配置默认路由功能一致，同时配置了 DNS 服务器的 IP 地址为 8.8.8.8，以提供域名解析服务。

图 3-45　服务器 node1 的 IP 地址和网关配置

配置服务器 node1 的 ens160 网卡属于 VMnet1 网络，如图 3-46 所示。

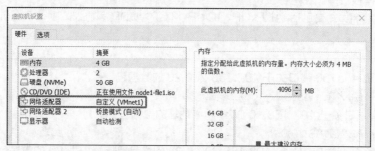

图 3-46　配置服务器 node1 的 ens160 网卡属于 VMnet1 网络

按照表 3-2 配置服务器 node2、服务器 node3 的 IP 地址和网络，Windows 10 主机连接到 VMnet8 虚拟交换机的网卡是 VMware Network Adapter VMnet8，默认配置了 192.168.200.1/24 的 IP 地址。

2. 配置只允许 Windows 10 主机远程登录服务器 node3

在默认情况下，服务器 node3 是开启了 sshd 远程登录服务的，所以任意一台与服务器 node3 相连的主机，只要是具备 SSH 协议的客户端，就可以登录到服务器 node3 上。例如，在服务器 node1 上登录服务器 node3 的过程如图 3-47 所示。

图 3-47　在服务器 node1 上远程登录服务器 node3

从图中可以看出，在服务器 node1 的命令行中，使用 ssh 192.168.10.4 命令，当出现保存公钥信息时，输入 yes，输入服务器 node3 的密码后即可成功登录到服务器 node3 上。在服务器 node2 上使用同样的方法可以登录到服务器 node3 上，如图 3-48 所示。

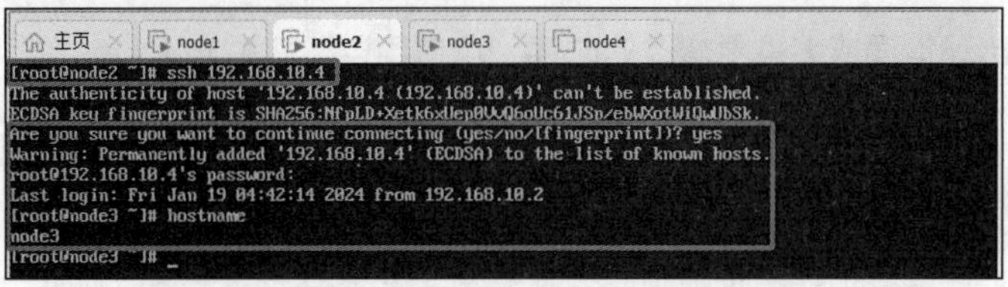

图 3-48　在服务器 node2 上远程登录服务器 node3

可见，只要与服务器 node3 联网的计算机就能够通过用户名和密码远程登录，这样是不够安全的，所以配置 Iptables 规则为只允许 Windows 宿主机使用 SSH 协议远程登录服务器 node3，这样其他主机无法登录服务器 node3，但不影响与服务器 node3 的其他通信。

（1）安装启动服务

Iptables 命令默认无法保存配置，所以需要安装 iptables-services 服务。配置完成后，可以将配置保存，重启后仍然生效，同时要关闭 firewalld 服务，开启 iptables 服务，命令如下。

```
[root@node3 ~]# yum install iptables-services -y
[root@node3 ~]# systemctl stop firewalld && systemctl disable firewalld
[root@node3 ~]# systemctl start iptables && systemctl enable iptables
```

这个步骤在模板机中已经进行了设置，这里再次强调基础环境的配置。

（2）确定配置的表和链

Iptables 将规则配置在 filter 表上。根据允许或者禁止访问本机的某个服务，确定数据包一定是流入本机的，所以将规则配置在 PREROUTING 链或者 INPUT 链上。因为只能在 INPUT 链、FORWARD 链、OUTPUT 链上定义 filter 表的规则，所以最终确定将规则配置在 filter 表和 INPUT 链上。

（3）分析和配置

sshd 服务使用的是 SSH 协议，传输层上的协议是 TCP，使用的端口号是 22，又因为 Iptables 的默认规则是放行所有，所以首先配置一条规则来允许宿主机访问 TCP 的 22 端口的流量，然后拒绝所有其他主机访问 TCP 的 22 端口的流量，配置如下。

```
[root@node3 ~]# iptables -t filter -A INPUT -s 192.168.200.1 -d 192.168.200.4 -p tcp
--dport 22 -j ACCEPT
```

[root@node3 ~]# iptables -t filter -A INPUT -d 192.168.200.4,192.168.10.4 -p tcp --dport 22 -j DROP

配置完成后，使用 iptables -nL 命令查看 Iptables 的配置，如图 3-49 所示。

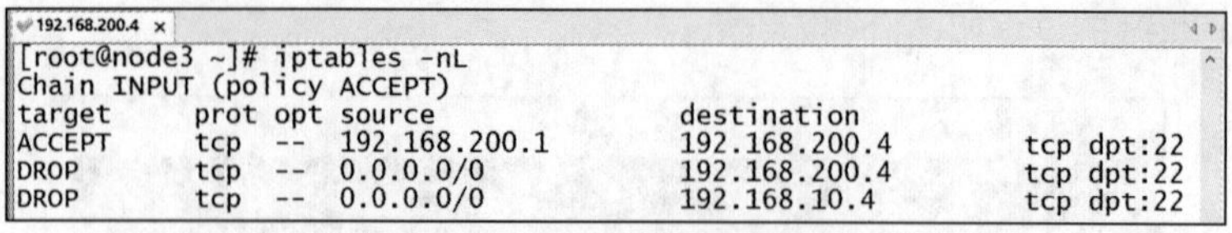

```
192.168.200.4  ×
[root@node3 ~]# iptables -nL
Chain INPUT (policy ACCEPT)
target     prot opt source               destination
ACCEPT     tcp  --  192.168.200.1        192.168.200.4        tcp dpt:22
DROP       tcp  --  0.0.0.0/0            192.168.200.4        tcp dpt:22
DROP       tcp  --  0.0.0.0/0            192.168.10.4         tcp dpt:22
```

图 3-49　查看 Iptables 的配置

重启后 Iptables 生效，需要保存配置，命令如下。

[root@node3 ~]# service iptables save

这里需要注意的是，由于服务器 node3 有两块网卡，所以需要在第 2 条规则中将两个 IP 地址都拒绝，配置完成后，只有宿主机能通过 192.168.200.1（即 VMware Network Adapter VMnet8 网卡）登录到服务器 node3 上。使用服务器 node1 和服务器 node2 已经无法远程登录服务器 node3 了。

（4）配置修改

当配置过程中出现错误或者需要修改的时候，可使用以下两种方法。

一种方法是清除所有配置，清除命令如下。

[root@node3 ~]# iptables -F

-F 用于清除 5 个链上的所有配置，所以要谨慎使用。

另一种方法是只删除链上的指定规则。当需要删除某个链上的某条规则时，可以使用 iptables -nL --line-number 命令查看 Iptables 的配置并显示规则编号，如图 3-50 所示。

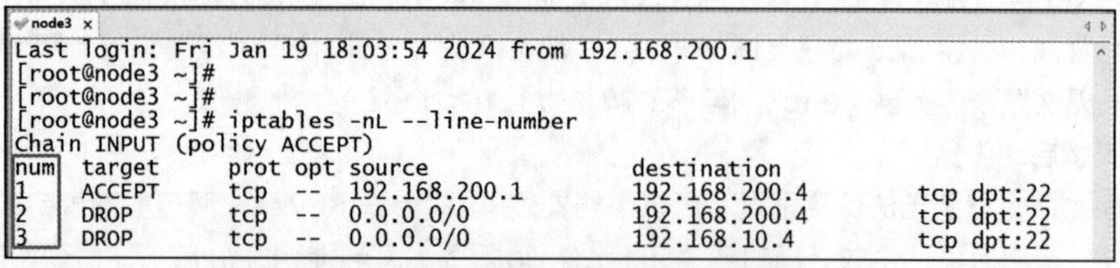

```
node3  ×
Last login: Fri Jan 19 18:03:54 2024 from 192.168.200.1
[root@node3 ~]#
[root@node3 ~]#
[root@node3 ~]# iptables -nL --line-number
Chain INPUT (policy ACCEPT)
num  target     prot opt source               destination
1    ACCEPT     tcp  --  192.168.200.1        192.168.200.4        tcp dpt:22
2    DROP       tcp  --  0.0.0.0/0            192.168.200.4        tcp dpt:22
3    DROP       tcp  --  0.0.0.0/0            192.168.10.4         tcp dpt:22
```

图 3-50　查看 Iptables 的配置并显示规则编号

如果想删除 INPUT 链上的第 3 条规则，则可使用如下命令。

[root@node3 ~]# iptables -D INPUT 3

3.2.4　配置 Iptables 实现 SNAT 和 DNAT

1. 配置 SNAT 实现服务器 node1 和服务器 node2 访问外网

（1）开启服务器 node3 的路由转发功能

服务器 node3 有两块网卡，分别是连接服务器 node1 和服务器 node2 的 ens160 网卡，以及连接 Windows 10 主机的 ens192 网卡。无论是配置服务器 node1 和服务器 node2 的 SNAT 实现服务器 node1 和服务器 node2 访问外网，还是配置 DNAT 实现 Windows 10 主机访问服务器 node2 的 Web 服务，都需要在服务器 node3 上开启路由转发功能，方法如下。

在服务器 node3 的/etc/sysctl.conf 文件的末尾加入以下配置。

net.ipv4.ip_forward=1

在命令行中使用 sysctl -p 命令使配置生效。

微课

V3-7　配置 Iptables 实现 SNAT 和 DNAT

（2）配置 Iptables SNAT

在当前网络拓扑下，服务器 node1 和服务器 node2 采用仅主机模式连接是无法访问外网的，服务器 node3 通过 NAT 模式连接是可以访问外网的，如图 3-51 所示。

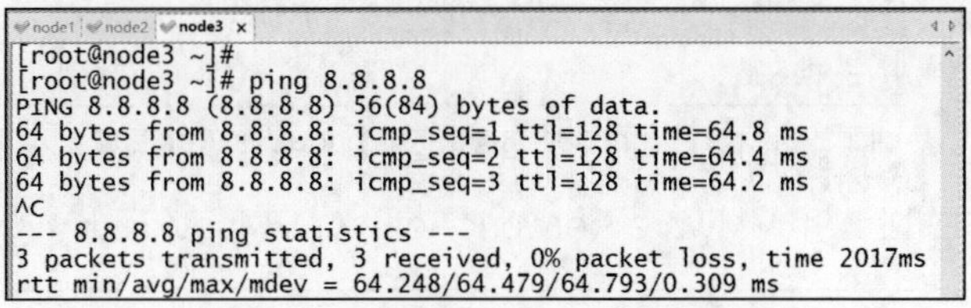

```
[root@node3 ~]#
[root@node3 ~]# ping 8.8.8.8
PING 8.8.8.8 (8.8.8.8) 56(84) bytes of data.
64 bytes from 8.8.8.8: icmp_seq=1 ttl=128 time=64.8 ms
64 bytes from 8.8.8.8: icmp_seq=2 ttl=128 time=64.4 ms
64 bytes from 8.8.8.8: icmp_seq=3 ttl=128 time=64.2 ms
^C
--- 8.8.8.8 ping statistics ---
3 packets transmitted, 3 received, 0% packet loss, time 2017ms
rtt min/avg/max/mdev = 64.248/64.479/64.793/0.309 ms
```

图 3-51 服务器 node3 可以访问外网

服务器 node1 和服务器 node2 连接着服务器 node3 的 ens160 网卡，所以在服务器 node3 上配置 SNAT，即将服务器 node1 和服务器 node2 去往外网的数据包中的源地址转换为服务器 node3 连接 VMnet8 虚拟交换机的 ens192 网卡的 IP 地址，就可以实现服务器 node1 和服务器 node2 访问外网了。

（3）确定表链

为服务器 node1 和服务器 node2 进行 SNAT，规则写在 nat 表中。服务器 node1 和服务器 node2 的数据经过服务器 node3，需要经过 PREROUTING 链、FORWARD 链、POSTROUTING 链。所以通过表和数据流向确定将规则写在 PREROUTING 链或者 POSTROUTING 链上，一般情况下，进行 SNAT 时会将规则配置在 POSTROUTING 链上，进行 DNAT 时会将规则配置在 PREROUTING 链上。

（4）分析与配置

确定了将规则配置在 nat 表和 POSTROUTING 链上后，还要分析源数据和目标数据。目标数据是确定的，因为访问的是外网。源数据的 IP 地址来自 192.168.10.0/24 网络地址，所以配置 Iptables 的规则如下。

```
[root@node3 ~]# iptables -t nat -A POSTROUTING -s 192.168.10.0/24 -j SNAT --to 192.168.200.4
```

配置完成后，可以使用 iptables -t nat -nL 命令查看 nat 表的配置规则，在服务器 node1 上测试与外网 IP 地址 8.8.8.8 的联通性，发现可以访问外网主机了，如图 3-52 所示。

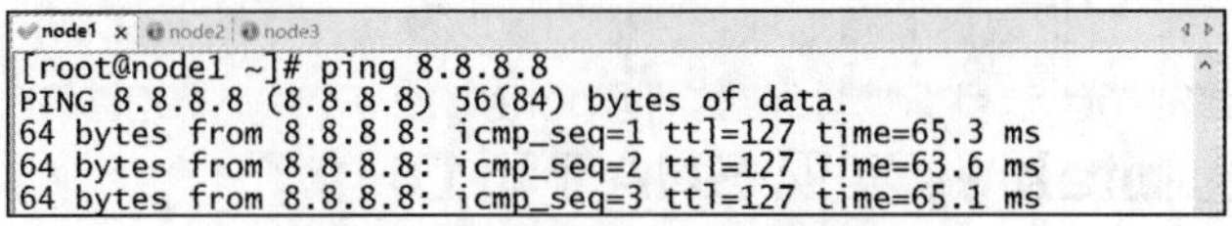

```
[root@node1 ~]# ping 8.8.8.8
PING 8.8.8.8 (8.8.8.8) 56(84) bytes of data.
64 bytes from 8.8.8.8: icmp_seq=1 ttl=127 time=65.3 ms
64 bytes from 8.8.8.8: icmp_seq=2 ttl=127 time=63.6 ms
64 bytes from 8.8.8.8: icmp_seq=3 ttl=127 time=65.1 ms
```

图 3-52 服务器 node1 访问外网主机

在服务器 node2 上进行测试，同样可以访问外网主机。

2. 配置 DNAT 实现 Windows 10 主机访问服务器 node2 的 Web 服务

（1）在服务器 node2 上安装并开启 httpd 服务

① 安装并开启 httpd 服务。

在服务器 node2 上安装 httpd 服务，开启 httpd 服务后，服务器 node2 成为一台 Web 服务器，命令如下。

```
[root@node2 ~]# yum install httpd -y            #安装 httpd 服务
[root@node2 ~]# systemctl start httpd && systemctl enable httpd
                                                #开启 httpd 服务，设置开机自启动
[root@node2 ~]# echo test > /var/www/html/index.html   #创建网站首页测试页面
```

② 测试访问服务。

在服务器 node1 上访问服务器 node2 的 Web 服务，如图 3-53 所示，发现能够正常访问。

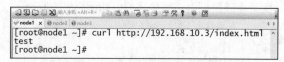

图 3-53　服务器 node1 访问服务器 node2 的 Web 服务

在 Windows 10 主机上禁用 VMware Network Adapter VMnet1 网卡，如图 3-54 所示。

图 3-54　禁用 VMware Network Adapter VMnet1 网卡

此时，Windows 10 主机和服务器 node2 不在一个网络中，所以无法访问服务器 node2 的 Web 服务，如图 3-55 所示。

图 3-55　Windows 10 主机无法访问服务器 node2 的 Web 服务

（2）确定表和链

Windows 10 主机的数据到达服务器 node3 后进行 DNAT，所以 Iptables 规则配置在 nat 表上。任务配置的是 DNAT，所以将规则配置在 PREROUTING 链上。

（3）分析与配置

确定了表和链之后，分析数据的源地址、目标地址以及动作。数据从 Windows 10 主机发出，所以源地址是 192.168.200.1，目标地址是服务器 node3 的 IP 地址 192.168.200.4，协议是 TCP，目标端口是 80，转换的地址是 192.168.10.3。

在服务器 node3 上配置 Iptables 规则。

```
[root@node3 ~]# iptables -t nat -A PREROUTING -s 192.168.200.1 -i ens192 -p tcp --dport 80 -j DNAT --to 192.168.10.3
```

配置完成后，查看 nat 表的规则，如图 3-56 所示。

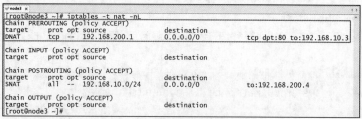

图 3-56　查看 nat 表的规则

再次使用 Windows 10 主机访问服务器 node2 的 Web 服务,发现可以正常访问了,如图 3-57 所示。

图 3-57 Windows 10 主机访问服务器 node2 的 Web 服务

注意,在 Windows 10 主机上访问的是服务器 node3 的 ens192 网卡,IP 地址为 192.168.200.4,服务器 node3 通过 DNAT 规则将目标地址转换为 192.168.10.3,进而实现正常访问。

3.2.5 使用 Tcpdump 抓包验证地址转换

微课

V3-8 使用 Tcpdump 抓包 验证地址转换

1. 验证 Iptables 源地址转换

在服务器 node3 的 ens192 端口上抓包,命令如下。

```
[root@node3 ~]# tcpdump -nn -vv -t -c 4 -i ens192 dst host 8.8.8.8
```

在服务器 node1 上测试本机与外网主机 8.8.8.8 的联通性,抓包结果如 图 3-58 所示。

```
node3 x
[root@node3 ~]# tcpdump -nn -vv -t -c 4 -i ens192  dst host 8.8.8.8
dropped privs to tcpdump
tcpdump: listening on ens192, link-type EN10MB (Ethernet), capture size 262144 b
IP (tos 0x0, ttl 63, id 51016, offset 0, flags [DF], proto ICMP (1), length 84)
    192.168.200.4 > 8.8.8.8: ICMP echo request, id 2183, seq 1564, length 64
IP (tos 0x0, ttl 63, id 51182, offset 0, flags [DF], proto ICMP (1), length 84)
    192.168.200.4 > 8.8.8.8: ICMP echo request, id 2183, seq 1565, length 64
IP (tos 0x0, ttl 63, id 51648, offset 0, flags [DF], proto ICMP (1), length 84)
    192.168.200.4 > 8.8.8.8: ICMP echo request, id 2183, seq 1566, length 64
IP (tos 0x0, ttl 63, id 51919, offset 0, flags [DF], proto ICMP (1), length 84)
    192.168.200.4 > 8.8.8.8: ICMP echo request, id 2183, seq 1567, length 64
```

图 3-58 抓包结果

从图中可以看出,服务器 node1 访问 8.8.8.8 公网 IP 地址时,到达服务器 node3 后,已经将 源 IP 地址 192.168.10.2 转换为 192.168.200.4。

2. 验证 Iptables 目标地址转换

在服务器 node3 的 ens160 端口上抓取数据包,命令如下。

```
[root@node3 ~]# tcpdump -nn -vv -c 4 -i ens160 src host 192.168.200.1 and dst host
192.168.10.3
```

在 Windows 10 主机上访问 http://192.168.200.4,抓取数据包的结果如图 3-59 所示。

```
node3 x
[root@node3 ~]# tcpdump -nn -vv -c 4 -i ens160 src host 192.168.200.1 and dst host 192.168.10.3
dropped privs to tcpdump
tcpdump: listening on ens160, link-type EN10MB (Ethernet), capture size 262144 bytes
22:40:56.477197 IP (tos 0x0, ttl 63, id 39421, offset 0, flags [DF], proto TCP (6), length 52)
    192.168.200.1.63890 > 192.168.10.3.80: Flags [S], cksum 0xc950 (correct), seq 3357119868, win 64240, options [mss
1460,nop,wscale 8,nop,nop,sackOK], length 0
22:40:56.477245 IP (tos 0x0, ttl 63, id 39422, offset 0, flags [DF], proto TCP (6), length 52)
    192.168.200.1.63891 > 192.168.10.3.80: Flags [S], cksum 0xd790 (correct), seq 1111821584, win 64240, options [mss
1460,nop,wscale 8,nop,nop,sackOK], length 0
22:40:56.477563 IP (tos 0x0, ttl 63, id 39423, offset 0, flags [DF], proto TCP (6), length 40)
    192.168.200.1.63890 > 192.168.10.3.80: Flags [.], cksum 0x2ffa (correct), seq 3357119869, ack 1156481042, win 410
6, length 0
22:40:56.478311 IP (tos 0x0, ttl 63, id 39424, offset 0, flags [DF], proto TCP (6), length 40)
    192.168.200.1.63891 > 192.168.10.3.80: Flags [.], cksum 0xcebb (correct), seq 1111821585, ack 267399832, win 513,
length 0
```

图 3-59 抓取数据包的结果

在服务器 node3 的 ens160 端口上出现了源地址是 192.168.200.1、目标地址是 192.168.10.3、目标端口是 80 的数据,说明服务器 node3 通过 Iptables DNAT 已经将通信的目 标地址 192.168.200.4 转换为 192.168.10.3 了。

项目小结

本项目是网络虚拟化学习的基础，着重介绍了Iptables这一工具，它在云计算网络领域中的应用极为广泛，涉及诸如云主机对外的网络访问控制、云主机安全策略的实施、虚拟防火墙的建立，以及容器与外界网络交互的管理等多样化的实际场景。同时，掌握在Linux操作系统中配置静态路由及默认路由是保障网络联通性的必备技能。在深入网络虚拟化学习的过程中，Tcpdump作为一种强大的网络数据包抓取工具，频繁用于验证网络配置的有效性及故障的诊断，极大地助力了网络设置的准确无误和问题的迅速定位。鉴于此，读者务必熟练掌握本项目的相关知识和技能，以便为后续学习打下坚实基础。

项目练习与思考

1. 选择题

（1）查看网络中的路由信息要使用（　　）命令。

    A. route -a   B. route -b   C. route -c   D. route -n

（2）使用"route add（　　）gw 下一跳地址"可增加一条默认路由。

    A. rip   B. ospf   C. default   D. gateway

（3）添加静态路由要使用"route add -n 网络地址（　　）下一跳"命令。

    A. via   B. vib   C. vic   D. vid

（4）启用 Linux 服务器的路由功能的配置文件是（　　）。

    A. /etc/sysctl.conf   B. /etc/man.conf

    C. /etc/ip.conf   D. /etc/net.conf

（5）永久保存路由需要在网卡配置目录中创建（　　）-网卡名的配置文件。

    A. add   B. net   C. route   D. gateway

（6）Iptables 是（　　）在用户态的配置工具。

    A. Net   B. Netfilter   C. Filter   D. TCP/IP

（7）filter 表用来配置（　　）规则。

    A. 地址转换   B. 网络地址   C. IP 地址   D. 数据包过滤

（8）Iptables 经常使用的链表有 filter 和（　　）。

    A. net   B. nat   C. in   D. out

（9）Iptables 的默认表是（　　）。

    A. filter   B. nat   C. raw   D. mangle

（10）使用 iptables -A 可以向表的（　　）添加规则。

    A. 前边   B. 中间   C. 末尾   D. 两端

2. 填空题

（1）Iptables 具有＿＿＿＿＿表＿＿＿＿＿链。

（2）filter 表规则通常配置在＿＿＿＿＿链、＿＿＿＿＿链和＿＿＿＿＿链上。

（3）Iptables SNAT 配置在＿＿＿＿＿链上。

（4）Iptables DNAT 配置在_____链上。

（5）从外部访问本机的数据需要经过_____链和_____链。

（6）从本机流出的数据需要经过_____链和_____链。

（7）从外部流经本机的数据需要经过_____链、_____链和_____链。

（8）使用 iptables –nL_____可以显示配置规则的行号。

（9）使用 service iptables_____可以保存 Iptables 配置到内存中。

（10）使用 Tcpdump 时可以配合源地址、目标地址、协议和_____来抓取数据。

3．简答题

（1）简述增、删、查、改静态路由的方法。

（2）简述配置 Iptables 的步骤。

（3）简述 Iptables 的表链对应关系。

（4）简述 Tcpdump 工具的参数和过滤规则。

项目 **4**

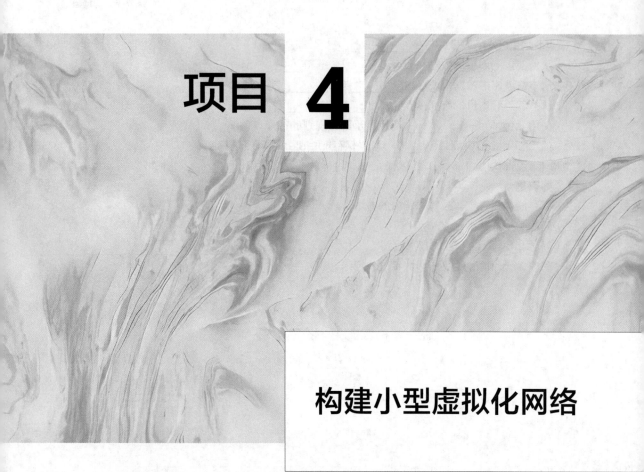

构建小型虚拟化网络

项目描述

　　为提升IT基础设施的运行效率，公司决定在物理服务器上部署虚拟机，在虚拟机上部署各类业务系统和数据库。虚拟机之间需要相互访问，同时需要与外网互联。项目经理要求王亮使用网络命名空间和veth虚拟网卡构建双机互联网络、使用虚拟网桥构建Flat网络，以熟悉各种虚拟网络设备的功能和应用。

　　项目4思维导图如图4-1所示。

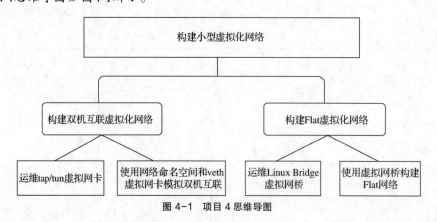

图 4-1　项目 4 思维导图

任务 4-1 构建双机互联虚拟化网络

学习目标

知识目标

- 掌握网络虚拟化的定义。
- 掌握 tap/tun 与 veth 虚拟网卡的区别。
- 掌握网络命名空间的作用和配置方法。

技能目标

- 能够运维 tap/tun 与 veth 虚拟网卡。
- 能够使用网络命名空间和 veth 虚拟网卡模拟双机互联。

素养目标

- 学习虚拟网卡和网络命名空间，培养抽象思维能力。
- 学习双机互联虚拟化网络，培养勇于尝试新方法和新思路、不断探索的品质。

4.1.1 任务描述

根据图 4-2 所示的网络拓扑，在 node1 服务器上，使用网络命名空间 ns1 模拟虚拟机 1，使用网络命名空间 ns2 模拟虚拟机 2，两台虚拟机通过 ns1 中的 veth11 虚拟网卡与 ns2 中的 veth12 虚拟网卡互联。项目经理要求王亮在服务器 node1 上创建网络命名空间和虚拟网卡，配置 IP 地址，模拟实现两台虚拟机之间的网络互联。

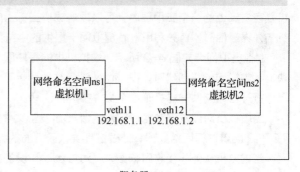

图 4-2 任务 4-1 网络拓扑

4.1.2 必备知识

1. 网络虚拟化

网络虚拟化是一种将物理网络资源划分为多个虚拟网络的技术。它允许多个虚拟网络在同一物理网络上并行运行，每个虚拟网络都具有自己独立的网络拓扑、策略和服务，网络虚拟化可实现以下功能。

（1）资源隔离

网络虚拟化，可以将物理网络资源划分为多个虚拟网络，从而实现资源的隔离。不同的虚拟网络可以独立配置和管理，互相之间不会产生干扰或影响。

（2）多租户支持

网络虚拟化后，可以为多个租户提供独立的虚拟网络。每个租户都可以有自己的网络拓扑、IP 地址空间、安全策略等，从而实现多租户的隔离和定制化。

（3）灵活性和敏捷性

网络虚拟化，可以快速创建、配置和管理虚拟网络。对于企业来说，可以根据需要动态调整虚拟网络的规模和配置，适应业务需求的变化。

（4）增强安全性

网络虚拟化可以提供更精细的安全控制和隔离。在虚拟网络中实施安全策略、访问控制和流量监测，可增强网络的安全性。

（5）高性能和可靠性

网络虚拟化技术通过物理网络资源的合理利用实现高性能和可靠性。虚拟网络可以动态分配带宽、负载均衡，并支持流量工程和故障恢复等功能，以满足不同应用场景的需求。

2. tap/tun 与 veth 虚拟网卡

目前，主流的虚拟网卡方案有 tap/tun 和 veth 两种。tap/tun 出现得较早，在 Linux Kernel 2.4 版本之后发布的内核都会默认编译 tap/tun 的驱动。

veth 是另一种主流的虚拟网卡方案。在 Linux Kernel 2.6 版本中，Linux 开始支持网络命名空间隔离的同时，也提供了专门的虚拟以太网（Virtual Ethernet，习惯简写作 veth），可让两个隔离的网络命名空间互相通信。veth 实际上是一对设备，因而也常被称作 veth-pair，被广泛应用在虚拟化网络中。

V4-1 tap/tun 与 veth 虚拟网卡

（1）tap 虚拟网卡

tap 虚拟网卡工作在数据链路层，不配置 IP 地址，一般应用于虚拟机与外界网络的互联。虚拟机是宿主机上的一个应用程序，可以理解成宿主机上的一个应用软件，所以工作在用户态。当虚拟机与外界通信时，首先利用 tap 虚拟网卡提供的字符文件设备进行 I/O 读写操作。

tap 虚拟网卡如图 4-3 所示，虚拟机中的每块网卡都与宿主机的一个 tap 虚拟网卡相连。当一块 tap 虚拟网卡被创建时，在 Linux 设备文件目录下会生成一个对应的字符设备文件，用户程序可以像打开普通文件一样打开这个文件并进行读写。

当虚拟机对外发送数据时，对这台 tap 设备文件执行写操作，Linux 内核收到此数据后将根据 TCP/IP 配置进行网络处理，处理过程类似于普通的物理网卡从外界收到数据。

当虚拟机从外界接收到数据时，对这台 tap 设备文件执行读操作，向内核查询 tap 设备上是否有数据需要被发送，若有则将其取出。

（2）tun 虚拟网卡

tun 虚拟网卡工作在网络层，配置了 IP 地址，一般用来建立网络安全隧道。隧道发送数据流程如图 4-4 所示。当本机与远端主机建立隧道后，浏览器访问远端的地址时，发送的数据首先到达 tun 虚拟网卡，然后开放虚拟私有网络（Open Virtual Private Network，OpenVPN）软件，通过字符设备文件读取 tun 虚拟网卡数据，接着将数据发送给内核 TCP/IP，最后由内核发送给物理网卡。

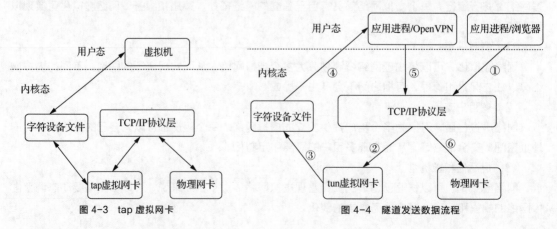

图 4-3 tap 虚拟网卡　　　　　　　　　图 4-4 隧道发送数据流程

隧道接收数据流程如图4-5所示,首先物理网卡将数据发送给内核,内核将数据交给OpenVPN处理,OpenVPN通过字符设备文件向tun虚拟网卡写入数据,虚拟网卡将数据发送给内核,内核再将数据发送给浏览器。

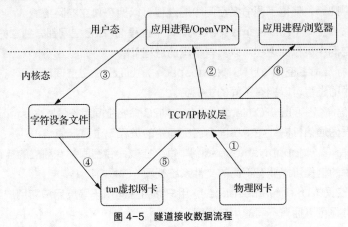

图4-5 隧道接收数据流程

（3）veth 虚拟网卡

veth-pair 是一对虚拟设备接口,一端连接着协议栈,另一端彼此相连。在 veth 设备中的一端输入数据,这些数据就会从设备的另外一端原样流出。将不同的网络设备加入不同的命名空间是非常有必要的,veth 虚拟网卡最大的作用就是对不同命名空间的网络设备进行连接,实现不同命名空间的数据通信。

在二层网络上,VLAN 可以将一台物理交换机分割成几个独立的虚拟交换机。类似地,在三层网络上,网络命名空间可以将一个物理三层网络分割成几个独立的虚拟三层网络。每个命名空间都有自己独立的网络栈,包括网络接口、交换路由设备、路由表、防火墙规则等,从而允许用户创建重叠的网络。例如,用户 A 创建了 192.168.1.0/24 的私有网络,用户 B 也可以创建 192.168.1.0/24 的私有网络,原因就是用户 A 和用户 B 将私有网络建立在了不同的命名空间下。

如图 4-6 所示,Linux 默认的命名空间叫作根空间,物理网卡位于根空间,各命名空间之间可以通过 veth 成对设备直接通信。其中,命名空间 1 和根空间通过 veth0 和 veth1 成对设备通信,命名空间 1 和命名空间 2 通过 veth2 和 veth3 成对设备直接通信。

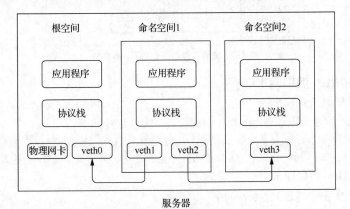

图4-6 veth 虚拟网卡

3. 命名空间

Linux 提供了多种类型的命名空间,用于隔离不同的系统资源。每个命名空间中的进程都具有独立的资源视图。

以下是一些常见的 Linux 命名空间类型。

① 网络命名空间（Network Namespace）。每个网络命名空间都有独立的网络设备、IP 地址、路由表和防火墙规则等，使得不同命名空间中的进程可以拥有独立的网络栈。

② 进程 ID 命名空间（PID Namespace）。每个进程 ID 命名空间都有独立的进程 ID 空间，使得在不同的命名空间中运行的进程可以具有相同的进程 ID。

③ 统一技术标准命名空间（UTS Namespace）。UTS 命名空间用于隔离主机名和域名，使得不同命名空间中的进程可以拥有不同的主机名。

④ 进程间通信命名空间（IPC Namespace）。IPC 命名空间用于隔离 System V IPC 和 POSIX 消息队列等的进程间通信机制，使得不同命名空间中的进程无法直接通信。

⑤ 挂载命名空间（Mount Namespace）。每个挂载命名空间都有独立的挂载点层次结构，使得不同命名空间中的进程可以拥有不同的文件系统视图。

⑥ 用户命名空间（User Namespace）。用户命名空间用于隔离用户和用户组标识符，使得不同命名空间中的进程可以拥有不同的用户视图。

⑦ 控制组命名空间（Cgroup Namespace）。控制组命名空间用于隔离控制组层次结构，使得不同命名空间中的进程可以拥有独立的资源控制。

不同类型的命名空间可以单独或组合使用，以实现粒度更细的隔离和资源管理。它们对于容器技术和虚拟化等场景非常有用，可以提供更高级别的隔离和资源控制，增强系统的安全性、可扩展性和性能隔离能力。

4.1.3 运维 tap/tun 虚拟网卡

1. 查看 tun 内核模块

使用 CentOS 8 模板机创建一台 Linux 服务器，修改其名称为 node1。Linux 使用 tun 模块创建和管理 tap/tun 虚拟网卡，所以首先要查看是否已经安装了 tun 模块，命令如下。

```
[root@node1 ~]# lsmod | grep tun
```

结果如图 4-7 所示，说明已经安装了 tun 模块。

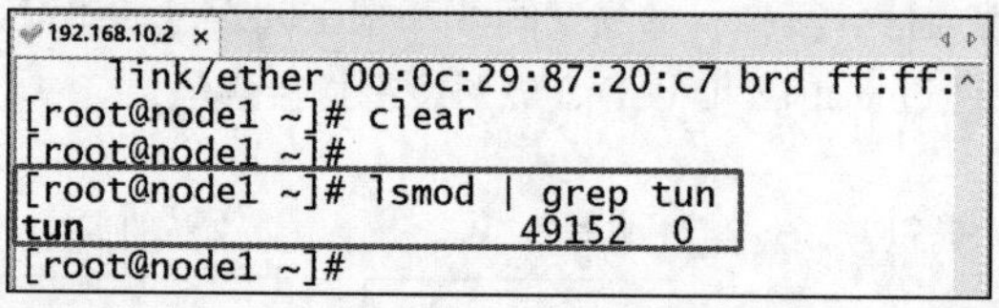

图 4-7 查看是否已经安装了 tun 模块

2. 管理 tap/tun 虚拟网卡

（1）创建 tap/tun 虚拟网卡

使用 ip tuntap 命令可以创建 tap/tun 虚拟网卡，具体命令如下。

```
[root@node1 ~]# ip tuntap add dev tap0 mode tap          #创建 tap0 虚拟网卡
[root@node1 ~]# ip tuntap add dev tun0 mode tun          #创建 tun0 虚拟网卡
```

（2）启动 tap/tun 虚拟网卡

使用 ip link set 命令启动 tap/tun 网卡，命令如下。

```
[root@node1 ~]# ip link set tap0 up                      #启动 tap0 虚拟网卡
[root@node1 ~]# ip link set tun0 up                      #启动 tun0 虚拟网卡
```

添加并启动完成后，使用 ip link 命令查看系统中所有网卡的信息，如图 4-8 所示。

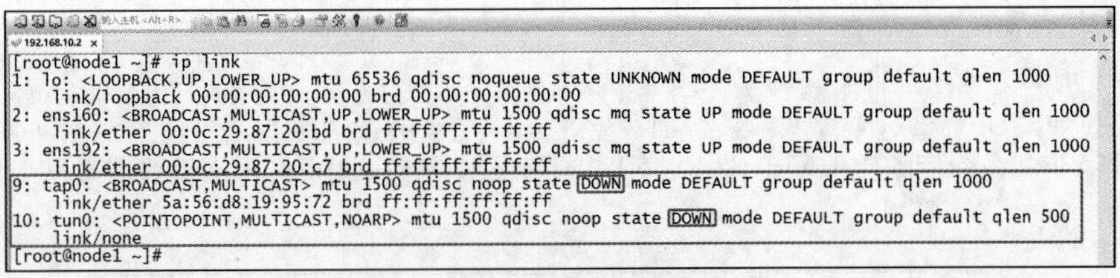

```
[root@node1 ~]# ip link
1: lo: <LOOPBACK,UP,LOWER_UP> mtu 65536 qdisc noqueue state UNKNOWN mode DEFAULT group default qlen 1000
    link/loopback 00:00:00:00:00:00 brd 00:00:00:00:00:00
2: ens160: <BROADCAST,MULTICAST,UP,LOWER_UP> mtu 1500 qdisc mq state UP mode DEFAULT group default qlen 1000
    link/ether 00:0c:29:87:20:bd brd ff:ff:ff:ff:ff:ff
3: ens192: <BROADCAST,MULTICAST,UP,LOWER_UP> mtu 1500 qdisc mq state UP mode DEFAULT group default qlen 1000
    link/ether 00:0c:29:87:20:c7 brd ff:ff:ff:ff:ff:ff
9: tap0: <BROADCAST,MULTICAST> mtu 1500 qdisc noop state DOWN mode DEFAULT group default qlen 1000
    link/ether 5a:56:d8:19:95:72 brd ff:ff:ff:ff:ff:ff
10: tun0: <POINTOPOINT,MULTICAST,NOARP> mtu 1500 qdisc noop state DOWN mode DEFAULT group default qlen 500
    link/none
[root@node1 ~]#
```

图 4-8　查看系统中所有网卡的信息

从图中可以发现，tap0 和 tun0 两块虚拟网卡被创建出来了，虽然使用命令启动了网卡，但网卡的状态都是 DOWN。这是因为 tap/tun 设备的两端分别是应用程序和 TCP/IP 内核，因为虚拟网卡对应的应用程序端没有应用程序，无法打开网卡对应的文件描述符，所以 tap/tun 虚拟网卡的状态一直是 DOWN。在项目 6 中，使用 tap 网卡和虚拟机网卡配对，就可以启动 tap 虚拟网卡了。

（3）为 tun 虚拟网卡配置 IP 地址

tap 类型的虚拟网卡工作在数据链路层，不配置 IP 地址，而 tun 类型的虚拟网卡需要配置 IP 地址。为 tun0 虚拟网卡配置 IP 地址的命令如下。

```
[root@node1 ~]# ip addr add 192.168.1.1/24 dev tun0
```

删除 IP 地址的命令如下。

```
[root@node1 ~]# ip addr del 192.168.2.1/24 dev tun0
```

（4）删除虚拟网卡

删除虚拟网卡的命令如下。

```
[root@node1 ~]# ip link del dev tap0                    #删除 tap0 虚拟网卡
[root@node1 ~]# ip link del dev tun0                    #删除 tun0 虚拟网卡
```

对于以上创建虚拟网卡的命令 ip tuntap、添加/删除 IP 地址的命令 ip addr、删除虚拟网卡的命令 ip link，都可以在后面加上 help 命令来查看帮助信息。

微课

V4-2　使用网络命名空间和 veth 虚拟网卡模拟双机互联

4.1.4　使用网络命名空间和 veth 虚拟网卡模拟双机互联

1. 运维 veth 虚拟网卡

（1）创建 veth 虚拟网卡

veth 虚拟网卡是成对出现的，所以在添加虚拟网卡的时候，需要指明对端的虚拟网卡名称。

```
[root@node1 ~]# ip link add veth1 type veth peer name veth2
```

以上命令添加了一对虚拟网卡，名称分别是 veth1 和 veth2，使用 ip link 命令查看虚拟网卡信息，结果如图 4-9 所示。

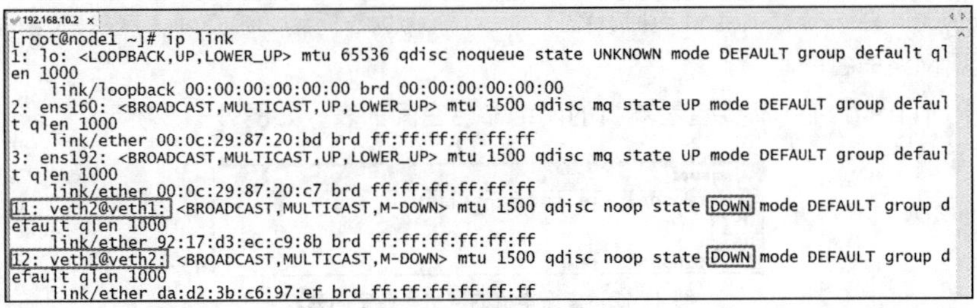

```
[root@node1 ~]# ip link
1: lo: <LOOPBACK,UP,LOWER_UP> mtu 65536 qdisc noqueue state UNKNOWN mode DEFAULT group default ql
en 1000
    link/loopback 00:00:00:00:00:00 brd 00:00:00:00:00:00
2: ens160: <BROADCAST,MULTICAST,UP,LOWER_UP> mtu 1500 qdisc mq state UP mode DEFAULT group defaul
t qlen 1000
    link/ether 00:0c:29:87:20:bd brd ff:ff:ff:ff:ff:ff
3: ens192: <BROADCAST,MULTICAST,UP,LOWER_UP> mtu 1500 qdisc mq state UP mode DEFAULT group defaul
t qlen 1000
    link/ether 00:0c:29:87:20:c7 brd ff:ff:ff:ff:ff:ff
11: veth2@veth1: <BROADCAST,MULTICAST,M-DOWN> mtu 1500 qdisc noop state DOWN mode DEFAULT group d
efault qlen 1000
    link/ether 92:17:d3:ec:c9:8b brd ff:ff:ff:ff:ff:ff
12: veth1@veth2: <BROADCAST,MULTICAST,M-DOWN> mtu 1500 qdisc noop state DOWN mode DEFAULT group d
efault qlen 1000
    link/ether da:d2:3b:c6:97:ef brd ff:ff:ff:ff:ff:ff
```

图 4-9　查看虚拟网卡信息

从图中可以看到已经添加了一对虚拟网卡 veth1 和 veth2，每个虚拟网卡的后边都使用@veth2 或者@veth1 表示本网卡的对端，这时虚拟网卡的状态还是 DOWN。

（2）启动 veth 虚拟网卡

```
[root@node1 ~]# ip link set veth1 up
[root@node1 ~]# ip link set veth2 up
```

使用 ip link 命令启动虚拟网卡 veth1 和对端的虚拟网卡 veth2，再次查看虚拟网卡信息，如图 4-10 所示。

图 4-10　启动虚拟网卡后查看其信息

此时，可以发现两块虚拟网卡已经成功启动（状态变为 UP）了。

（3）配置虚拟网卡 IP 地址

```
[root@node1 ~]# ip addr add 192.168.1.1/24 dev veth1
[root@node1 ~]# ip addr add 192.168.1.2/24 dev veth2
```

为两块虚拟网卡添加 IP 地址后，查看虚拟网卡 IP 地址信息，如图 4-11 所示。

图 4-11　查看 veth1 和 veth2 虚拟网卡 IP 地址信息

2. 运维网络命名空间

在 Linux Kernel 2.6 中，Linux 开始支持网络命名空间。不同的网络命名空间共享主机的内核，但相互隔离。每个网络命名空间都具备自己独立的网络接口、路由表、防火墙规则。其核心的功能在于网络隔离，不同的用户可以利用自己的命名空间创建网络，从而实现网络的重叠。

（1）创建网络命名空间

使用 ip netns 命令进行网络命名空间的创建，命令如下。

```
[root@localhost ~]# ip netns add ns1          #创建网络命名空间，其名称为 ns1
[root@localhost ~]# ip netns add ns2          #创建网络命名空间，其名称为 ns2
```

（2）查看网络命名空间

可以使用 ip netns list 命令查看本机的网络命名空间列表，如图 4-12 所示。

图 4-12　查看本机的网络命名空间列表

```
[root@node1 ~]# ip netns list
```

（3）进入网络命名空间执行操作

使用 ip netns exec 命令进入网络命名空间，命令如下。

```
[root@node1 ~]# ip netns exec ns1 bash
```

进入网络命名空间后可以执行相关的网络命令，如查看网卡信息，结果如图 4-13 所示。

```
▼ 192.168.10.2 ×
[root@node1 ~]# ip netns exec ns1 bash
[root@node1 ~]# ip link
1: lo: <LOOPBACK> mtu 65536 qdisc noop state DOWN mode DEFAULT group default qlen 1000
    link/loopback 00:00:00:00:00:00 brd 00:00:00:00:00:00
```

图 4-13　进入 ns1 网络命名空间并查看网卡信息

退出 ns1 网络命令空间并进入根命名空间，使用 exit 命令，命令如下。

```
[root@node1 ~]# exit
```

也可以在不改变当前网络命名空间的情况下直接进行相关操作，方法是在 ip netns exec 命令后接上要执行的相关操作，如查看 ns1 网络命名空间的网卡信息、IP 地址信息、路由表的命令如下。

```
[root@node1 ~]# ip netns exec ns1 ip link      #查看 ns1 网络命名空间的网卡信息
[root@node1 ~]# ip netns exec ns1 ip a         #查看 ns1 网络命名空间的 IP 地址信息
[root@node1 ~]# ip netns exec ns1 route -n     #查看 ns1 网络命名空间的路由表
```

以上 3 条命令的执行结果如图 4-14 所示。

```
▼ 192.168.10.2 ×
[root@node1 ~]# ip netns exec ns1 ip link
1: lo: <LOOPBACK> mtu 65536 qdisc noop state DOWN mode DEFAULT group default qlen 1000
    link/loopback 00:00:00:00:00:00 brd 00:00:00:00:00:00
[root@node1 ~]# ip netns exec ns1 ip a
1: lo: <LOOPBACK> mtu 65536 qdisc noop state DOWN group default qlen 1000
    link/loopback 00:00:00:00:00:00 brd 00:00:00:00:00:00
[root@node1 ~]# ip netns exec ns1 route -n
Kernel IP routing table
Destination     Gateway         Genmask         Flags Metric Ref    Use Iface
[root@node1 ~]#
```

图 4-14　在不改变当前网络命名空间的情况下直接进行相关操作

（4）验证不同网络命名空间的网络隔离性

首先，在 ns1 网络命名空间下添加一对虚拟网卡 veth11 和 veth12，命令如下。

```
[root@node1 ~]# ip netns exec ns1 ip link add veth11 type veth peer name veth12
```

查看 ns1 网络命名空间下的网卡信息，如图 4-15 所示。

```
▼ 192.168.10.2 ×
[root@node1 ~]# ip netns exec ns1 ip link
1: lo: <LOOPBACK> mtu 65536 qdisc noop state DOWN mode DEFAULT group default qlen 1000
    link/loopback 00:00:00:00:00:00 brd 00:00:00:00:00:00
4: veth12@veth11: <BROADCAST,MULTICAST,M-DOWN> mtu 1500 qdisc noop state DOWN mode DEFA
ULT group default qlen 1000
    link/ether 62:6d:d6:5c:94:e3 brd ff:ff:ff:ff:ff:ff
5: veth11@veth12: <BROADCAST,MULTICAST,M-DOWN> mtu 1500 qdisc noop state DOWN mode DEFA
ULT group default qlen 1000
    link/ether 26:0a:3d:d0:3e:e0 brd ff:ff:ff:ff:ff:ff
```

图 4-15　查看 ns1 网络命名空间下的网卡信息

其次，在 ns2 网络命名空间下查看网卡信息，命令如下。

```
[root@node1 ~]# ip netns exec ns2 ip link
```

结果如图 4-16 所示。

```
▼ 192.168.10.2 ×
[root@node1 ~]# ip netns exec ns2 ip link
1: lo: <LOOPBACK> mtu 65536 qdisc noop state DOWN mode DEFAULT group default qlen 1000
    link/loopback 00:00:00:00:00:00 brd 00:00:00:00:00:00
[root@node1 ~]#
```

图 4-16　查看 ns2 网络命名空间下的网卡信息

从图中可以看出，在 ns1 网络命名空间中添加的虚拟网卡 veth11 和 veth12 没有出现在 ns2 网络命名空间下，说明这两个网络命名空间的网络是相互隔离的。

3. 模拟双机互联

因为每个网络命名空间的网络协议栈都是隔离开的，所以可以将一个网络命名空间模拟成具有独立网络配置的虚拟机，将 veth 成对虚拟网卡配置在不同的网络空间下，为 veth 配置 IP 地址后，可以模拟不同虚拟机之间的通信。

（1）移动 veth12 到 ns2 网络命名空间下

将在 ns1 网络命名空间中创建的 veth12 移动到 ns2 网络命名空间下，命令如下。

```
[root@node1 ~]# ip netns exec ns1 ip link set veth12 netns ns2
```

配置完成后，在 ns2 网络命名空间下查看网卡信息，如图 4-17 所示。

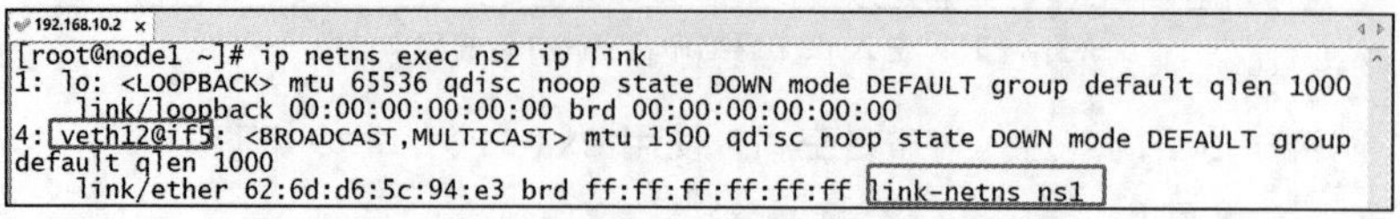

```
[root@node1 ~]# ip netns exec ns2 ip link
1: lo: <LOOPBACK> mtu 65536 qdisc noop state DOWN mode DEFAULT group default qlen 1000
    link/loopback 00:00:00:00:00:00 brd 00:00:00:00:00:00
4: veth12@if5: <BROADCAST,MULTICAST> mtu 1500 qdisc noop state DOWN mode DEFAULT group
default qlen 1000
    link/ether 62:6d:d6:5c:94:e3 brd ff:ff:ff:ff:ff:ff link-netns ns1
```

图 4-17　在 ns2 网络命名空间下查看网卡信息

从图中可以看出，veth12 已经移动到 ns2 网络命名空间下，连接到 ns1 网络命名空间，但网卡还是 DOWN 状态。

（2）配置 IP 地址

首先，启动 ns1 网络命名空间的 veth11 网卡和 ns2 网络命名空间的 veth12 网卡，命令如下。

```
[root@node1 ~]# ip netns exec ns1 ip link set veth11 up
[root@node1 ~]# ip netns exec ns2 ip link set veth12 up
```

其次，配置 ns1 网络命名空间中 veth11 虚拟网卡的 IP 地址为 192.168.1.1/24，配置 ns2 网络命名空间中 veth12 虚拟网卡的 IP 地址为 192.168.1.2/24，命令如下。

```
[root@node1 ~]# ip netns exec ns1 ip addr add 192.168.1.1/24 dev veth11
[root@node1 ~]# ip netns exec ns2 ip addr add 192.168.1.2/24 dev veth12
```

配置完成后，查看 ns1 网络命名空间和 ns2 网络命名空间的虚拟网卡 IP 地址，如图 4-18 所示。

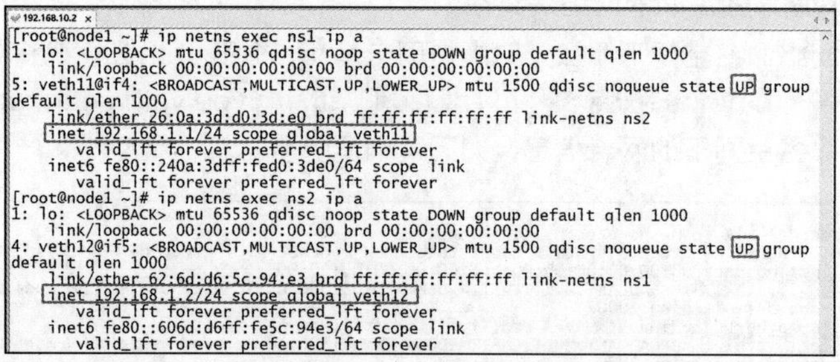

```
[root@node1 ~]# ip netns exec ns1 ip a
1: lo: <LOOPBACK> mtu 65536 qdisc noop state DOWN group default qlen 1000
    link/loopback 00:00:00:00:00:00 brd 00:00:00:00:00:00
5: veth11@if4: <BROADCAST,MULTICAST,UP,LOWER_UP> mtu 1500 qdisc noqueue state UP group
default qlen 1000
    link/ether 26:0a:3d:d0:3d:e0 brd ff:ff:ff:ff:ff:ff link-netns ns2
    inet 192.168.1.1/24 scope global veth11
       valid_lft forever preferred_lft forever
    inet6 fe80::240a:3dff:fed0:3de0/64 scope link
       valid_lft forever preferred_lft forever
[root@node1 ~]# ip netns exec ns2 ip a
1: lo: <LOOPBACK> mtu 65536 qdisc noop state DOWN group default qlen 1000
    link/loopback 00:00:00:00:00:00 brd 00:00:00:00:00:00
4: veth12@if5: <BROADCAST,MULTICAST,UP,LOWER_UP> mtu 1500 qdisc noqueue state UP group
default qlen 1000
    link/ether 62:6d:d6:5c:94:e3 brd ff:ff:ff:ff:ff:ff link-netns ns1
    inet 192.168.1.2/24 scope global veth12
       valid_lft forever preferred_lft forever
    inet6 fe80::606d:d6ff:fe5c:94e3/64 scope link
       valid_lft forever preferred_lft forever
```

图 4-18　查看 ns1 网络命名空间与 ns2 网络命名空间的虚拟网卡 IP 地址

从图中可以发现网卡都处于启动状态，而且配置了相应的 IP 地址。

（3）测试网络命名空间 ns1 与 ns2 的网络联通性

在 ns1 网络命名空间中测试与 ns2 网络命名空间的联通性，结果如图 4-19 所示。

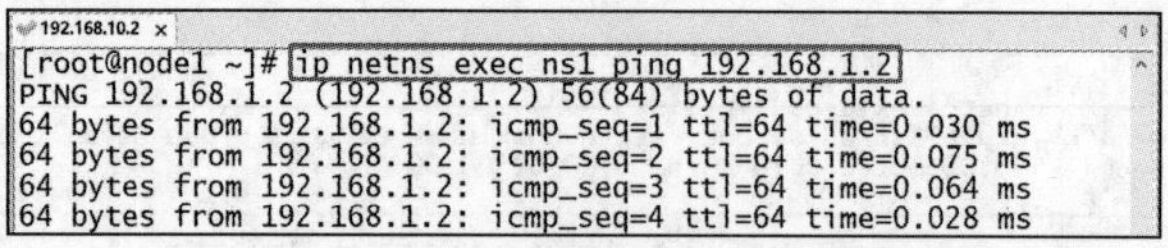

```
[root@node1 ~]# ip netns exec ns1 ping 192.168.1.2
PING 192.168.1.2 (192.168.1.2) 56(84) bytes of data.
64 bytes from 192.168.1.2: icmp_seq=1 ttl=64 time=0.030 ms
64 bytes from 192.168.1.2: icmp_seq=2 ttl=64 time=0.075 ms
64 bytes from 192.168.1.2: icmp_seq=3 ttl=64 time=0.064 ms
64 bytes from 192.168.1.2: icmp_seq=4 ttl=64 time=0.028 ms
```

图 4-19　在 ns1 网络命名空间中测试与 ns2 网络命名空间的联通性

在网络命名空间 ns2 中测试与 ns1 网络命名空间的联通性，结果如图 4-20 所示。

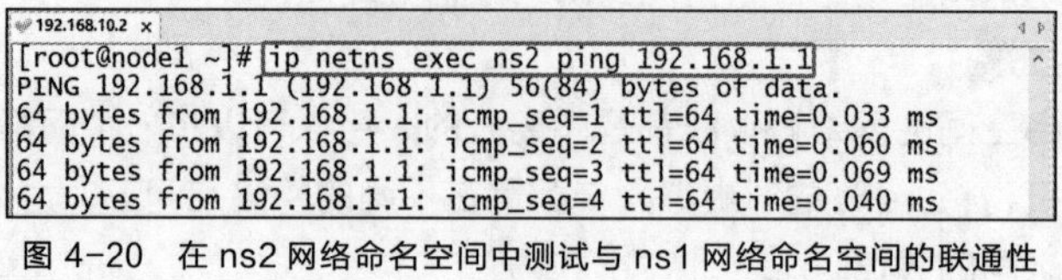

```
[root@node1 ~]# ip netns exec ns2 ping 192.168.1.1
PING 192.168.1.1 (192.168.1.1) 56(84) bytes of data.
64 bytes from 192.168.1.1: icmp_seq=1 ttl=64 time=0.033 ms
64 bytes from 192.168.1.1: icmp_seq=2 ttl=64 time=0.060 ms
64 bytes from 192.168.1.1: icmp_seq=3 ttl=64 time=0.069 ms
64 bytes from 192.168.1.1: icmp_seq=4 ttl=64 time=0.040 ms
```

图 4-20　在 ns2 网络命名空间中测试与 ns1 网络命名空间的联通性

从图中可以发现，两个网络命名空间的网络是可以正常通信的。可以将网络命名空间 ns1 理解成一台虚拟机，将网络命名空间 ns2 理解成另一台虚拟机，两台虚拟机配置了各自的网络。采用此方法来模拟虚拟机，可以帮助读者理解虚拟设备与虚拟网络配置，这与实际生产中的网络虚拟化是完全一致的。

4. 持久化配置

创建的网络命名空间和虚拟网卡在重启后就会消失。在大型的云平台项目中，会使用相关程序和数据库管理虚拟网络设备，如 OpenStack 云平台使用 Neutron 和 MySQL 数据库管理虚拟化设备，当系统重启后，会自动加载相关的虚拟化设备配置。

为方便管理，我们可以将配置虚拟化设备的命令写到 Shell 脚本中，将脚本放在/etc/profile.d 目录下。当系统重启时，就会读取命令脚本，配置好虚拟化网络设备，步骤如下。

```
[root@node2 ~]# cd /etc/profile.d/            #系统启动，读取脚本目录
[root@node2 profile.d]# touch start.sh        #创建脚本文件 start.sh
[root@node2 profile.d]# chmod +x start.sh     #增加脚本的可执行权限
```

将以下配置加入文件中。

```
#/bin/bash
ip netns add ns1
ip netns add ns2
ip netns exec ns1 ip link add veth11 type veth peer name veth12
ip netns exec ns1 ip link set veth12 netns ns2
ip netns exec ns1 ip link set veth11 up
ip netns exec ns2 ip link set veth12 up
ip netns exec ns1 ip addr add 192.168.1.1/24 dev veth11
ip netns exec ns2 ip addr add 192.168.1.2/24 dev veth12
```

当系统重新启动后，就会默认读取 start.sh 脚本，以配置相关的虚拟网络设备。

任务 4-2　构建 Flat 虚拟化网络

学习目标

知识目标

- 掌握 Linux Bridge 的功能。
- 掌握 Linux Bridge 的运维方法。
- 掌握 Flat 网络的特点。

技能目标

- 能够使用 Linux Bridge 构建 Flat 虚拟化网络。
- 能够使用 Linux Bridge 绑定宿主机网卡来实现外网访问虚拟机。

素养目标

- 学习虚拟交换机，保持学习的热情和动力，不断提升自己的知识水平。
- 学习内网虚拟机访问外网，培养综合运用所学知识、善于总结和思考的素养。

4.2.1 任务描述

当公司规模很小且不对外提供租户服务时，可以使用 Flat 虚拟化网络，实现虚拟机内外网互联。根据图 4-21 所示的网络拓扑，在服务器 Flat 上，使用网络命名空间 vm1 模拟虚拟机 vm1、网络命名空间 vm2 模拟虚拟机 vm2、网络命名空间 vm3 模拟虚拟机 vm3，3 台虚拟机连接到 Linux Bridge 虚拟网桥上，虚拟网桥绑定到 ens192 网卡。项目经理要求王亮在服务器 Flat 上构建以上网络，实现 3 台虚拟机之间的网络互联、虚拟机与外网的网络互联。

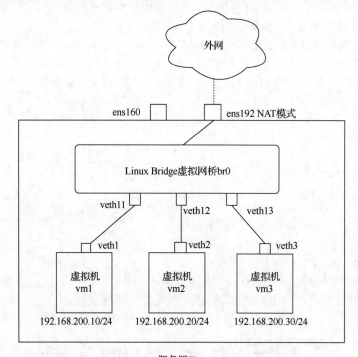

图 4-21　任务 4-2 网络拓扑

4.2.2 必备知识

1. Linux Bridge 虚拟网桥

Linux Bridge 是一种在 Linux 操作系统中实现的虚拟网桥技术，可使用内核 brigde.ko 模块实现 Linux 操作系统中的以太网桥功能，用于连接和转发网络数据包。它可以将多个网络接口（物理或虚拟）连接在一起，形成一个逻辑上的局域网，并提供基本的二层网络交换功能。

Linux Bridge 工作在数据链路层，通过学习和转发 MAC 地址来实现数据包的转发。它采用透明的方式工作，不需要对连接到网桥上的设备进行任何特殊配置，就像连接到物理交换机一样。

Linux Bridge 的主要特点和功能如下。

（1）虚拟化

Linux Bridge 可以连接不同虚拟机之间的虚拟网络接口，实现虚拟机之间的通信和互联。

（2）广播域隔离

创建多个虚拟网桥，可以将不同的网络接口隔离到不同的广播域中，实现逻辑上的网络隔离。

（3）网络扩展

Linux Bridge 支持添加更多的网络接口到网桥上，以扩展网络规模。

(4) STP 支持

Linux Bridge 支持生成树协议(Spanning Tree Protocol，STP)，用于避免网络环路，提高网络稳定性。

(5) VLAN 支持

Linux Bridge 可以配置 VLAN 接口，实现不同 VLAN 之间的隔离和通信。

(6) 网桥监控

Linux Bridge 提供监控和管理网桥的工具，可以查看网桥状态、端口信息等。

2. Flat 网络

在计算机网络中，Flat(扁平)网络指没有分层结构的网络，所有设备都处于同一层级。具体来说，Flat 网络具有以下特点。

① 所有设备都可以直接相互通信，无须通过任何中间设备。

② 所有设备都有唯一的 IP 地址，这些地址可以通过简单的子网掩码进行划分。

③ 所有设备都可以与任何其他设备直接通信，网络中没有任何障碍或限制。

④ Flat 网络通常用于小型局域网或测试环境，因为它们可以提供简单、快速和低成本的网络连接方式。但在大型企业网络环境中，使用 Flat 网络会面临网络管理和安全性方面的挑战。

由于 Flat 网络中的所有设备都处于同一层级，因此较难对网络流量进行管理和监控。此外，由于所有设备都可以直接通信，因此安全风险会增加。在大型企业网络中，通常采用分层结构对不同层级的设备实施不同的访问控制策略。

4.2.3 运维 Linux Bridge 虚拟网桥

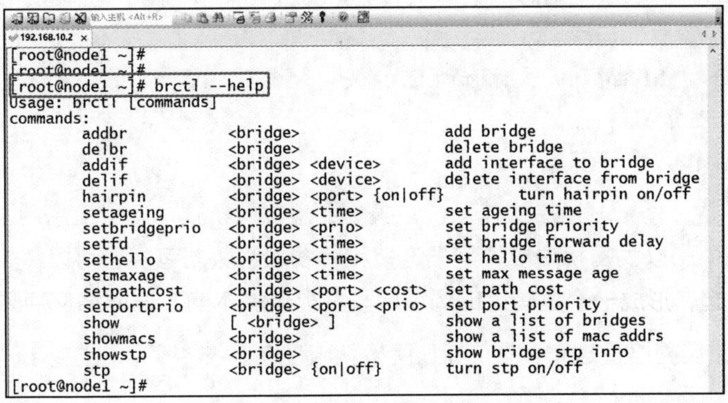

微课

V4-3 运维 Linux Bridge 虚拟网桥

1. 创建及管理 Linux Bridge

使用 brctl 命令运维 Linux Bridge，包括进行创建、查看、删除网桥，在网桥上添加、删除网卡等操作。使用 brctl –help 命令可以查看运维网桥的命令，如图 4-22 所示。

```
[root@node1 ~]#
[root@node1 ~]#
[root@node1 ~]# brctl --help
Usage: brctl [commands]
commands:
        addbr           <bridge>                add bridge
        delbr           <bridge>                delete bridge
        addif           <bridge> <device>       add interface to bridge
        delif           <bridge> <device>       delete interface from bridge
        hairpin         <bridge> <port> {on|off}        turn hairpin on/off
        setageing       <bridge> <time>         set ageing time
        setbridgeprio   <bridge> <prio>         set bridge priority
        setfd           <bridge> <time>         set bridge forward delay
        sethello        <bridge> <time>         set hello time
        setmaxage       <bridge> <time>         set max message age
        setpathcost     <bridge> <port> <cost>  set path cost
        setportprio     <bridge> <port> <prio>  set port priority
        show            [ <bridge> ]            show a list of bridges
        showmacs        <bridge>                show a list of mac addrs
        showstp         <bridge>                show bridge stp info
        stp             <bridge> {on|off}       turn stp on/off
[root@node1 ~]#
```

图 4-22 查看运维网桥的命令

(1) 创建虚拟网桥

在系统中创建虚拟网桥的命令如下。

```
[root@node1 ~]# brctl addbr br0
```

(2) 查看虚拟网桥

查看虚拟网桥的命令如下。

```
[root@node1 ~]# brctl show
```

结果如图 4-23 所示，可以看到添加的名称为 br0 的网桥。

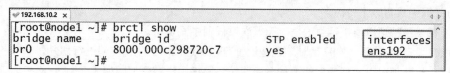

图 4-23　查看虚拟网桥

（3）添加网卡到网桥上

将 ens192 网卡添加到网桥上的命令如下。

```
[root@node1 ~]# brctl addif br0 ens192
```

配置完成后查看网桥，结果如图 4-24 所示，在 interfaces 字段中显示了 ens192 网卡。

图 4-24　添加网卡到网桥上

（4）删除网络接口

将网桥上的 ens192 接口删除的命令如下。

```
[root@node1 ~]# brctl delif br0 ens192
```

查看网桥，可以发现 ens192 接口已经被删除了。

（5）删除网桥

首先，将网桥的模式设置成 DOWN。

```
[root@node1 ~]# ip link set br0 down
```

其次，删除网桥，命令如下。

```
[root@node1 ~]# brctl delbr br0
```

2. Linux Bridge 网桥持久化配置

使用命令创建的网桥在系统重启后会消失，创建持久化网桥 br0 的步骤如下。

（1）进入网卡配置文件目录

```
[root@node4 ~]# cd /etc/sysconfig/network-scripts/
```

（2）创建 ifcfg-br0 文件

在创建的文件中输入以下配置。

```
TYPE=Bridge
NAME=br0
DEVICE=br0
ONBOOT=yes
```

配置完成后，重启网络管理和配置，br0 网桥就出现在系统中了，其在系统重启后也不会消失。

（3）添加网卡到网桥上

在原有网卡配置文件内容的基础上，在最后增加一行 BRIDGE=br0，重启网络管理和配置后，就可以通过配置文件的方式添加网卡到网桥上了。

4.2.4　使用虚拟网桥构建 Flat 网络

1. 创建 Flat 服务器

使用 CentOS8.ova 模板机创建一台名称为 Flat 的服务器。服务器的第一块网卡连接到 VMnet1 上，服务器的第 2 块网卡连接到 VMnet8 上，使用 NAT 模式，网络地址规划如表 4-1 所示。

微课

V4-4　使用虚拟网桥构建 Flat 网络

表 4-1 网络地址规划

网卡名称	连接到的虚拟交换机	IP 地址	网络模式	NAT 网关
ens160	VMnet1	192.168.10.2/24	仅主机	
ens192	VMnet8	不启动	NAT	192.168.200.2

按照表 4-1 创建 Flat 服务器，登录该服务器后，查看其初始状态，如图 4-25 所示。

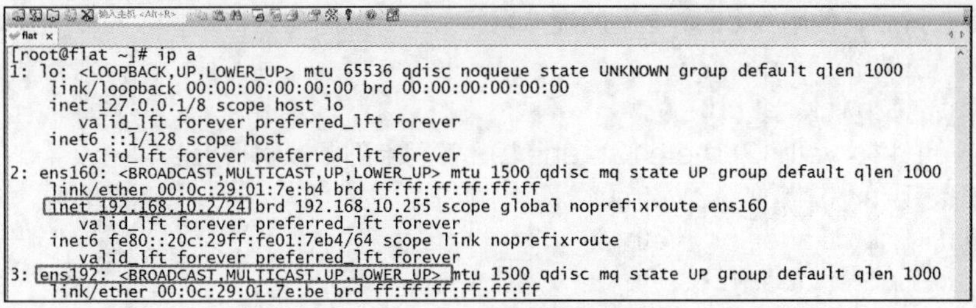

```
[root@flat ~]# ip a
1: lo: <LOOPBACK,UP,LOWER_UP> mtu 65536 qdisc noqueue state UNKNOWN group default qlen 1000
    link/loopback 00:00:00:00:00:00 brd 00:00:00:00:00:00
    inet 127.0.0.1/8 scope host lo
       valid_lft forever preferred_lft forever
    inet6 ::1/128 scope host
       valid_lft forever preferred_lft forever
2: ens160: <BROADCAST,MULTICAST,UP,LOWER_UP> mtu 1500 qdisc mq state UP group default qlen 1000
    link/ether 00:0c:29:01:7e:b4 brd ff:ff:ff:ff:ff:ff
    inet 192.168.10.2/24 brd 192.168.10.255 scope global noprefixroute ens160
       valid_lft forever preferred_lft forever
    inet6 fe80::20c:29ff:fe01:7eb4/64 scope link noprefixroute
       valid_lft forever preferred_lft forever
3: ens192: <BROADCAST,MULTICAST,UP,LOWER_UP> mtu 1500 qdisc mq state UP group default qlen 1000
    link/ether 00:0c:29:01:7e:be brd ff:ff:ff:ff:ff:ff
```

图 4-25 Flat 服务器初始状态

其中，ens160 网卡用来登录、管理主机，ens192 网卡用来连接外网。

2. 构建 Flat 虚拟化网络

（1）创建 3 台虚拟机

在系统中创建 3 个网络命名空间，名称分别为 vm1、vm2、vm3，命令如下。

```
[root@flat ~]# ip netns add vm1          #创建网络命名空间 vm1
[root@flat ~]# ip netns add vm2          #创建网络命名空间 vm2
[root@flat ~]# ip netns add vm3          #创建网络命名空间 vm3
```

（2）添加 veth 虚拟网卡并配置 IP 地址

① 添加 veth 虚拟网卡。

在根空间中添加 3 对虚拟网卡，分别是 veth1 和 veth11、veth2 和 veth12、veth3 和 veth13，命令如下。

```
[root@flat ~]# ip link add veth1 type veth peer name veth11
[root@flat ~]# ip link add veth2 type veth peer name veth12
[root@flat ~]# ip link add veth3 type veth peer name veth13
```

② 移动 veth 虚拟网卡到指定的网络命名空间下。

将 veth1 移动到 vm1 网络命名空间下，将 veth2 移动到 vm2 网络命名空间下，将 veth3 移动到 vm3 网络命名空间下，命令如下。

```
[root@flat ~]# ip link set veth1 netns vm1          #将 veth1 移动到 vm1 网络命名空间中
[root@flat ~]# ip link set veth2 netns vm2          #将 veth2 移动到 vm2 网络命名空间中
[root@flat ~]# ip link set veth3 netns vm3          #将 veth3 移动到 vm3 网络命名空间中
```

③ 启动虚拟网卡，并配置其 IP 地址。

配置 veth1 虚拟网卡 IP 地址和子网掩码为 192.168.200.10/24，配置 veth2 虚拟网卡 IP 地址和子网掩码为 192.168.200.20/24，配置 veth3 虚拟网卡 IP 地址和子网掩码为 192.168.200.30/24，命令如下。

```
[root@flat ~]# ip netns exec vm1 ip addr add 192.168.200.10/24 dev veth1
[root@flat ~]# ip netns exec vm2 ip addr add 192.168.200.20/24 dev veth2
[root@flat ~]# ip netns exec vm3 ip addr add 192.168.200.30/24 dev veth3
```

配置 IP 地址后，启动 6 块虚拟网卡，命令如下。

```
[root@flat ~]# ip netns exec vm1 ip link set veth1 up
```

```
[root@flat ~]# ip netns exec vm2 ip link set veth2 up
[root@flat ~]# ip netns exec vm3 ip link set veth3 up
[root@flat ~]# ip link set veth11 up
[root@flat ~]# ip link set veth12 up
[root@flat ~]# ip link set veth13 up
```

（3）添加 Linux Bridge 虚拟网桥并绑定 veth11、veth12、veth13

① 添加虚拟网桥。

安装网桥工具后，使用 brctl 命令添加虚拟网桥 br0，并启动虚拟网桥，命令如下。

```
[root@flat ~]# brctl addbr br0
[root@flat ~]# ip link set br0 up
```

② 绑定 veth11、veth12、veth13、ens192 各网卡到虚拟网桥上。

```
[root@flat ~]# brctl addif br0 veth11
[root@flat ~]# brctl addif br0 veth12
[root@flat ~]# brctl addif br0 veth13
[root@flat ~]# brctl addif br0 ens192
```

绑定完成后，查看虚拟网桥绑定的接口，如图 4-26 所示。

图 4-26　查看虚拟网桥绑定的接口

3. 测试虚拟机的内外网互联

（1）测试虚拟机之间的联通性

Flat 网络构建完成之后，在虚拟机 vm1 上测试其与虚拟机 vm2、虚拟机 vm3 的联通性。首先查看虚拟机 vm1 的 IP 地址，如图 4-27 所示。

```
192.168.10.2  ×
[root@flat ~]# ip netns exec vm1 ip a
1: lo: <LOOPBACK> mtu 65536 qdisc noop state DOWN group default qlen 1000
    link/loopback 00:00:00:00:00:00 brd 00:00:00:00:00:00
5: veth1@if4: <BROADCAST,MULTICAST,UP,LOWER_UP> mtu 1500 qdisc noqueue state UP group default qlen 1000
    link/ether 66:05:e3:18:17:19 brd ff:ff:ff:ff:ff:ff link-netnsid 0
    inet 192.168.200.10/24 scope global veth1
       valid_lft forever preferred_lft forever
    inet6 fe80::6405:e3ff:fe18:1719/64 scope link
       valid_lft forever preferred_lft forever
```

图 4-27　查看虚拟机 vm1 的 IP 地址

在虚拟机 vm1 上测试其与虚拟机 vm2 的联通性，结果如图 4-28 所示。

```
192.168.10.2  ×
[root@flat ~]# ip netns exec vm1 ping 192.168.200.20
PING 192.168.200.20 (192.168.200.20) 56(84) bytes of data.
64 bytes from 192.168.200.20: icmp_seq=1 ttl=64 time=0.129 ms
64 bytes from 192.168.200.20: icmp_seq=2 ttl=64 time=0.085 ms
64 bytes from 192.168.200.20: icmp_seq=3 ttl=64 time=0.085 ms
64 bytes from 192.168.200.20: icmp_seq=4 ttl=64 time=0.091 ms
```

图 4-28　测试虚拟机 vm1 与虚拟机 vm2 的联通性

从图中可以看出，两台虚拟机连接到同一台虚拟交换机 br0 上，能够直接通信。在虚拟机 vm1 上测试其与虚拟机 vm3 之间的联通性，同样是可以正常通信的，如图 4-29 所示。

```
192.168.10.2  ×
[root@flat ~]# ip netns exec vm1 ping 192.168.200.30
PING 192.168.200.30 (192.168.200.30) 56(84) bytes of data.
64 bytes from 192.168.200.30: icmp_seq=1 ttl=64 time=0.035 ms
64 bytes from 192.168.200.30: icmp_seq=2 ttl=64 time=0.086 ms
64 bytes from 192.168.200.30: icmp_seq=3 ttl=64 time=0.084 ms
64 bytes from 192.168.200.30: icmp_seq=4 ttl=64 time=0.085 ms
64 bytes from 192.168.200.30: icmp_seq=5 ttl=64 time=0.083 ms
```

图 4-29　测试虚拟机 vm1 与虚拟机 vm3 的联通性

（2）测试虚拟机与外网的联通性

在虚拟机 vm1 上测试与外网主机 8.8.8.8 的联通性，发现是无法通信的，如图 4-30 所示。

```
192.168.10.2  ×
[root@flat ~]# ip netns exec vm1 ping 8.8.8.8
connect: 网络不可达
[root@flat ~]#
```

图 4-30　测试虚拟机 vm1 与外网的联通性

虚拟机 vm1 与外网无法正常通信的原因是没有配置网关，在 VMnet8 虚拟交换机的"NAT 设置"中，配置网关为 192.168.200.2，如图 4-31 所示。

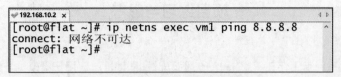

图 4-31　配置网关

因为 ens192 网卡连接到 VMnet8 虚拟交换机，虚拟机和 ens192 网卡处于同一 Flat 网络，所以将虚拟机的网关也配置为 192.168.200.2，命令如下。

```
[root@flat ~]# ip netns exec vm1 route add default gw 192.168.200.2
```

在虚拟机 vm1 下查看路由表，如图 4-32 所示，从中可以发现已经正确配置了默认路由。

```
192.168.10.2  ×
[root@flat ~]# ip netns exec vm1 route -n
Kernel IP routing table
Destination     Gateway         Genmask         Flags Metric Ref    Use Iface
0.0.0.0         192.168.200.2   0.0.0.0         UG    0      0        0 veth1
192.168.200.0   0.0.0.0         255.255.255.0   U     0      0        0 veth1
[root@flat ~]#
```

图 4-32　虚拟机 vm1 的默认路由

在虚拟机 vm1 上测试与外网主机的联通性，如图 4-33 所示。

```
192.168.10.2  ×
[root@flat ~]# ip netns exec vm1 ping 8.8.8.8
PING 8.8.8.8 (8.8.8.8) 56(84) bytes of data.
64 bytes from 8.8.8.8: icmp_seq=1 ttl=128 time=67.6 ms
64 bytes from 8.8.8.8: icmp_seq=2 ttl=128 time=67.0 ms
64 bytes from 8.8.8.8: icmp_seq=3 ttl=128 time=67.0 ms
64 bytes from 8.8.8.8: icmp_seq=4 ttl=128 time=66.5 ms
```

图 4-33　再次测试虚拟机 vm1 与外网的联通性

从图中可以看出，通过配置虚拟机 vm1 的网关（默认路由），虚拟机 vm1 已经能够访问外网了。同理，可以为虚拟机 vm2 和虚拟机 vm3 配置网关，以实现与外网的互联。

项目小结

tap/tun 与 veth 虚拟网卡、网络命名空间、Linux Bridge 虚拟网桥是网络虚拟化的基础组件。任务 4-1 学习了 tap/tun 与 veth 虚拟网卡的特点及应用场景，使用网络命名空间和 veth 虚拟网卡构建了虚拟化的双机互联网络；在任务 4-2 中，使用 Linux Bridge 虚拟网桥、网络命名空间和 veth 构建了 Flat 网络，实现了内网虚拟机之间的网络互联，通过配置默认路由，实现了虚拟机访问外网。

项目练习与思考

1. 选择题

（1）tap 虚拟网卡工作在（　　），一般不配置 IP 地址，应用在虚拟机与外部互联上。

  A. 物理层　　　　　B. 数据链路层　　　　　C. 网络层　　　　　D. 应用层

（2）tun 虚拟网卡工作在（　　），一般要配置 IP 地址，用来建立虚拟网络隧道。

  A. 数据链路层　　B. 网络层　　　　　　C. 传输层　　　　　D. 应用层

（3）veth 虚拟网卡是（　　）出现的，主要用于不同网络命名空间的网络设备的互联。

  A. 单个　　　　　B. 成对　　　　　　C. 3个　　　　　　D. 4个

（4）网络命名空间可以配置（　　）网络，以提升网络的扩展性。

  A. 重叠　　　　　B. Flat　　　　　　C. VLAN　　　　　D. VXLAN

（5）连接到同一个 Flat 网络中的主机处于同一层级，适合应用于（　　）。

  A. 小型网络　　　B. 中型网络　　　　C. 大型网络　　　　D. 超大型网络

2. 填空题

（1）tap/tun 虚拟网卡与宿主机之间的通信使用_____操作。

（2）veth 虚拟网卡可以连接不同的_____。

（3）可以使用_____命令管理虚拟网桥。

（4）虚拟网桥不仅可以绑定虚拟网卡，还可以绑定_____网卡。

（5）不同的网络命名空间的网络设备和配置是_____。

3. 简答题

（1）简述 tap/tun 虚拟网卡与宿主机和外网通信的过程。

（2）简述 Flat 虚拟化网络的特点。

项目 **5**

构建企业级虚拟化网络

项目描述

    当云网络租户不断增加时，Flat网络已经不能够满足需求，需要使用先进的技术承载大量虚拟机和容器的网络流量。公司决定采用VLAN和VXLAN虚拟化网络技术，构建企业级虚拟化网络。为了提供高可靠性服务，公司在总部和分部分别建立了数据中心，项目经理要求王亮构建单数据中心跨宿主机虚拟化网络和跨数据中心的大二层VXLAN虚拟化网络。

    项目5思维导图如图5-1所示。

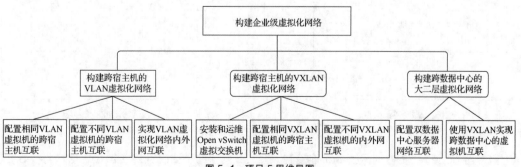

图 5-1　项目 5 思维导图

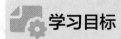

任务 5-1　构建跨宿主机的 VLAN 虚拟化网络

学习目标

知识目标
- 掌握跨宿主机虚拟化网络的常用技术。
- 掌握虚拟路由器的构建与配置方法。

技能目标
- 能够配置跨宿主机的 VLAN 通信。
- 能够使用虚拟路由器实现跨宿主机的虚拟机内外网通信。

素养目标
- 学习跨宿主机网络技术，培养解决复杂问题的能力。
- 学习 VXLAN 网络，培养运维过程中沉着冷静、勇于创新的品质。

5.1.1　任务描述

随着云租户的不断增加，Flat 网络已经不能满足业务需求，公司决定采用 VLAN 网络虚拟化技术实现不同租户之间的网络隔离。根据图 5-2 所示的网络拓扑，在服务器 node1 和服务器 node2 上，有 vm1、vm2、vm3、vm4 这 4 台虚拟机，其中服务器 node1 上的虚拟机 vm1 连接到虚拟网桥 br1、虚拟机 vm2 连接到虚拟网桥 br2，服务器 node2 上的虚拟机 vm3 连接到虚拟网桥 br3、虚拟机 vm4 连接到虚拟网桥 br4。

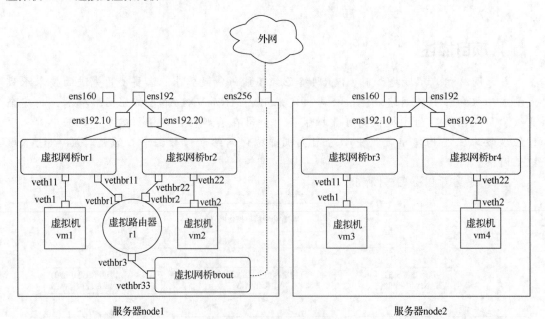

图 5-2　任务 5-1 网络拓扑

服务器 node1 上的虚拟网桥 br1 连接到 ens192 网卡的子接口 ens192.10、虚拟网桥 br2 连接到 ens192 网卡的子接口 ens192.20，服务器 node2 的虚拟网桥 br3 连接到 ens192 网卡的子接口 ens192.10、虚拟网桥 br4 连接到 ens192 网卡的子接口 ens192.20。

虚拟机跨服务器的流量通过 ens192 网卡转发,与外网通信时,首先访问服务器 node1 上的虚拟路由器 r1,虚拟路由器 r1 通过虚拟网桥 brout 连接到 ens256 接口,实现虚拟机与外网的互联。

项目经理要求王亮在服务器 node1 和 node2 上构建以上网络,部署跨宿主机的 VLAN 虚拟化网络。

5.1.2 必备知识

1. 跨宿主机虚拟化网络

在虚拟化环境中,多台虚拟机或多个容器可能运行在不同的宿主机上,它们需要相互通信和交换数据。跨宿主机虚拟化网络解决了这一需求,使虚拟机或者容器能够在不同宿主机之间实现网络互联。

跨宿主机的虚拟化网络可以通过不同的技术来实现,主要包括以下几种。

① VLAN:使用 VLAN 技术将跨宿主机的虚拟机划分到不同的逻辑网络中,实现隔离和通信。

② 虚拟扩展局域网(Virtual Extensible LAN,VXLAN):使用封装技术将虚拟机数据包封装在 UDP 数据包中,通过物理网络传输,在目标宿主机上解封装并将数据包传递给相应的虚拟机。

③ 通用路由封装(Generic Routing Encapsulation,GRE):使用 GRE 技术将虚拟机数据包封装在 GRE 报文中,在不同宿主机之间进行路由转发。

跨宿主机虚拟化网络具有灵活性和可扩展性,使虚拟化实例能够在不同的宿主机之间进行迁移、负载均衡和故障恢复。它还可以提供网络隔离、安全性和性能优化等功能,为分布式应用和云计算环境提供了高效的网络通信解决方案。

2. 网卡物理子接口

网卡物理子接口(Physical Subinterface)是指在物理网卡上创建的逻辑接口,用于在单块物理网卡上实现多个逻辑网络接口。创建物理子接口,可将一块物理网卡划分为多个独立的逻辑接口,每个接口都有自己的 IP 地址、子网掩码和其他网络配置参数。其通常有以下几种用途。

(1)虚拟化环境

在虚拟化环境中,物理网卡可以被划分为多个物理子接口,每个子接口都可以分配给不同的虚拟机或容器实例,从而实现虚拟机之间的隔离和独立网络的连接。

(2)网络分割

创建物理子接口,可以将物理网卡划分为多个逻辑网络接口,每个接口都连接到不同的网络,实现网络分割和隔离。这对于构建复杂网络拓扑和实现安全策略非常有用。

(3)带宽管理

将物理网卡划分为多个物理子接口,可以对每个子接口设置带宽限制和优先级,实现对网络流量的精细控制和管理。

在操作系统中,可以使用特定的命令或工具来创建和配置网卡物理子接口。具体的方式和命令可能会因操作系统和网络设备型号而有所不同。在 Linux 操作系统中,可以使用命令(如 ifconfig 或 ip)来创建和配置网卡物理子接口。在 Windows 操作系统中,可以使用图形界面或命令行工具来配置网卡物理子接口。

5.1.3 配置相同 VLAN 虚拟机的跨宿主机互联

1. 配置服务器网络环境

使用 CentOS8.ova 模板机创建名称为 node1、node2 的服务器,两台服务器的网卡及 IP 地址配置如表 5-1 所示。

微课

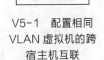

V5-1 配置相同 VLAN 虚拟机的跨宿主机互联

表 5-1   两台服务器的网卡及 IP 地址配置

服务器名称	网卡名称	连接到的网络	网络模式	IP 地址
node1	ens160	VMnet1	仅主机	192.168.10.2
	ens192	VMnet4	自定义网络	不配置 IP 地址
	ens256	VMnet8	NAT	不配置 IP 地址
node2	ens160	VMnet1	仅主机	192.168.10.3
	ens192	VMnet4	自定义网络	不配置 IP 地址

其中，服务器 node1 和服务器 node2 的 ens160 网卡用于登录管理服务器，ens192 网卡用于跨宿主机之间的网络通信，服务器 node1 的 ens256 网卡用于内网与外网互联。也就是说，服务器 node2 的虚拟机访问外网也要通过服务器 node1 的 ens256 网卡。配置完成后，查看服务器 node1 的网卡和 IP 地址配置，如图 5-3 所示。

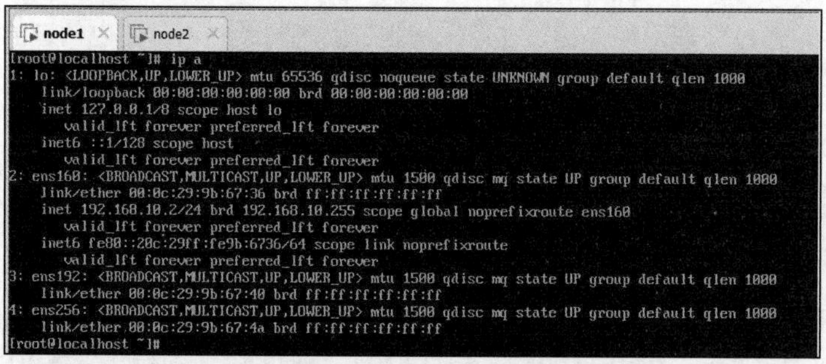

图 5-3   服务器 node1 的网卡和 IP 地址配置

查看服务器 node2 的网卡和 IP 地址配置，如图 5-4 所示。

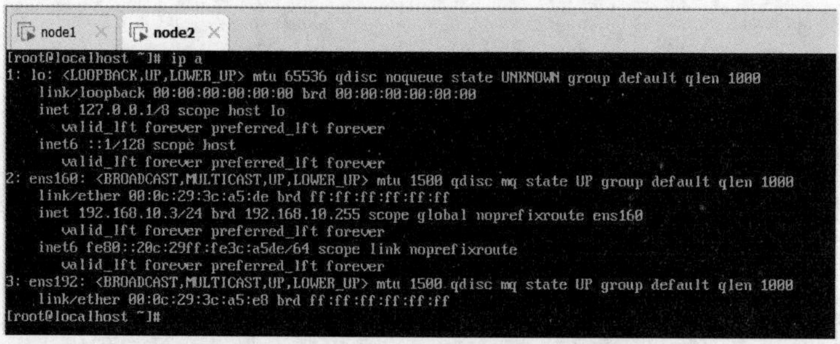

图 5-4   服务器 node2 的网卡和 IP 地址配置

2. 配置虚拟机 vm1 与 vm3、vm2 与 vm4 的跨宿主机通信

（1）创建 ens192 网卡的子接口

在服务器 node1 和服务器 node2 上创建 ens192 网卡的两个子接口：用于虚拟机 vm1 和虚拟机 vm3 之间通信的 VLAN10 子接口，名称为 ifcfg-ens192.10；用于虚拟机 vm2 和虚拟机 vm4 之间通信的 VLAN20 子接口，名称为 ifcfg-ens192.20。具体步骤如下。

在服务器 node1 和服务器 node2 上，进入网卡配置文件目录/etc/sysconfig/network-scripts/，在目录下创建文件 ifcfg-ens192.10，在文件中输入以下内容。

```
VLAN=yes                        #开启 VLAN 配置
TYPE=VLAN                       #接口类型是 VLAN
PHYSDEV=ens192                  #指明是 ens192 网卡的子接口
```

```
VLAN_ID=10                    #指明经过这个接口的数据 VLAN ID 是 10
NAME=ens192.10               #网卡的名称
DEVICE=ens192.10             #设备的名称
ONBOOT=yes                   #设置开机自启动
```

这块网卡用来连接虚拟网桥 br1，为虚拟机 vm1 提供 VLAN 通信服务。同理，建立 ifcfg-ens192.20，在文件中输入以下内容。

```
VLAN=yes                     #开启 VLAN 配置
TYPE=VLAN                    #接口类型是 VLAN
PHYSDEV=ens192              #指明是 ens192 网卡的子接口
VLAN_ID=20                   #指明经过这个接口的数据 VLAN ID 是 20
NAME=ens192.20              #网卡的名称
DEVICE=ens192.20            #设备的名称
ONBOOT=yes                   #设置开机自启动
```

配置完成后，在两台服务器上重启网络管理程序和配置，发现在这两台服务器上都增加了两块虚拟网卡，分别是 ens192.10 和 ens192.20。

服务器 node1 新增 ens192 的网卡子接口，如图 5-5 所示。

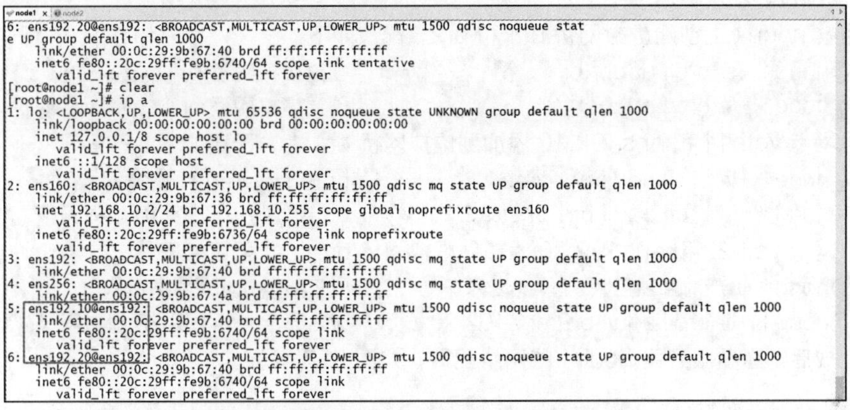

图 5-5　服务器 node1 新增 ens192 的网卡子接口

服务器 node2 新增 ens192 的网卡子接口，如图 5-6 所示。

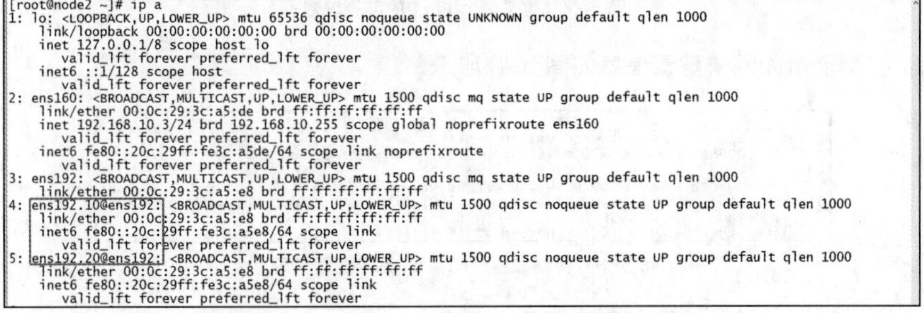

图 5-6　服务器 node2 新增 ens192 的网卡子接口

当某个网桥连接到 ens192.10 和 ens192.20 接口后，经过 ens192.10 接口的不带有 VLAN 标签的数据就会打上 VLAN10 的标签，带有 VLAN10 标签的数据会去掉标签。经过 ens192.20 接口的不带有 VLAN 标签的数据就会打上 VLAN20 的标签，带有 VLAN20 标签的数据会去掉标签。这和物理网络中的操作是一致的。

（2）服务器 node1 创建网络命名空间、虚拟网卡、网桥

① 创建网络命名空间。

在服务器 node1 上创建网络命名空间 vm1 和 vm2，配置如下。

```
[root@node1 ~]# ip netns add vm1                    #创建网络命名空间 vm1
[root@node1 ~]# ip netns add vm2                    #创建网络命名空间 vm2
```

② 创建虚拟网卡。

首先，在服务器 node1 上创建连接虚拟机 vm1 和虚拟网桥 br1 的成对虚拟网卡 veth1 和 veth11，配置如下。

```
[root@node1 ~]# ip link add veth1 type veth peer name veth11      #创建成对虚拟网卡
```

其次，创建连接虚拟机 vm2 和虚拟网桥 br2 的成对网卡 veth2 和 veth22，配置如下。

```
[root@node1 ~]# ip link add veth2 type veth peer name veth22      #创建成对虚拟网卡
```

最后，将 veth1 移动到 vm1 网络命名空间下，模拟虚拟机 vm1；将 veth2 移动到 vm2 网络命名空间下，模拟虚拟机 vm2，配置如下。

```
[root@node1 ~]# ip link set veth1 netns vm1      #移动 veth1 虚拟网卡到 vm1 网络命名空间下
[root@node1 ~]# ip link set veth2 netns vm2      #移动 veth2 虚拟网卡到 vm2 网络命名空间下
```

③ 创建网桥，连接虚拟网卡。

在服务器 node1 上创建虚拟网桥 br1 和 br2，配置如下。

```
[root@node1 ~]# brctl addbr br1                  #创建虚拟网桥 br1
[root@node1 ~]# brctl addbr br2                  #创建虚拟网桥 br2
```

将虚拟网卡 veth11 和 ens192.10 添加到虚拟网桥 br1 上，配置如下。

```
[root@node1 ~]# brctl addif br1 veth11           #br1 绑定 veth11 虚拟网卡
[root@node1 ~]# brctl addif br1 ens192.10        #br1 绑定 ens192.10 虚拟网卡
```

将虚拟网卡 veth22 和 ens192.20 添加到虚拟网桥 br2 上，配置如下。

```
[root@node1 ~]# brctl addif br2 veth22           #br2 绑定 veth22 虚拟网卡
[root@node1 ~]# brctl addif br2 ens192.20        #br2 绑定 ens192.20 虚拟网卡
```

配置完成后，查看服务器 node1 的网桥配置，如图 5-7 所示。

```
[root@node1 ~]# brctl show
bridge name     bridge id               STP enabled     interfaces
br1             8000.000c299b6740       no              ens192.10
                                                        veth11
br2             8000.000c299b6740       no              ens192.20
                                                        veth22
```

图 5-7 服务器 node1 的网桥配置

网络命名空间 vm1 网卡配置信息如图 5-8 所示。

```
[root@node1 ~]# ip netns exec vm1 ip link
1: lo: <LOOPBACK> mtu 65536 qdisc noop state DOWN mode DEFAULT group default ql
en 1000
    link/loopback 00:00:00:00:00:00 brd 00:00:00:00:00:00
8: veth1@if7: <BROADCAST,MULTICAST> mtu 1500 qdisc noop state DOWN mode DEFAULT
 group default qlen 1000
    link/ether 8e:9b:20:0c:8e:bb brd ff:ff:ff:ff:ff:ff link-netnsid 0
```

图 5-8 网络命名空间 vm1 网卡配置信息

网络命名空间 vm2 网卡配置信息如图 5-9 所示。

```
[root@node1 ~]# ip netns exec vm2 ip link
1: lo: <LOOPBACK> mtu 65536 qdisc noop state DOWN mode DEFAULT group default q
len 1000
    link/loopback 00:00:00:00:00:00 brd 00:00:00:00:00:00
10: veth2@if9: <BROADCAST,MULTICAST> mtu 1500 qdisc noop state DOWN mode DEFAU
LT group default qlen 1000
    link/ether 16:0d:81:33:1f:55 brd ff:ff:ff:ff:ff:ff link-netnsid 0
```

图 5-9 网络命名空间 vm2 网卡配置信息

（3）服务器 node2 创建网络命名空间、虚拟网卡、网桥

① 创建网络命名空间。

在服务器 node2 上创建网络命名空间 vm3 和 vm4，配置如下。

```
[root@node2 ~]# ip netns add vm3            #创建网络命名空间 vm3
[root@node2 ~]# ip netns add vm4            #创建网络命名空间 vm4
```

② 创建虚拟网卡。

首先，在服务器 node2 上创建连接虚拟机 vm3 和虚拟网桥 br1 的成对虚拟网卡 veth1 和 veth11，配置如下。

```
[root@node2 ~]# ip link add veth1 type veth peer name veth11   #创建成对 veth 虚拟网卡
```

其次，创建连接虚拟机 vm2 和虚拟网桥 br2 的成对虚拟网卡 veth2 和 veth22，配置如下。

```
[root@node2 ~]# ip link add veth2 type veth peer name veth22   #创建成对 veth 虚拟网卡
```

最后，将 veth1 移动到网络命名空间 vm3 下，模拟虚拟机 vm3；将 veth2 移动到网络命名空间 vm4 下，模拟虚拟机 vm4，配置如下。

```
[root@node2 ~]# ip link set veth1 netns vm3   #将 veth1 虚拟网卡移动到 vm3 网络命名空间下
[root@node2 ~]# ip link set veth2 netns vm4   #将 veth2 虚拟网卡移动到 vm4 网络命名空间下
```

③ 创建网桥，连接虚拟网卡。

在服务器 node2 上创建虚拟网桥 br3 和 br4，配置如下。

```
[root@node2 ~]# brctl addbr br3                          #创建虚拟网桥 br3
[root@node2 ~]# brctl addbr br4                          #创建虚拟网桥 br4
```

将虚拟网卡 veth11 和 ens192.10 添加到虚拟网桥 br3 上，配置如下。

```
[root@node2 ~]# brctl addif br3 veth11                   #br3 绑定 veth11 虚拟网卡
[root@node2 ~]# brctl addif br3 ens192.10                #br3 绑定 ens192.10 虚拟网卡
```

将虚拟网卡 veth22 和 ens192.20 添加到虚拟网桥 br4 上，配置如下。

```
[root@node2 ~]# brctl addif br4 veth22                   #br4 绑定 veth22 虚拟网卡
[root@node2 ~]# brctl addif br4 ens192.20                # br4 绑定 ens192.20 虚拟网卡
```

配置完成后，查看服务器 node2 网桥配置信息，如图 5-10 所示。

```
[root@node2 ~]# brctl show
bridge name     bridge id               STP enabled     interfaces
br3             8000.000c293ca5e8       no              ens192.10
                                                        veth11
br4             8000.000c293ca5e8       no              ens192.20
                                                        veth22
```

图 5-10　服务器 node2 网桥配置信息

网络命名空间 vm3 网卡配置信息如图 5-11 所示。

```
[root@node2 ~]# ip netns exec vm3 ip link
1: lo: <LOOPBACK> mtu 65536 qdisc noop state DOWN mode DEFAULT group default ql
en 1000
    link/loopback 00:00:00:00:00:00 brd 00:00:00:00:00:00
7: veth1@if6: <BROADCAST,MULTICAST> mtu 1500 qdisc noop state DOWN mode DEFAULT
 group default qlen 1000
    link/ether 62:2e:57:fc:8c:dc brd ff:ff:ff:ff:ff:ff link-netnsid 0
```

图 5-11　网络命名空间 vm3 网卡配置信息

网络命名空间 vm4 网卡配置信息如图 5-12 所示。

```
[root@node2 ~]# ip netns exec vm4 ip link
1: lo: <LOOPBACK> mtu 65536 qdisc noop state DOWN mode DEFAULT group default ql
en 1000
    link/loopback 00:00:00:00:00:00 brd 00:00:00:00:00:00
9: veth2@if8: <BROADCAST,MULTICAST> mtu 1500 qdisc noop state DOWN mode DEFAULT
 group default qlen 1000
    link/ether 7a:39:66:17:96:da brd ff:ff:ff:ff:ff:ff link-netnsid 0
```

图 5-12　网络命名空间 vm4 网卡配置信息

（4）配置虚拟机 vm1、vm2、vm3、vm4 的 IP 地址

4 台虚拟机的 IP 地址规划如表 5-2 所示。

表 5-2　4 台虚拟机的 IP 地址规划

服务器名称	虚拟机名称	IP 地址	所在 VLAN	网关
node1	vm1	192.168.1.1/24	VLAN10	192.168.1.254
node1	vm2	192.168.2.1/24	VLAN20	192.168.2.254
node2	vm3	192.168.1.2/24	VLAN10	192.168.1.254
node2	vm4	192.168.2.2/24	VLAN20	192.168.2.254

在服务器 node1 上按照表 5-2 配置虚拟机 vm1 和 vm2 的 IP 地址，配置如下。

```
[root@node1 ~]# ip netns exec vm1 ip addr add 192.168.1.1/24 dev veth1   #配置 IP 地址
[root@node1 ~]# ip netns exec vm2 ip addr add 192.168.2.1/24 dev veth2   #配置 IP 地址
```

在服务器 node2 上按照表 5-2 配置虚拟机 vm3 和 vm4 的 IP 地址，配置如下。

```
[root@node2 ~]# ip netns exec vm3 ip addr add 192.168.1.2/24 dev veth1   #配置 IP 地址
[root@node2 ~]# ip netns exec vm4 ip addr add 192.168.2.2/24 dev veth2   #配置 IP 地址
```

（5）启动服务器 node1 和服务器 node2 上的网卡及网桥

将服务器 node1 上的网桥和网卡全部启动，配置如下。

```
[root@node1 ~]# ip link set br1 up                       #启动 br1
[root@node1 ~]# ip link set br2 up                       #启动 br2
[root@node1 ~]# ip link set veth11 up                    #启动 veth11
[root@node1 ~]# ip link set veth22 up                    #启动 veth22
[root@node1 ~]# ip netns exec vm1 ip link set veth1 up    #启动网络命名空间 vm1 下的 veth1
[root@node1 ~]# ip netns exec vm2 ip link set veth2 up    #启动网络命名空间 vm2 下的 veth2
```

将服务器 node2 上的网桥和网卡全部启动，配置如下。

```
[root@node2 ~]# ip link set br3 up                       #启动 br3
[root@node2 ~]# ip link set br4 up                       #启动 br4
[root@node2 ~]# ip link set veth11 up                    #启动 veth11
[root@node2 ~]# ip link set veth22 up                    #启动 veth22
[root@node2 ~]# ip netns exec vm3 ip link set veth1 up    #启动 veth1
[root@node2 ~]# ip netns exec vm4 ip link set veth2 up    #启动 veth2
```

3．测试跨宿主机的网络联通性

（1）测试服务器 node1 上的虚拟机 vm1 与服务器 node2 上的虚拟机 vm3 的联通性

① 使用 Tcpdump 在服务器 node1 和服务器 node2 的接口上抓包。

使用 Tcpdump 工具在服务器 node1 的 ens192 接口上抓取源主机是虚拟机 vm1 的流量，使用 -e 选项抓取数据链路层的数据流量，查看在数据流出时是否打上了 VLAN10 标签，配置如下。

```
[root@node1 ~]# tcpdump -t -e -i ens192 src host 192.168.1.1
```

使用 Tcpdump 工具在服务器 node2 的 veth11 接口上抓取源主机是虚拟机 vm1 的流量，同样使用 -e 选项抓取数据链路层的数据流量，查看虚拟机 vm1 的数据到达 veth11 接口后是否还带有 VLAN 标签，配置如下。

```
[root@node2 ~]# tcpdump -e -t -i veth11 src host 192.168.1.1
```

② 在服务器 node1 的虚拟机 vm1 上测试与服务器 node2 的虚拟机 vm3 的联通性。

在服务器 node1 上测试虚拟机 vm1 与虚拟机 vm3 的联通性，结果如图 5-13 所示。

图 5-13　测试虚拟机 vm1 与虚拟机 vm3 的联通性

从图中可以看出，服务器 node1 上的虚拟机 vm1 是能够与服务器 node2 上的虚拟机 vm3 正常通信的，实现了跨宿主机的 VLAN10 虚拟化网络。

③ 分析服务器 node1 的抓包数据。

在服务器 node1 上，ens192 接口抓包数据如图 5-14 所示。

图 5-14　服务器 node1 的 ens192 接口抓包数据

从图中可以发现，虚拟机 vm1 首先发送的是 ARP 请求，获取 192.168.1.2 的 MAC 地址，然后发送 ICMP 网络测试请求，数据打上 VLAN10 标签，说明 ens192.10 子接口的配置已经生效。

④ 分析服务器 node2 的抓包数据。

在服务器 node2 上，veth11 接口抓包数据如图 5-15 所示。

图 5-15　服务器 node2 的 veth11 接口抓包数据

从图中可以发现，veth11 接口收到了来自虚拟机 vm1 的 ARP 数据和 ICMP 请求数据，但已经不带有 VLAN10 标签了，说明数据在到达服务器 node2 的 ens192.10 接口时，已经去掉了 VLAN10 标签。

（2）测试服务器 node1 上的虚拟机 vm2 与服务器 node2 上的虚拟机 vm4 的联通性

① 使用 Tcpdump 在服务器 node1 和服务器 node2 接口上抓包。

使用 Tcpdump 工具在服务器 node1 的 ens192 接口抓取源主机是虚拟机 vm2 的流量，使用 -e 选项抓取数据链路层的数据流量，查看在数据流出时是否打上了 VLAN20 标签，配置如下。

```
[root@node1 ~]# tcpdump -t -e -i ens192 src host 192.168.1.2
```

② 在服务器 node1 的虚拟机 vm2 上测试与服务器 node2 的虚拟机 vm4 的联通性。

在服务器 node1 上测试虚拟机 vm2 与虚拟机 vm4 的联通性，结果如图 5-16 所示。

图 5-16　测试虚拟机 vm2 与虚拟机 vm4 的联通性

从图中可以发现，服务器 node1 上的虚拟机 vm2 是能够与服务器 node2 上的虚拟机 vm4 正常通信的，实现了跨宿主机的 VLAN20 虚拟化网络。

③ 分析服务器 node1 的抓包数据。

在服务器 node1 上，ens192 接口抓包数据如图 5-17 所示。

```
[root@node1 ~]# tcpdump -t -e -i ens192 src host 192.168.2.1
dropped privs to tcpdump
tcpdump: verbose output suppressed, use -v or -vv for full protocol decode
listening on ens192, link-type EN10MB (Ethernet), capture size 262144 bytes
16:0d:81:33:1f:55 (oui Unknown) > Broadcast, ethertype 802.1Q (0x8100), length 46: vlan 20, p 0, ethertype ARP, Reque
st who-has 192.168.2.2 tell 192.168.2.1, length 28
16:0d:81:33:1f:55 (oui Unknown) > 7a:39:66:17:96:da (oui Unknown), ethertype 802.1Q (0x8100), length 102: vlan 20, p
0, ethertype IPv4, 192.168.2.1 > 192.168.2.2: ICMP echo request, id 2744, seq 1, length 64
16:0d:81:33:1f:55 (oui Unknown) > 7a:39:66:17:96:da (oui Unknown), ethertype 802.1Q (0x8100), length 102: vlan 20, p
0, ethertype IPv4, 192.168.2.1 > 192.168.2.2: ICMP echo request, id 2744, seq 2, length 64
16:0d:81:33:1f:55 (oui Unknown) > 7a:39:66:17:96:da (oui Unknown), ethertype 802.1Q (0x8100), length 102: vlan 20, p
0, ethertype IPv4, 192.168.2.1 > 192.168.2.2: ICMP echo request, id 2744, seq 3, length 64
16:0d:81:33:1f:55 (oui Unknown) > 7a:39:66:17:96:da (oui Unknown), ethertype 802.1Q (0x8100), length 102: vlan 20, p
0, ethertype IPv4, 192.168.2.1 > 192.168.2.2: ICMP echo request, id 2744, seq 4, length 64
```

图 5-17 服务器 node1 的 ens192 接口抓包数据

从图中可以发现，虚拟机 vm1 首先发送的是 ARP 请求，获取 192.168.2.2 的 MAC 地址，然后发送 ICMP 网络测试请求，数据打上 VLAN20 标签，说明 ens192.20 子接口的配置已经生效。

④ 分析服务器 node2 的抓包数据。

在服务器 node2 上，veth22 接口抓包数据如图 5-18 所示。

```
dropped privs to tcpdump
tcpdump: verbose output suppressed, use -v or -vv for full protocol decode
listening on veth22, link-type EN10MB (Ethernet), capture size 262144 bytes
^C
0 packets captured
0 packets received by filter
0 packets dropped by kernel
[root@node2 ~]# clear
[root@node2 ~]# tcpdump -e -t -i veth22 src host 192.168.2.1
dropped privs to tcpdump
tcpdump: verbose output suppressed, use -v or -vv for full protocol decode
listening on veth22, link-type EN10MB (Ethernet), capture size 262144 bytes
16:0d:81:33:1f:55 (oui Unknown) > Broadcast, ethertype ARP (0x0806), length 56: Request who-has 192.168.2.2 tell 192.
168.2.1, length 42
16:0d:81:33:1f:55 (oui Unknown) > 7a:39:66:17:96:da (oui Unknown), ethertype IPv4 (0x0800), length 98: 192.168.2.1 >
192.168.2.2: ICMP echo request, id 2747, seq 1, length 64
16:0d:81:33:1f:55 (oui Unknown) > 7a:39:66:17:96:da (oui Unknown), ethertype IPv4 (0x0800), length 98: 192.168.2.1 >
192.168.2.2: ICMP echo request, id 2747, seq 2, length 64
16:0d:81:33:1f:55 (oui Unknown) > 7a:39:66:17:96:da (oui Unknown), ethertype IPv4 (0x0800), length 98: 192.168.2.1 >
192.168.2.2: ICMP echo request, id 2747, seq 3, length 64
16:0d:81:33:1f:55 (oui Unknown) > 7a:39:66:17:96:da (oui Unknown), ethertype IPv4 (0x0800), length 98: 192.168.2.1 >
192.168.2.2: ICMP echo request, id 2747, seq 4, length 64
16:0d:81:33:1f:55 (oui Unknown) > 7a:39:66:17:96:da (oui Unknown), ethertype ARP (0x0806), length 56: Reply 192.168.2
.1 is-at 16:0d:81:33:1f:55 (oui Unknown), length 42
```

图 5-18 服务器 node2 的 veth22 接口抓包数据

微课

V5-2 配置不同 VLAN 虚拟机的跨宿主机互联

从图中可以发现，veth22 接口收到了来自虚拟机 vm2 的 ARP 数据和 ICMP 请求数据，但已经不带有 VLAN20 标签了，说明数据在到达服务器 node2 的 ens192.20 接口时，已经去掉了 VLAN20 标签。

5.1.4 配置不同 VLAN 虚拟机的跨宿主机互联

1. 测试不同 VLAN 虚拟机之间的联通性

在服务器 node1 上测试虚拟机 vm1 与虚拟机 vm2 之间的联通性，如图 5-19 所示。

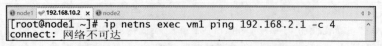

```
[root@node1 ~]# ip netns exec vm1 ping 192.168.2.1 -c 4
connect: 网络不可达
```

图 5-19 测试虚拟机 vm1 与虚拟机 vm2 的联通性

在服务器 node1 上测试虚拟机 vm1 与服务器 node2 上的虚拟机 vm4 的联通性，如图 5-20 所示。

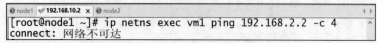

```
[root@node1 ~]# ip netns exec vm1 ping 192.168.2.2 -c 4
connect: 网络不可达
```

图 5-20 测试虚拟机 vm1 与虚拟机 vm4 的联通性

从图中可以发现，当虚拟机在不同的 VLAN 时，无论是同一主机上的 vm1 和 vm2，还是不同主机上的 vm1 和 vm4，都是无法通信的。

2. 创建虚拟路由器

为实现不同 VLAN 的虚拟机互联，需要在某台宿主机上创建虚拟路由器，为每台虚拟机提供路由转发服务。在虚拟化网络中，使用网络命名空间来实现虚拟路由器，为虚拟机或者容器提供路由服务。

（1）创建虚拟路由器和连接网卡

首先，在服务器 node1 上创建虚拟路由器 r1，配置如下。

```
[root@node1 ~]# ip netns add r1
```

其次，创建用于连接虚拟网桥 br1 与虚拟路由器的成对虚拟网卡，配置如下。

```
[root@node1 ~]# ip link add vethbr1 type veth peer name vethbr11    #添加成对虚拟网卡
[root@node1 ~]# ip link set vethbr11 up                              #启动 vethbr11
[root@node1 ~]# ip link add vethbr2 type veth peer name vethbr22    #添加成对虚拟网卡
[root@node1 ~]# ip link set vethbr22 up                              #启动 vethbr22
```

（2）连接虚拟网桥和虚拟路由器

```
[root@node1 ~]# brctl addif br1 vethbr11        #虚拟网桥 br1 绑定 vethbr11
[root@node1 ~]# brctl addif br2 vethbr22        #虚拟网桥 br2 绑定 vethbr22
[root@node1 ~]# ip link set vethbr1 netns r1    #将 vethbr1 移动到虚拟路由器 r1 下
[root@node1 ~]# ip link set vethbr2 netns r1    #将 vethbr2 移动到虚拟路由器 r1 下
```

（3）配置虚拟路由器 r1 的网卡地址

首先，在虚拟路由器 r1 下配置 vethbr1 和 vethbr2 的 IP 地址，分别作为 VLAN10 虚拟机的网关和 VLAN20 虚拟机的网关，配置如下。

```
[root@node1 ~]# ip netns exec r1 ip addr add 192.168.1.254/24 dev vethbr1
[root@node1 ~]# ip netns exec r1 ip addr add 192.168.2.254/24 dev vethbr2
```

其次，启动 vethbr1 和 vethbr2 两块虚拟网卡，配置如下。

```
[root@node1 ~]# ip netns exec r1 ip link set vethbr1 up
[root@node1 ~]# ip netns exec r1 ip link set vethbr2 up
```

配置完成后，查看虚拟路由器 r1 的路由表，如图 5-21 所示。

```
● node1 ×  ● node2
[root@node1 ~]# ip netns exec r1 route -n
Kernel IP routing table
Destination     Gateway         Genmask         Flags Metric Ref    Use Iface
192.168.1.0     0.0.0.0         255.255.255.0   U     0      0        0 vethbr1
192.168.2.0     0.0.0.0         255.255.255.0   U     0      0        0 vethbr2
```

图 5-21 虚拟路由器 r1 的路由表

从图中可以发现，虚拟路由器 r1 已经存在两条直连路由，去往 192.168.1.0/24 网络的出接口是 vethbr1，去往 192.168.2.0/24 网络的出接口是 vethbr2。

3. 再次测试不同 VLAN 虚拟机之间的联通性

（1）配置虚拟机的网关地址

为 VLAN10 网络虚拟机配置网关 192.168.1.254，为 VLAN20 网络虚拟机配置网关 192.168.2.254，配置如下。

首先，在服务器 node1 上配置虚拟机 vm1 和虚拟机 vm2 的网关，也就是默认路由。

```
[root@node1 ~]# ip netns exec vm1 route add default gw 192.168.1.254
[root@node1 ~]# ip netns exec vm2 route add default gw 192.168.2.254
```

其次，在服务器 node2 上配置虚拟机 vm3 和虚拟机 vm4 的网关，也就是默认路由。

```
[root@node2 ~]# ip netns exec vm3 route add default gw 192.168.1.254
```

```
[root@node2 ~]# ip netns exec vm4 route add default gw 192.168.2.254
```

（2）开启路由转发功能

进入虚拟路由器命名空间 r1，命令如下。

```
[root@node1 ~]# ip netns exec r1 bash
```

开启路由转发功能，即在/etc/sysctl.conf 中加入以下配置。

```
net.ipv4.ip_forward=1
```

使用 sysctl –p 命令使配置生效。

（3）测试网络联通性

① 测试虚拟机 vm1 与网关的联通性。

在服务器 node1 的虚拟机 vm1 上测试其与虚拟机 vm2 的联通性，首先测试其与网关 192.168.1.254 的联通性，结果如图 5-22 所示。

```
node1 ×  node2
[root@node1 ~]# ip netns exec vm1 ping 192.168.1.254 -c 4
PING 192.168.1.254 (192.168.1.254) 56(84) bytes of data.
64 bytes from 192.168.1.254: icmp_seq=1 ttl=64 time=0.217 ms
64 bytes from 192.168.1.254: icmp_seq=2 ttl=64 time=0.079 ms
64 bytes from 192.168.1.254: icmp_seq=3 ttl=64 time=0.093 ms
64 bytes from 192.168.1.254: icmp_seq=4 ttl=64 time=0.093 ms

--- 192.168.1.254 ping statistics ---
4 packets transmitted, 4 received, 0% packet loss, time 3065ms
rtt min/avg/max/mdev = 0.079/0.120/0.217/0.057 ms
[root@node1 ~]#
```

图 5-22　测试虚拟机 vm1 与网关的联通性

从图中可以发现，虚拟机 vm1 已经可以和网关正常通信了。

② 测试同宿主机不同 VLAN 的虚拟机之间的联通性。

测试虚拟机 vm1 与虚拟机 vm2 的联通性，结果如图 5-23 所示。

```
node1 ×  node2
[root@node1 ~]# ip netns exec vm1 ping 192.168.2.1 -c 4
PING 192.168.2.1 (192.168.2.1) 56(84) bytes of data.
64 bytes from 192.168.2.1: icmp_seq=1 ttl=63 time=0.049 ms
64 bytes from 192.168.2.1: icmp_seq=2 ttl=63 time=0.116 ms
64 bytes from 192.168.2.1: icmp_seq=3 ttl=63 time=0.114 ms
64 bytes from 192.168.2.1: icmp_seq=4 ttl=63 time=0.112 ms
```

图 5-23　测试虚拟机 vm1 与虚拟机 vm2 的联通性

从图中可以发现，虚拟机 vm1 已经可以和同宿主机不同 VLAN 的虚拟机正常通信了。

③ 测试不同宿主机不同 VLAN 的虚拟机之间的联通性。

测试虚拟机 vm1 与虚拟机 vm4 的网络联通性，结果如图 5-24 所示。

```
node1 ×  node2
[root@node1 ~]# ip netns exec vm1 ping 192.168.2.2 -c 4
PING 192.168.2.1 (192.168.2.1) 56(84) bytes of data.
64 bytes from 192.168.2.1: icmp_seq=1 ttl=63 time=0.201 ms
64 bytes from 192.168.2.1: icmp_seq=2 ttl=63 time=0.137 ms
64 bytes from 192.168.2.1: icmp_seq=3 ttl=63 time=0.098 ms
64 bytes from 192.168.2.1: icmp_seq=4 ttl=63 time=0.092 ms
```

图 5-24　测试虚拟机 vm1 与虚拟机 vm4 的联通性

从结果可以发现，已经可以和不同宿主机不同 VLAN 的虚拟机正常通信了。

5.1.5　实现 VLAN 虚拟化网络内外网互联

1. 内网虚拟机访问外网

配置了虚拟路由器之后，内部用户可以实现跨宿主机的不同 VLAN 虚拟机互联，但是内部的虚拟机还无法访问外网。例如，在虚拟机 vm1 上访问外网主机 8.8.8.8，结果如图 5-25 所示。

微课

V5-3　实现 VLAN 虚拟化网络内外网互联

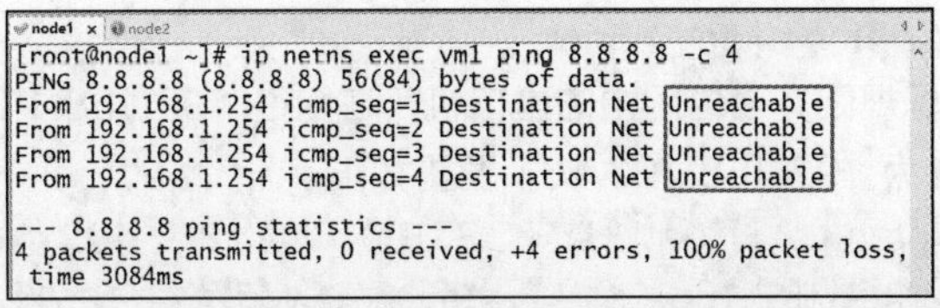

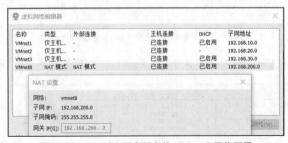

图 5-25　测试虚拟机 vm1 与外网的联通性

可以看到虚拟机 vm1 是无法访问外网的，当然，此时外网也无法访问这几台虚拟机。如何实现内外网的互联呢？这就需要在虚拟路由器上使用 Iptables 进行源 IP 地址和目标 IP 地址的转换。

配置源 IP 地址转换实现内网虚拟机访问外网的步骤如下。

（1）创建虚拟网桥 brout 和成对虚拟网卡

首先，创建虚拟网桥 brout，配置如下。

```
[root@node1 ~]# brctl addbr brout                    #创建虚拟网桥 brout
[root@node1 ~]# ip link set brout up                 #启动虚拟网桥 brout
```

其次，创建用于连接虚拟路由器 r1 和虚拟网桥 brout 的成对虚拟网卡 vethbr33 和 vethbr3，配置如下。

```
[root@node1 ~]# ip link add vethbr3 type veth peer name vethbr33    #创建成对虚拟网卡
[root@node1 ~]# ip link set vethbr33 up                             #启动网卡 vethbr33
```

（2）连接虚拟路由器 r1 和虚拟网桥 brout

首先，将 vethbr3 连接到虚拟路由器 r1 上，配置如下。

```
[root@node1 ~]# ip link set vethbr3 netns r1              #将 vethbr3 移动到虚拟路由器 r1 下
[root@node1 ~]# ip netns exec r1 ip link set vethbr3 up   #启动 vethbr3
```

其次，在虚拟网桥 brout 上绑定网卡 vethbr33，将服务器 node1 的 ens256 网卡绑定到宿主机，配置如下。

```
[root@node1 ~]# brctl addif brout vethbr33    #虚拟网桥绑定 vethbr33 虚拟网卡
[root@node1 ~]# brctl addif brout ens256      #虚拟网桥绑定 ens256 宿主机网卡
```

（3）配置虚拟路由器连接外网的 vethbr3 接口 IP 地址

服务器 node1 的 ens256 网卡采用 VMnet8 的 NAT 模式，VMnet8 所在的网络是 192.168.200.0/24，网关是 192.168.200.2，如图 5-26 所示。

图 5-26　ens256 网卡所在的 VMent8 网络配置

所以配置虚拟路由器 r1 的 vethbr3 接口的 IP 地址为 192.168.200.10，配置虚拟路由器 r1 的网关为 192.168.200.2，配置如下。

```
[root@node1 ~]# ip netns exec r1 ip addr add 192.168.200.10/24 dev vethbr3
                                                         #配置 IP 地址
[root@node1 ~]# ip netns exec r1 route add default gw 192.168.200.2    #添加网关
```

（4）配置 Iptables 源地址转换实现内网虚拟机访问外网

首先，进入虚拟路由器 r1，配置如下。

```
[root@node1 ~]# ip netns exec r1 bash
```

其次，配置 Iptables 规则，当内网中的虚拟机所在网络 192.168.1.0/24 和 192.168.2.0/24 访问外网时，转换源地址为 192.168.200.10，配置如下。

```
[root@node1 ~]# iptables -t nat -A POSTROUTING -s 192.168.1.0/24 -j SNAT --to
192.168.200.10   #将来自 192.168.1.0/24 网络的源地址转换为 192.168.200.10
[root@node1 ~]# iptables -t nat -A POSTROUTING -s 192.168.2.0/24 -j SNAT --to
192.168.200.10   #将来自 192.168.2.0/24 网络的源地址转换为 192.168.200.10
```

配置完成后，在虚拟机 vm1 上测试与外网主机 8.8.8.8 的联通性，结果如图 5-27 所示。

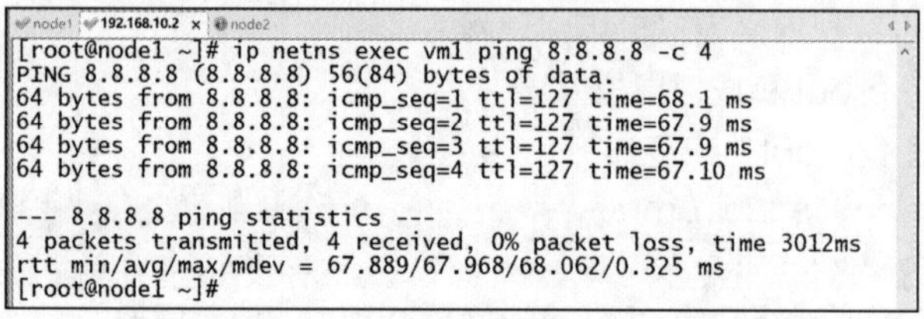

```
[root@node1 ~]# ip netns exec vm1 ping 8.8.8.8 -c 4
PING 8.8.8.8 (8.8.8.8) 56(84) bytes of data.
64 bytes from 8.8.8.8: icmp_seq=1 ttl=127 time=68.1 ms
64 bytes from 8.8.8.8: icmp_seq=2 ttl=127 time=67.9 ms
64 bytes from 8.8.8.8: icmp_seq=3 ttl=127 time=67.9 ms
64 bytes from 8.8.8.8: icmp_seq=4 ttl=127 time=67.10 ms

--- 8.8.8.8 ping statistics ---
4 packets transmitted, 4 received, 0% packet loss, time 3012ms
rtt min/avg/max/mdev = 67.889/67.968/68.062/0.325 ms
[root@node1 ~]#
```

图 5-27　测试虚拟机 vm1 与外网的联通性

在虚拟机 vm2 上测试与外网主机 8.8.8.8 的联通性，结果如图 5-28 所示。

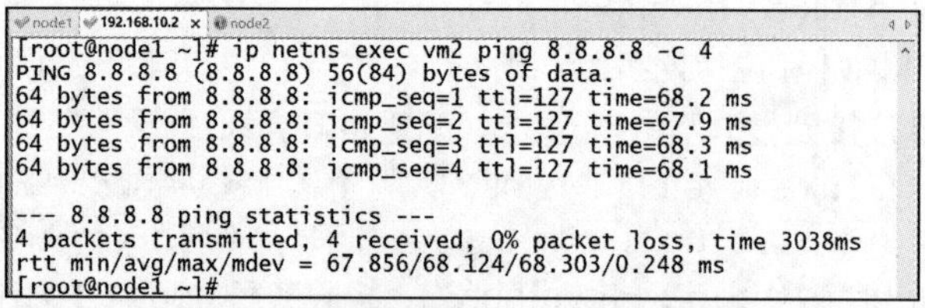

```
[root@node1 ~]# ip netns exec vm2 ping 8.8.8.8 -c 4
PING 8.8.8.8 (8.8.8.8) 56(84) bytes of data.
64 bytes from 8.8.8.8: icmp_seq=1 ttl=127 time=68.2 ms
64 bytes from 8.8.8.8: icmp_seq=2 ttl=127 time=67.9 ms
64 bytes from 8.8.8.8: icmp_seq=3 ttl=127 time=68.3 ms
64 bytes from 8.8.8.8: icmp_seq=4 ttl=127 time=68.1 ms

--- 8.8.8.8 ping statistics ---
4 packets transmitted, 4 received, 0% packet loss, time 3038ms
rtt min/avg/max/mdev = 67.856/68.124/68.303/0.248 ms
[root@node1 ~]#
```

图 5-28　测试虚拟机 vm2 与外网的联通性

在虚拟机 vm3 上测试与外网主机 8.8.8.8 的联通性，结果如图 5-29 所示。

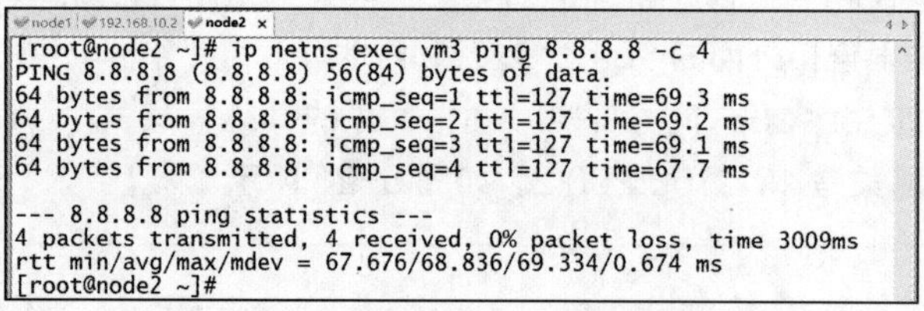

```
[root@node2 ~]# ip netns exec vm3 ping 8.8.8.8 -c 4
PING 8.8.8.8 (8.8.8.8) 56(84) bytes of data.
64 bytes from 8.8.8.8: icmp_seq=1 ttl=127 time=69.3 ms
64 bytes from 8.8.8.8: icmp_seq=2 ttl=127 time=69.2 ms
64 bytes from 8.8.8.8: icmp_seq=3 ttl=127 time=69.1 ms
64 bytes from 8.8.8.8: icmp_seq=4 ttl=127 time=67.7 ms

--- 8.8.8.8 ping statistics ---
4 packets transmitted, 4 received, 0% packet loss, time 3009ms
rtt min/avg/max/mdev = 67.676/68.836/69.334/0.674 ms
[root@node2 ~]#
```

图 5-29　测试虚拟机 vm3 与外网的联通性

在虚拟机 vm4 上测试与外网主机 8.8.8.8 的联通性，结果如图 5-30 所示。

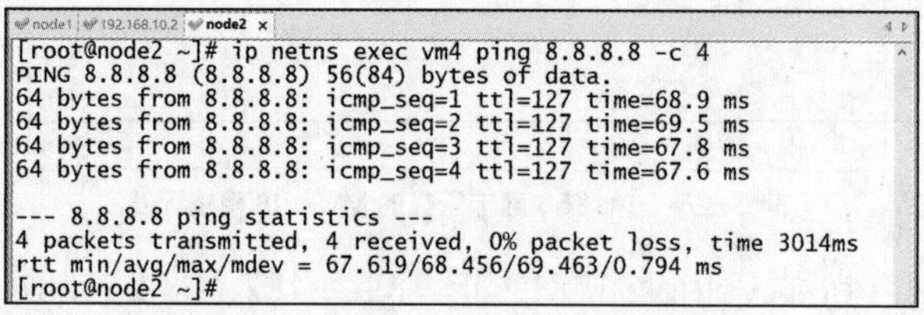

```
[root@node2 ~]# ip netns exec vm4 ping 8.8.8.8 -c 4
PING 8.8.8.8 (8.8.8.8) 56(84) bytes of data.
64 bytes from 8.8.8.8: icmp_seq=1 ttl=127 time=68.9 ms
64 bytes from 8.8.8.8: icmp_seq=2 ttl=127 time=69.5 ms
64 bytes from 8.8.8.8: icmp_seq=3 ttl=127 time=67.8 ms
64 bytes from 8.8.8.8: icmp_seq=4 ttl=127 time=67.6 ms

--- 8.8.8.8 ping statistics ---
4 packets transmitted, 4 received, 0% packet loss, time 3014ms
rtt min/avg/max/mdev = 67.619/68.456/69.463/0.794 ms
[root@node2 ~]#
```

图 5-30　测试虚拟机 vm4 与外网的联通性

通过测试发现，4 台虚拟机都可以正常访问外网了，说明 Iptables 源地址转换配置已经生效。

2．外网主机访问内网虚拟机

虚拟机可以访问外网后，因为租户需要远程登录虚拟机，所以外网主机也需要访问内网虚拟机，需要在虚拟路由器 r1 上配置 Iptables 目标地址转换实现这一需求。

（1）添加虚拟路由器连接外网接口 IP 地址

在虚拟路由器 r1 连接外网的出口 vethbr3 上，只配置了一个 IP 地址，如果要实现一对一的 IP 地址映射，满足外网用户可以使用远程登录工具登录到虚拟机，此时需要在出口上添加 IP 地址。这里有 4 台虚拟机，所以需要在路由器出口上再添加 3 个 IP 地址，配置如下。

```
[root@node1 ~]# ip netns exec r1 ip addr add 192.168.200.11/24 dev vethbr3
[root@node1 ~]# ip netns exec r1 ip addr add 192.168.200.12/24 dev vethbr3
[root@node1 ~]# ip netns exec r1 ip addr add 192.168.200.13/24 dev vethbr3
```

（2）配置 Iptables 目标地址转换

当外网主机访问到 vethbr3 接口时，若要转换到相应的内网虚拟机上，则需配置目标地址转换，步骤如下。

① 进入虚拟路由器 r1。

```
[root@node1 ~]# ip netns exec r1 bash
```

② 配置 Iptables 目标地址转换。

```
[root@node1 ~]# iptables -t nat -A PREROUTING -d 192.168.200.10 -j DNAT --to
192.168.1.1        #配置外网主机访问 192.168.200.10 时，跳转到 192.168.1.1 上
[root@node1 ~]# iptables -t nat -A PREROUTING -d 192.168.200.11 -j DNAT --to
192.168.1.2        #配置外网主机访问 192.168.200.11 时，跳转到 192.168.1.2 上
[root@node1 ~]# iptables -t nat -A PREROUTING -d 192.168.200.12 -j DNAT --to
192.168.2.1        #配置外网主机访问 192.168.200.12 时，跳转到 192.168.2.1 上
[root@node1 ~]# iptables -t nat -A PREROUTING -d 192.168.200.13 -j DNAT --to
192.168.2.2        #配置外网主机访问 192.168.200.13 时，跳转到 192.168.2.2 上
[root@node1 ~]# iptables-save        #保存配置
```

③ 在 Windows 主机上访问内网虚拟机。

Windows 主机通过 VMware Network Adapter VMnet8 与 ens256 网卡连接到 VMnet 上，所以与虚拟路由器的 vethbr3 处在同一网络（192.168.200.0/24），在 Windows 上是能够访问 vethbr3 的。在测试联通性前，需要在虚拟机 vm1 上抓取 ICMP 的流量，配置如下。

首先，进入虚拟机 vm1 的网络命名空间。

```
[root@node1 ~]# ip netns exec vm1 bash
```

其次，抓取 veth1 网卡的 ICMP 流量。

```
[root@node1 ~]# tcpdump -t -nn -e -i veth1 -p icmp
```

最后，在 Windows 主机上测试与 192.168.200.10 的联通性，结果如图 5-31 所示。

图 5-31　Windows 主机访问虚拟路由器 r1 的出接口

从图中可以看到 Windows 主机是可以访问虚拟路由器 r1 的出接口的。

因为在虚拟路由器上配置了目标地址转换，所以流量已经到达了 192.168.1.1，也就是虚拟机 vm1，在虚拟机 vm1 上抓取 ICMP 流量，结果如图 5-32 所示，发现 192.168.200.1 访问了本机 192.168.1.1，证明目标地址转换配置已经生效。

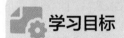

```
[root@node1 ~]# tcpdump -t -nn -e -i veth1 -p icmp
dropped privs to tcpdump
tcpdump: verbose output suppressed, use -v or -vv for full protocol decode
listening on veth1, link-type EN10MB (Ethernet), capture size 262144 bytes
9a:ec:ed:b7:48:f8 > 8e:9b:20:0c:8e:bb, ethertype IPv4 (0x0800), length 74: 192.168.200.1 > 192.168.1.1: ICMP echo
  request, id 1, seq 3141, length 40
8e:9b:20:0c:8e:bb > 9a:ec:ed:b7:48:f8, ethertype IPv4 (0x0800), length 74: 192.168.1.1 > 192.168.200.1: ICMP echo
  reply, id 1, seq 3141, length 40
9a:ec:ed:b7:48:f8 > 8e:9b:20:0c:8e:bb, ethertype IPv4 (0x0800), length 74: 192.168.200.1 > 192.168.1.1: ICMP echo
  request, id 1, seq 3142, length 40
8e:9b:20:0c:8e:bb > 9a:ec:ed:b7:48:f8, ethertype IPv4 (0x0800), length 74: 192.168.1.1 > 192.168.200.1: ICMP echo
  reply, id 1, seq 3142, length 40
9a:ec:ed:b7:48:f8 > 8e:9b:20:0c:8e:bb, ethertype IPv4 (0x0800), length 74: 192.168.200.1 > 192.168.1.1: ICMP echo
  request, id 1, seq 3143, length 40
8e:9b:20:0c:8e:bb > 9a:ec:ed:b7:48:f8, ethertype IPv4 (0x0800), length 74: 192.168.1.1 > 192.168.200.1: ICMP echo
  reply, id 1, seq 3143, length 40
9a:ec:ed:b7:48:f8 > 8e:9b:20:0c:8e:bb, ethertype IPv4 (0x0800), length 74: 192.168.200.1 > 192.168.1.1: ICMP echo
  request, id 1, seq 3144, length 40
8e:9b:20:0c:8e:bb > 9a:ec:ed:b7:48:f8, ethertype IPv4 (0x0800), length 74: 192.168.1.1 > 192.168.200.1: ICMP echo
  reply, id 1, seq 3144, length 40
```

图 5-32　在虚拟机 vm1 上抓取 ICMP 流量

任务 5-2　构建跨宿主机的 VXLAN 虚拟化网络

学习目标

知识目标

- 掌握 Open vSwitch 虚拟交换机的安装方法。
- 掌握 VXLAN 虚拟化网络与 VLAN 虚拟化网络的区别。

技能目标

- 能够安装和运维 Open vSwitch 虚拟交换机。
- 能够配置跨宿主机的 VXLAN 虚拟化网络。

素养目标

- 学习 Open vSwitch 虚拟交换机，学会在解决问题时从不同角度思考的习惯。
- 学习 VXLAN 虚拟化网络，培养思维的开放性和创造性，勇于尝试新方法和新思路。

5.2.1　任务描述

当云租户继续增加，VLAN 数量已经不能够满足业务需求时，公司决定使用 VXLAN 技术构建虚拟化网络。根据图 5-33 所示的网络拓扑，在服务器 node1 和服务器 node2 上，有 vm1、vm2、vm3、vm4 这 4 台虚拟机，其中服务器 node1 上的虚拟机 vm1 连接到 Open vSwitch 虚拟交换机 br1（以下简称 br1）、虚拟机 vm2 连接到 Open vSwitch 虚拟交换机 br2（以下简称 br2），服务器 node2 的虚拟机 vm3 连接到 Open vSwitch 虚拟交换机 br3（以下简称 br3）、虚拟机 vm4 连接到 Open vSwitch 虚拟交换机 br4（以下简称 br4）。

服务器 node1 上的 br1 连接到 VXLAN10 接口、br2 连接到 VXLAN20 接口，服务器 node2 上的 br3 连接到 VXLAN10 接口、br4 连接到 VXLAN20 接口。

虚拟机的跨宿主机流量通过 ens192 网卡转发，与外网通信时，首先访问服务器 node1 的虚拟路由器 r1，虚拟路由器 r1 通过虚拟网桥 brout 连接到 ens256 接口，实现虚拟机与外网的通信。

项目经理要求王亮在服务器 node1 和服务器 node2 上构建以上网络，部署跨宿主机的 VXLAN 虚拟化网络。

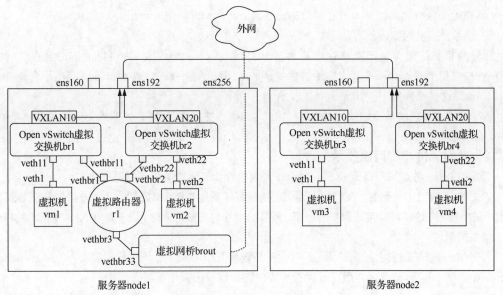

图 5-33 任务 5-2 网络拓扑

5.2.2 必备知识

1. Open vSwitch 虚拟交换机

开源虚拟交换机（Open vSwitch）是一款强大的虚拟交换机软件，被广泛应用于云计算、虚拟化平台和容器网络等场景中，为软件定义网络提供了重要支持。它的功能比 Linux Bridge 强大，支持多种协议、多种虚拟化技术等。

（1）主要特点

① 多协议支持：Open vSwitch 支持多种网络协议，包括标准的以太网协议，可以在不同的网络环境中运行。

② 多虚拟化技术支持：Open vSwitch 可以与多种虚拟化技术集成，可以在不同的虚拟化环境中运行。

③ 灵活的网络拓扑：Open vSwitch 支持创建灵活的网络拓扑结构，可以实现复杂的网络架构和服务隔离。

④ 高级网络管理功能：Open vSwitch 提供了丰富的高级网络管理功能，如流量限制、流量镜像、端口组等，可以对网络流量进行精细控制。

⑤ 安全性：Open vSwitch 支持访问控制列表、虚拟私有网络、隔离等多种安全功能，增强了网络安全性。

⑥ 可扩展性：Open vSwitch 可以扩展到大规模网络，支持多台交换机之间的互联和管理。

（2）Open vSwitch 交换机基础运维

① 添加虚拟交换机。

添加虚拟交换机的命令格式为"ovs-vsctl add-br 虚拟交换机名称"，如添加 br-test 虚拟交换机的命令是 ovs-vsctl add-br br-test。

② 查看虚拟交换机。

添加虚拟交换机后，使用 ovs-vsctl show 命令可以查看所有的虚拟交换机和端口信息。

③ 增加交换机端口。

向虚拟交换机上添加端口的命令格式为"ovs-vsctl add-port 交换机名称 端口名称"。如在

br-test 虚拟交换机上添加 ens256 端口的命令是 ovs-vsctl add-port br-test ens256。

④ 删除交换机端口。

删除交换机的某个端口的命令格式为"ovs-vsctl del-port 交换机名称 端口名称"。如将 br-test 交换机上的 ens256 端口删除的命令是 ovs-vsctl del-port br-test ens256。

⑤ 删除虚拟交换机。

删除虚拟交换机的命令格式为"ovs-vsctl del-br 交换机名称"，如删除 br-test 交换机的命令是 ovs-vsctl del-br br-test。

2. VXLAN 虚拟网络技术

VXLAN 是一种虚拟局域网技术，用于在大规模云计算环境中扩展二层网络。

VXLAN 基于 UDP 封装，在底层网络上创建逻辑隧道，将虚拟机之间的数据流量封装在 UDP 数据包中进行传输。这样可以实现跨物理网络、跨数据中心的虚拟机通信，以下是 VXLAN 技术的特点。

（1）扩展性

VXLAN 可以扩展到大规模的网络环境，支持数百万个 VXLAN 网络标识符（VXLAN Network Identifier，VNI）。这使得它适用于云计算环境中的大规模虚拟化部署。

（2）隔离性

VXLAN 使用 VNI 来实现虚拟机之间的隔离。每台虚拟机都被分配一个唯一的 VNI，不同 VNI 的虚拟机之间的流量是相互隔离的。

（3）跨物理网络

VXLAN 可以在底层网络中传输虚拟机的数据流量，无论虚拟机在哪个物理网络上。这使得虚拟机可以在不同的物理网络之间进行迁移，而不会影响其网络连接。

（4）多租户支持

VXLAN 支持多租户网络隔离，使不同租户的虚拟机可以在同一物理基础设施上运行，但彼此之间是隔离的。

（5）灵活性

VXLAN 提供了更大的虚拟局域网标识空间和灵活的网络配置选项。它可以与现有网络设备（如交换机、路由器）兼容，并且可以与其他虚拟化技术（如 OpenStack、VMware vSphere）集成。

3. VXLAN 与 VLAN 相比的优势

VXLAN 技术用于解决 VLAN 技术在大规模云计算环境中存在的一些问题，包括以下几个方面。

（1）扩展性限制

VLAN 技术基于 IEEE 802.1Q 标准，使用标签将网络划分为不同的虚拟局域网，该标准只支持 4096 个 VLAN ID，在大规模云计算环境中很容易达到这个限制。因此，VLAN 技术在部署大规模虚拟化时存在扩展性限制。

（2）跨物理网络的限制

VLAN 是基于物理网络的隔离技术，它需要在底层网络上配置相应的 VLAN。这导致虚拟机的迁移会受到物理网络拓扑和 VLAN 配置的限制。如果虚拟机需要迁移到不同的物理网络上，则需要重新配置 VLAN，这增加了管理和操作的复杂性。

（3）多租户隔离的限制

VLAN 技术提供了多租户隔离功能，但 VLAN ID 的数量有限，无法满足大规模云计算环境中不同租户的需求。同时，不同租户之间的通信需要通过路由器进行转发，增加了网络延迟和复杂性。

（4）网络扁平化的限制

VLAN 技术在逻辑上将网络划分为多个虚拟局域网，每个 VLAN 都需要独立管理和配置。这导致了网络的分层和复杂性，不利于构建扁平化的网络架构。

VXLAN 技术通过使用封装技术，在底层网络上创建逻辑隧道，解决了上述问题。它提供了更大的虚拟局域网标识空间，实现了更大规模的虚拟化部署和租户隔离。同时，VXLAN 技术可以在底层物理网络的限制下实现虚拟机的迁移，并支持构建扁平化的网络架构，提高了网络的灵活性和可管理性。

4．VXLAN 数据封装

VXLAN 通过建立逻辑隧道将虚拟机之间的数据流量封装在 UDP 数据包中进行传输。具体采用以下几个步骤来封装数据。

（1）创建 VNI

每个虚拟网络都对应一个唯一的 VNI，VNI 是 24 位数字，用于标识虚拟网络。VNI 类似于传统网络中的 VLAN ID，用于区分 VXLAN 段，不同 VXLAN 段的租户不能直接进行二层通信。一个租户可以有一个或多个 VNI，VNI 由 24 位组成，支持 1600 多万的租户。

（2）封装 VXLAN 头部

使用 VXLAN 头部封装原始数据包，VXLAN 头部包含了数据包的 VNI 和其他相关信息。

（3）封装 UDP 头部

在 VXLAN 头部之上，再封装一个 UDP 头部。源端口是虚拟隧道终结点（Vitual Tunnel Endpoint，VTEP）的 UDP 端口号，目的端口是默认的 VXLAN UDP 端口 4789。

（4）封装 IP 头部

在 UDP 头部之上，再封装一个 IP 头部。源 IP 地址是发送方的 VTEP IP 地址，目标 IP 地址是接收方的 VTEP IP 地址。

（5）发送数据包

VXLAN 数据包通过底层物理网络发往目的 VTEP，然后进行解封装，取出原始数据包，并将其传递给目标虚拟机。

5.2.3 安装和运维 Open vSwitch 虚拟交换机

1．配置服务器网络环境

使用 CentOS 8.ova 模板机创建名称为 node1、node2 的服务器，服务器网卡及 IP 地址配置如表 5-3 所示。

微课

V5-4 安装和运维
Open vSwitch
虚拟交换机

表 5-3 服务器网卡及 IP 地址配置

服务器名称	网卡名称	连接到的网络	网络模式	IP 地址
node1	ens160	VMnet1	仅主机	192.168.10.2
	ens192	VMnet4	自定义网络	192.168.40.2
	ens256	VMnet8	NAT	不配置 IP 地址
node2	ens160	VMnet1	仅主机	192.168.10.3
	ens192	VMnet4	自定义网络	192.168.40.3

其中，服务器 node1 和服务器 node2 的 ens160 网卡用于登录管理服务器；ens192 网卡分别配置了 192.168.40.2/24 和 192.168.40.3/24，用于 VXLAN 虚拟化网络的跨宿主机通信；服务器 node1 的 ens256 网卡用于内网与外网互联，也就是说，服务器 node2 的虚拟机访问外网的数据也要经过服务器 node1 的 ens256 网卡。配置完成后，查看服务器 node1 的网卡和 IP 地址配置，如图 5-34 所示。

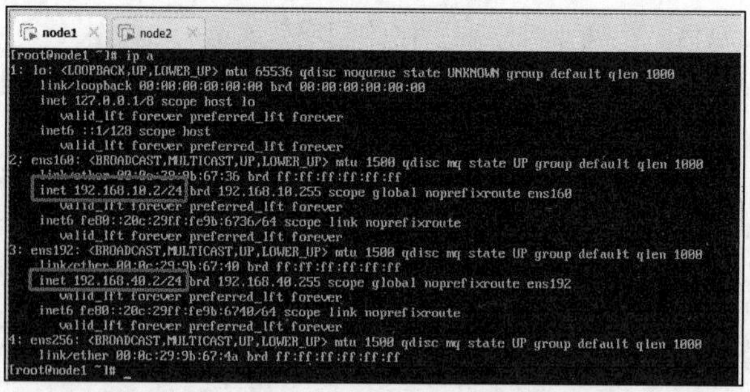

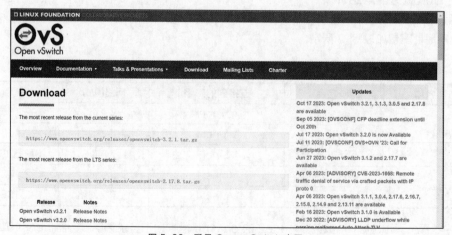

图 5-34　服务器 node1 的网卡和 IP 地址配置

查看服务器 node2 的网卡和 IP 地址配置，如图 5-35 所示。

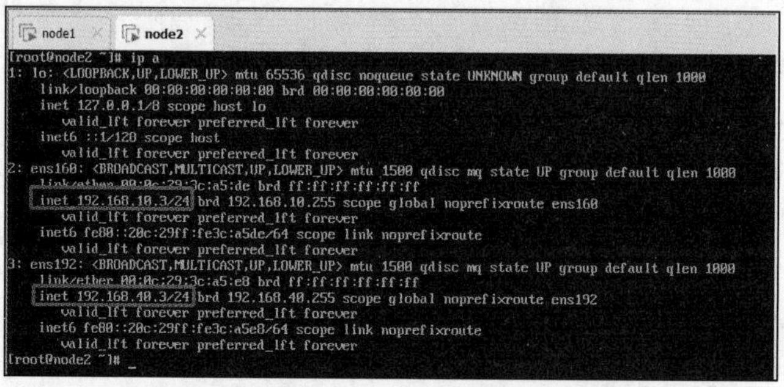

图 5-35　服务器 node2 的网卡和 IP 地址配置

2. 安装 Open vSwitch 虚拟交换机

Open vSwitch 虚拟交换机比 Linux Bridge 虚拟网桥的功能强大，这里使用 Open vSwitch 虚拟交换机连接虚拟网卡。在服务器 node1 和服务器 node2 上都需要安装 Open vSwitch 工具，用于创建 Open vSwitch 虚拟交换机。这里以服务器 node1 为例介绍安装步骤。

（1）下载 Open vSwitch

登录 Open vSwitch 官网，如图 5-36 所示。

图 5-36　登录 Open vSwitch 官网

（2）使用源代码安装 Open vSwitch

① 下载解压源代码。

下载 openvswitch-3.2.1.tar.gz 后，上传到服务器 node1 和服务器 node2 的/opt/目录下，

使用 tar -xf openvswitch-3.2.1.tar.gz 命令解压软件，命令如下。

```
[root@node1 opt]# tar -xf openvswitch-3.2.1.tar.gz
```

② 安装源代码编译安装的必要支持组件。

在进行源代码编译安装时，需要一些组件支持，安装命令如下。

```
[root@node1 opt]# yum install make autoconf automake libtool openssl openssl-devel python38 -y
```

③ 检查文件，配置安装参数。

源代码编译安装前，需要检查源文件及设置安装位置等参数，命令如下。

```
[root@node1 opt]# cd openvswitch-3.2.1              #进入软件目录
[root@node1 openvswitch-3.2.1]# ./configure        #配置安装参数
```

④ 编译安装。

使用 make 命令编译源代码文件，使用 make install 命令安装源代码，命令如下。

```
[root@node1 openvswitch-3.2.1]# make && make install
```

⑤ 设置环境变量。

Open vSwitch 虚拟交换机的默认安装路径为/usr/local/share/openvswitch/scripts/。

要在/root/.bashrc 文件中添加以下配置，将 Open vSwitch 的执行目录添加到 PATH 环境变量中。

```
[root@node1 openvswitch-3.2.1]export PATH=$PATH:/usr/local/share/openvswitch/scripts/
```

使用 source 命令读取/root/.bashrc 文件，命令如下。

```
[root@node1 openvswitch-3.2.1]# source /root/.bashrc
```

⑥ 启动 Open vSwitch。

添加完 PATH 环境变量后，就可以在任何目录下执行 Open vSwitch 的相关命令了。启动 Open vSwitch 的命令如下。

```
[root@node1 ~]# ovs-ctl start
```

3. 创建 Open vSwitch 虚拟交换机

根据图 5-33 所示的网络拓扑，在服务器 node1 上创建 Open vSwitch 虚拟交换机 br1 和 br2，在服务器 node2 上创建 Open vSwitch 虚拟交换机 br3 和 br4，命令如下。

```
[root@node1 ~]# ovs-vsctl add-br br1              #在服务器 node1 上创建虚拟交换机 br1
[root@node1 ~]# ovs-vsctl add-br br2              #在服务器 node1 上创建虚拟交换机 br2
[root@node2 ~]# ovs-vsctl add-br br3              #在服务器 node2 上创建虚拟交换机 br3
[root@node2 ~]# ovs-vsctl add-br br4              #在服务器 node2 上创建虚拟交换机 br4
```

创建完成后，在服务器 node1 上查看虚拟交换机，结果如图 5-37 所示。

从图中可以看出，在服务器 node1 上创建了两个虚拟交换机，分别是 br1 和 br2。在 br1 上默认添加了一个接口 br1，类型为 internal，是虚拟交换机的回环接口，类似于主机上的 lo 接口。同样，br2 上的默认接口为 br2。

在服务器 node2 上查看虚拟交换机，如图 5-38 所示。

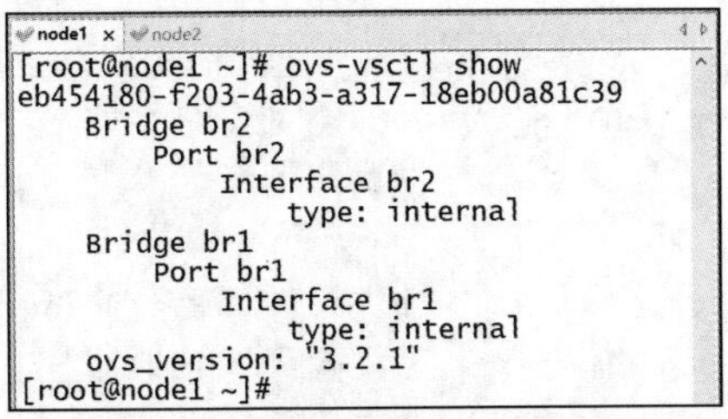

```
node1 x   node2
[root@node1 ~]# ovs-vsctl show
eb454180-f203-4ab3-a317-18eb00a81c39
    Bridge br2
        Port br2
            Interface br2
                type: internal
    Bridge br1
        Port br1
            Interface br1
                type: internal
    ovs_version: "3.2.1"
[root@node1 ~]#
```

图 5-37　服务器 node1 的虚拟交换机

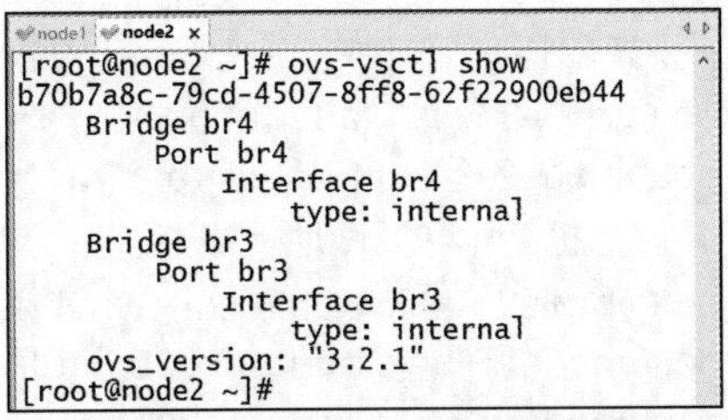

```
node1   node2 x
[root@node2 ~]# ovs-vsctl show
b70b7a8c-79cd-4507-8ff8-62f22900eb44
    Bridge br4
        Port br4
            Interface br4
                type: internal
    Bridge br3
        Port br3
            Interface br3
                type: internal
    ovs_version: "3.2.1"
[root@node2 ~]#
```

图 5-38　服务器 node2 的虚拟交换机

从图中可以看出，在服务器 node2 上创建了两个虚拟交换机，分别是 br3
和 br4。在 br3 上默认添加了一个接口 br3，在 br4 网桥上默认添加了一个接口
br4。

5.2.4　配置相同 VXLAN 虚拟机的跨宿主机互联

1. 配置跨宿主机互访

（1）在服务器 node1 上创建网络命名空间和虚拟网卡

```
[root@node1 ~]# ip netns add vm1                                  #添加网络命名空间 vm1
[root@node1 ~]# ip netns add vm2                                  #添加网络命名空间 vm2
[root@node1 ~]# ip link add veth1 type veth peer name veth11     #添加成对虚拟网卡
[root@node1 ~]# ip link add veth2 type veth peer name veth22     #添加成对虚拟网卡
[root@node1 ~]# ip link set veth1 netns vm1                       #将 veth1 移动到 vm1 网络命名空间下
[root@node1 ~]# ip link set veth2 netns vm2                       #将 veth2 移动到 vm2 网络命名空间下
```

（2）在服务器 node2 上创建网络命名空间和虚拟网卡

```
[root@node2 ~]# ip netns add vm3                                  #添加网络命名空间 vm3
[root@node2 ~]# ip netns add vm4                                  #添加网络命名空间 vm4
[root@node2 ~]# ip link add veth1 type veth peer name veth11     #添加成对虚拟网卡
[root@node2 ~]# ip link add veth2 type veth peer name veth22     #添加成对虚拟网卡
[root@node2 ~]# ip link set veth1 netns vm3                       #将 veth1 移动到 vm3 网络命名空间下
[root@node2 ~]# ip link set veth2 netns vm4                       #将 veth2 移动到 vm4 网络命名空间下
```

（3）配置虚拟机 IP 地址，启动网络设备

虚拟机的 IP 地址规划如表 5-4 所示。

表 5-4　虚拟机的 IP 地址规划

服务器名称	虚拟机名称	IP 地址	所在 VXLAN	网关
node1	vm1	192.168.1.1/24	VXLAN10	192.168.1.254
node1	vm2	192.168.2.1/24	VXLAN20	192.168.2.254
node2	vm3	192.168.1.2/24	VXLAN10	192.168.1.254
node2	vm4	192.168.2.2/24	VXLAN20	192.168.2.254

配置虚拟机 vm1 的 IP 地址如下。

```
[root@node1 ~]# ip netns exec vm1 bash                 #进入网络命名空间 vm1
[root@node1 ~]# ip addr add 192.168.1.1/24 dev veth1   #配置网卡 IP 地址
[root@node1 ~]# ip link set veth1 up                   #启动网卡
```

配置虚拟机 vm2 的 IP 地址如下。

```
[root@node1 ~]# ip netns exec vm2 bash                 #进入网络命名空间 vm2
[root@node1 ~]# ip addr add 192.168.2.1/24 dev veth2   #配置网卡 IP 地址
[root@node1 ~]# ip link set veth2 up                   #启动网卡
```

配置虚拟机 vm3 的 IP 地址如下。

```
[root@node2 ~]# ip netns exec vm3 bash                 #进入网络命名空间 vm3
[root@node2 ~]# ip addr add 192.168.1.2/24 dev veth1   #配置网卡 IP 地址
[root@node2 ~]# ip link set veth1 up                   #启动网卡
```

配置虚拟机 vm4 的 IP 地址如下。

```
[root@node2 ~]# ip netns exec vm4 bash                 #进入网络命名空间 vm4
[root@node2 ~]# ip addr add 192.168.2.2/24 dev veth2   #配置网卡 IP 地址
[root@node2 ~]# ip link set veth2 up                   #启动网卡
```

（4）绑定虚拟交换机和网卡

```
[root@node1 ~]# ovs-vsctl add-port br1 veth11          #绑定虚拟交换机 br1 和 veth11
[root@node1 ~]# ovs-vsctl add-port br2 veth22          #绑定虚拟交换机 br2 和 veth22
[root@node1 ~]# ip link set br1 up                     #启动虚拟交换机 br1
[root@node1 ~]# ip link set br2 up                     #启动虚拟交换机 br2
[root@node1 ~]# ip link set veth11 up                  #启动 veth11 网卡
[root@node1 ~]# ip link set veth22 up                  #启动 veth22 网卡
[root@node2 ~]# ovs-vsctl add-port br3 veth11          #绑定虚拟交换机 br3 和 veth11
[root@node2 ~]# ovs-vsctl add-port br4 veth22          #绑定虚拟交换机 br4 和 veth22
[root@node2 ~]# ip link set br3 up                     #启动虚拟交换机 br3
[root@node2 ~]# ip link set br4 up                     #启动虚拟交换机 br4
[root@node2 ~]# ip link set veth11 up                  #启动虚拟网卡 veth11
[root@node2 ~]# ip link set veth22 up                  #启动虚拟网卡 veth22
```

（5）建立 VXLAN10 隧道

① 在服务器 node1 上建立 VXLAN10 隧道。

在服务器 node1 上添加 VXLAN10 接口，配置如下。

```
[root@node1 ~]# ovs-vsctl add-port br1 vxlan10 -- set interface vxlan10 type=vxlan
options:remote_ip=192.168.40.3 options:key=10
```

以上配置在 br1 上添加了 VXLAN10 接口，设置接口为 VXLAN 类型，VXLAN ID 是 10，隧道远端的 IP 地址是 192.168.40.3。

② 在服务器 node2 上建立 VXLAN10 隧道。

在服务器 node2 上添加 VXLAN10 接口，配置如下。

```
[root@node2 ~]# ovs-vsctl add-port br3 vxlan10 -- set interface vxlan10 type=vxlan
options:remote_ip=192.168.40.2 options:key=10
```

以上配置在 br3 上添加了 VXLAN10 接口，设置接口为 VXLAN 类型，VXLAN ID 是 10，隧道远端的 IP 地址是 192.168.40.2。

（6）建立 VXLAN20 隧道

① 在服务器 node1 上建立 VXLAN20 隧道。

在服务器 node1 上添加 VXLAN20 接口，配置如下。

```
[root@node1 ~]# ovs-vsctl add-port br2 vxlan20 -- set interface vxlan20 type=vxlan
options:remote_ip=192.168.40.3 options:key=20
```

以上配置在 br2 上添加了 VXLAN20 接口，设置接口为 VXLAN 类型，VXLAN ID 是 20，隧道远端的 IP 地址是 192.168.40.3。

② 在服务器 node2 上建立 VXLAN20 隧道。

在服务器 node2 上添加 VXLAN20 接口，配置如下。

```
[root@node2 ~]# ovs-vsctl add-port br4 vxlan20 -- set interface vxlan20 type=vxlan
options:remote_ip=192.168.40.2 options:key=20
```

以上配置在 br4 上添加了 VXLAN20 接口，设置接口为 VXLAN 类型，VXLAN ID 是 20，隧道远端的 IP 地址是 192.168.40.2。

配置完成后，在服务器 node1 上查看虚拟交换机的 VXLAN 接口信息，如图 5-39 所示。

从图中可以发现，在 br1 上添加了 VXLAN10 接口，在 br2 上添加了 VXLAN20 接口，与配置一致。在服务器 node2 上查看虚拟交换机的 VXLAN 接口信息，如图 5-40 所示。

从图中可以发现，在 br3 上添加了 VXLAN10 接口，在 br4 上添加了 VXLAN20 接口，与配置一致。

```
[root@node1 ~]# ovs-vsctl show
eb454180-f203-4ab3-a317-18eb00a81c39
    Bridge br2
        Port vxlan20
            Interface vxlan20
                type: vxlan
                options: {key="20", remote_ip="192.168.40.3"}
        Port br2
            Interface br2
                type: internal
        Port veth22
            Interface veth22
    Bridge br1
        Port br1
            Interface br1
                type: internal
        Port vxlan10
            Interface vxlan10
                type: vxlan
                options: {key="10", remote_ip="192.168.40.3"}
        Port veth11
            Interface veth11
    ovs_version: "3.2.1"
```

图 5-39　服务器 node1 上虚拟交换机的 VXLAN 接口信息

```
[root@node2 ~]# ovs-vsctl show
b70b7a8c-79cd-4507-8ff8-62f22900eb44
    Bridge br4
        Port veth22
            Interface veth22
        Port br4
            Interface br4
                type: internal
        Port vxlan20
            Interface vxlan20
                type: vxlan
                options: {key="20", remote_ip="192.168.40.2"}
    Bridge br3
        Port br3
            Interface br3
                type: internal
        Port vxlan10
            Interface vxlan10
                type: vxlan
                options: {key="10", remote_ip="192.168.40.2"}
        Port veth11
            Interface veth11
    ovs_version: "3.2.1"
```

图 5-40　服务器 node2 上虚拟交换机的 VXLAN 接口信息

2. 测试与抓包分析

（1）启动 vxlan_sys_4789 接口

在服务器 node1 和服务器 node2 上会生成创建和管理 VXLAN 隧道的虚拟网络接口 vxlan_sys_4789，需要在每台主机上都启动这个接口，配置如下。

```
[root@node1 ~]# ip link set vxlan_sys_4789 up
[root@node2 ~]# ip link set vxlan_sys_4789 up
```

（2）测试网络联通性

在服务器 node1 上测试虚拟机 vm1 与服务器 node2 上的虚拟机 vm3 的联通性，如图 5-41 所示。

```
[root@node1 ~]# ip netns exec vm1 ping 192.168.1.2 -c 4
PING 192.168.1.2 (192.168.1.2) 56(84) bytes of data.
64 bytes from 192.168.1.2: icmp_seq=1 ttl=64 time=1.82 ms
64 bytes from 192.168.1.2: icmp_seq=2 ttl=64 time=0.712 ms
64 bytes from 192.168.1.2: icmp_seq=3 ttl=64 time=0.594 ms
64 bytes from 192.168.1.2: icmp_seq=4 ttl=64 time=0.453 ms

--- 192.168.1.2 ping statistics ---
4 packets transmitted, 4 received, 0% packet loss, time 3052ms
rtt min/avg/max/mdev = 0.453/0.895/1.822/0.543 ms
[root@node1 ~]#
```

图 5-41　测试 VXLAN10 隧道虚拟机的网络联通性

在服务器 node1 上测试虚拟机 vm2 与服务器 node2 上的虚拟机 vm4 的联通性，如图 5-42 所示。

```
[root@node1 ~]# ip netns exec vm2 ping 192.168.2.2 -c 4
PING 192.168.2.2 (192.168.2.2) 56(84) bytes of data.
64 bytes from 192.168.2.2: icmp_seq=1 ttl=64 time=0.873 ms
64 bytes from 192.168.2.2: icmp_seq=2 ttl=64 time=2.42 ms
64 bytes from 192.168.2.2: icmp_seq=3 ttl=64 time=0.619 ms
64 bytes from 192.168.2.2: icmp_seq=4 ttl=64 time=0.406 ms

--- 192.168.2.2 ping statistics ---
4 packets transmitted, 4 received, 0% packet loss, time 3056ms
rtt min/avg/max/mdev = 0.406/1.079/2.421/0.792 ms
[root@node1 ~]#
```

图 5-42　测试 VXLAN20 隧道虚拟机的网络联通性

从图中可以发现，属于 VXLAN10 网络的虚拟机 vm1 和虚拟机 vm3、属于 VXLAN20 网络的虚拟机 vm2 和虚拟机 vm4 都可以正常通信，这表示 VXLAN 隧道配置成功。

（3）抓包分析 VXLAN 数据封装

在服务器 node2 上使用 Tcpdump 工具抓取 ens192 接口的流量，并写入数据到文件 1.txt 中，命令如下。

```
[root@node2 ~]# tcpdump -nn -t -e -i ens192 -w 1.txt
```

抓取连接虚拟机 vm2 的 veth11 接口的流量，并写入数据到 2.txt 中，命令如下。

```
[root@node2 ~]# tcpdump -nn -t -e -i veth11 -w 2.txt
```

在服务器 node1 上删除 192.168.40.3 的 ARP 表项和虚拟机 vm1 上关于虚拟机 vm3 的 192.168.1.2 的 ARP 表项，命令如下。

```
[root@node1 ~]# arp -d 192.168.40.3
[root@node1 ~]# ip netns exec vm1 arp -d 192.168.1.2
```

再次测试虚拟机 vm1 与虚拟机 vm3 的网络联通性。

```
[root@node1 ~]# ip netns exec vm1 ping 192.168.1.2 -c 4
```

测试完成后，使用 sz 命令将 1.txt 文件上传到 Windows 桌面，使用 Wireshark 抓包工具打开 1.txt，查看虚拟机 vm1 与虚拟机 vm2 之间的数量，如图 5-43 所示。

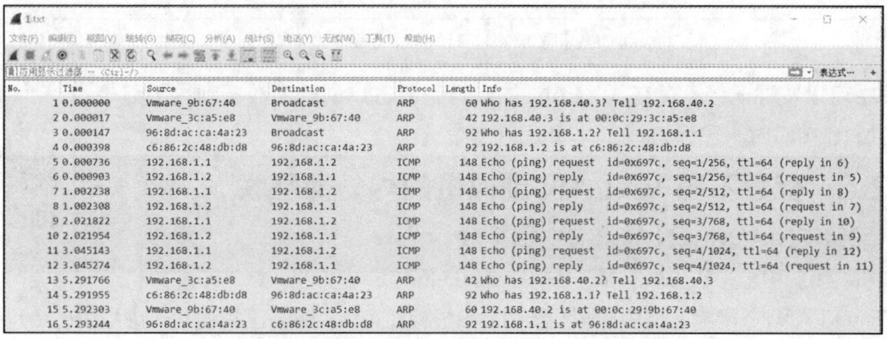

图 5-43　虚拟机 vm1 与虚拟机 vm2 之间的流量

从图中可以看出，服务器 node1 要通过 ARP 获取 192.168.40.3 的 MAC 地址，此后虚拟机 vm1 通过 ARP 获取 192.168.1.2 的 MAC 地址，虚拟机 vm1 再与虚拟机 vm2 进行通信。打开第 5 条记录，查看具体的 VXLAN 封装，如图 5-44 所示。

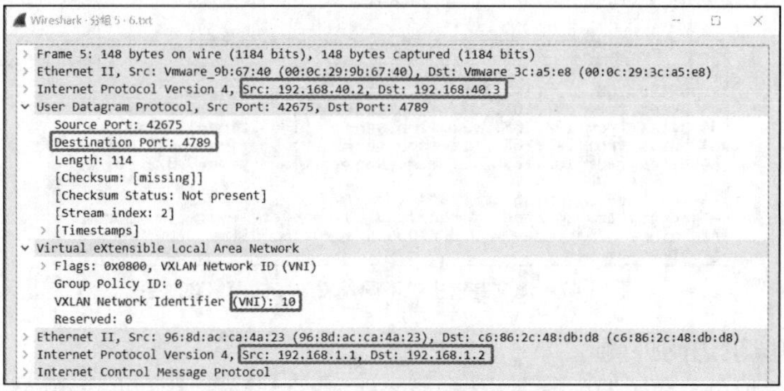

图 5-44　VXLAN10 隧道数据封装

从图中可以看出，从虚拟机 vm1 到虚拟机 vm2 的 ICMP 测试报文源地址是 192.168.1.1，目标地址是 192.168.1.2，在经过 br1 的 VXLAN10 接口时，在报文头部封装了 VNI 为 10 的标识和目标端口为 4789 的 UDP 头部，最后经过服务器 node1 的 ens192 接口（IP 地址为 192.168.40.2）发往服务器 node2 的 ens192 接口（IP 地址为 192.168.40.3）。

使用 Wireshark 打开 2.txt，如图 5-45 所示。

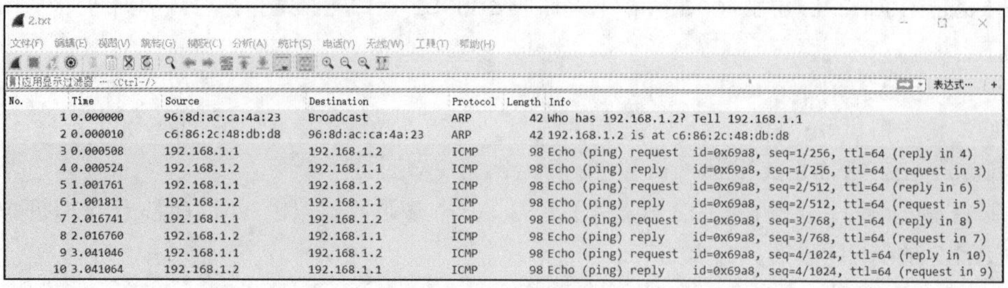

图 5-45　打开 2.txt

打开其中的第 3 条记录，结果如图 5-46 所示。

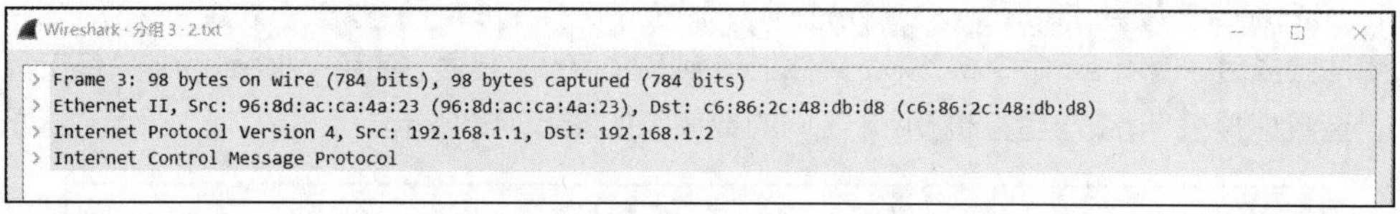

图 5-46　打开第 3 条记录

从图中可以发现已经不存在 VXLAN 的数据封装了，说明当数据到达 br3 的 VXLAN10 接口时，已经去掉了 VNI10 标签。

微课

5.2.5　配置不同 VXLAN 虚拟机的内外网互联

1.　配置不同 VXLAN 的跨宿主机互联

V5-6　配置不同 VXLAN 虚拟机的内外网互联

虚拟机 vm1 和虚拟机 vm3 属于 VXLAN10 网络，虚拟机 vm2 和虚拟机 vm4 属于 VXLAN20 网络，其中虚拟机 vm1 和虚拟机 vm3 能够正常通信，虚拟机 vm2 和虚拟机 vm4 可以正常通信，但是属于不同 VXLAN 网络的虚拟机是不能正常通信的，需要在服务器 node1 上配置虚拟路由器，提供不同 VXLAN 网络的网关，联通不同的 VXLAN 网络。路由器的配置方法与 VLAN 的配置方法是一致的，读者可以参考任务 5-1 完成虚拟路由器的创建和运维，这里不赘述。配置完成后，在服务器 node1 上测试虚拟机 vm1 与服务器 node2 上的虚拟机 vm4 的联通性，结果如图 5-47 所示，可以正常通信。

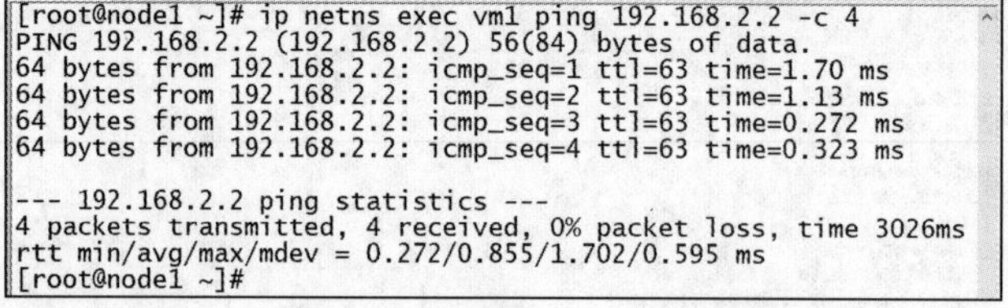

图 5-47　测试跨宿主机不同 VXLAN 的网络联通性

2.　配置虚拟机访问外网

内网的 4 台虚拟机需要访问外网，这就需要将虚拟路由器通过虚拟交换机连接到服务器 node1 的 ens256 接口，在虚拟路由器上配置 Iptables 源地址转换。这部分内容与任务 5-1 中的内网访问外网基本一致，读者可参考完成。配置完成后，在服务器 node2 上测试虚拟机 vm4 与外网主机 8.8.8.8 的联通性，结果如图 5-48 所示，可以正常通信。

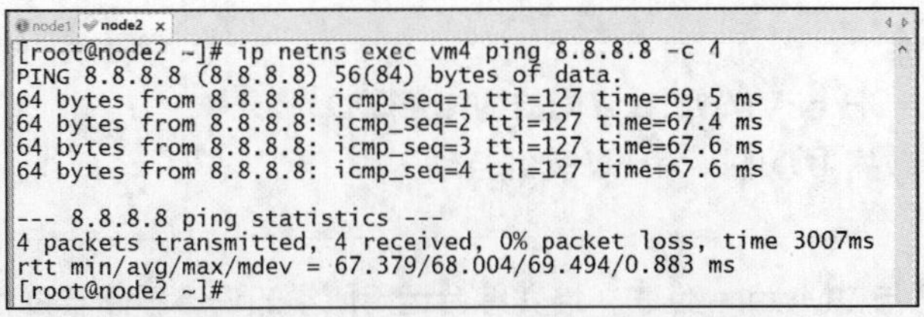

图 5-48 测试虚拟机 vm4 与外网主机的联通性

3. 配置外网主机访问虚拟机

当租户远程登录虚拟机时，需要使用外网的 IP 地址登录到内网虚拟机上，这时需要在虚拟路由器上增加接口的 IP 地址，与内网虚拟机一一对应，然后配置虚拟路由器的 Iptables 目标地址转换规则，方法与任务 5-1 是一致的，读者可参考完成。配置完成后，在 Windows 主机上访问 192.168.200.13 时，可以正常访问服务器 node2 的虚拟机 vm4。在 Windows 主机上测试与 192.168.200.13 的联通性，结果如图 5-49 所示。

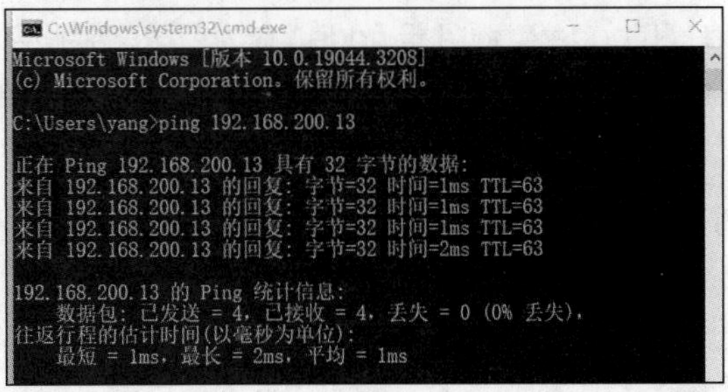

图 5-49 在 Windows 主机上测试与 192.168.200.13 的联通性

在服务器 node2 上抓取访问虚拟机 vm4 的流量，命令如下。

```
[root@node2 ~]# tcpdump -t -nn -e -i veth2 -p icmp
```

结果如图 5-50 所示。当外网的 Windows 主机 192.168.200.1 访问 192.168.200.13 时，流量已经到达虚拟机 vm4 的 192.168.2.2 上了。

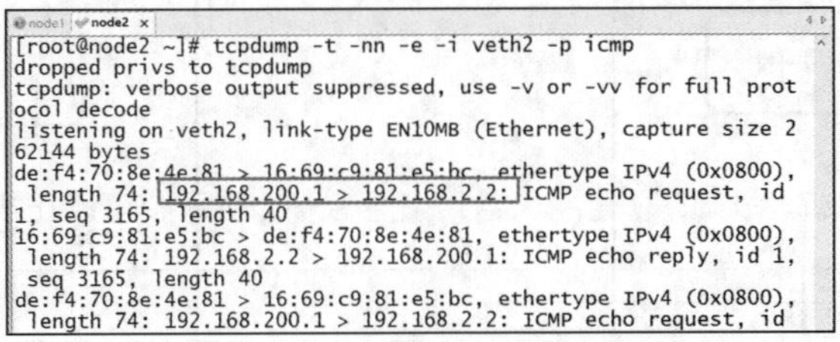

图 5-50 Windows 主机访问虚拟机 vm4

任务 5-3 构建跨数据中心的大二层虚拟化网络

学习目标

知识目标

- 掌握大二层网络的特点。
- 掌握跨数据中心的 VXLAN 网络的特点。

- 能够配置 eNSP 与 VMware 之间的网络互联。
- 能够配置跨数据中心的 VXLAN 网络互联。

素养目标

- 学习 eNSP 与 VMware 互联，培养综合运用所学知识、不断尝试和创新的习惯。
- 学习跨数据中心的 VXLAN 网络，保持学习热情和动力，不断提升知识水平。

5.3.1　任务描述

公司在总部和分部分别建立了数据中心，以确保当主数据中心发生故障时快速恢复服务，备份虚拟机和数据到远程数据中心，同时实现跨数据中心的资源共享与负载均衡。根据图 5-51 所示的网络拓扑，使用 eNSP 工具创建了两台路由器 R1 和 R2，R1 通过云设备 Cloud1 连接到 VMware 工具的 VMnet2 上，R2 通过云设备 Cloud2 连接到 VMware 工具的 VMnet3 上。使用 VMware 工具创建两台服务器 node1 和 node2，服务器 node1 作为公司总部服务器，通过 VMnet2 连接到公司总部数据中心，服务器 node2 作为公司分部服务器，通过 VMnet3 连接到公司分部数据中心。

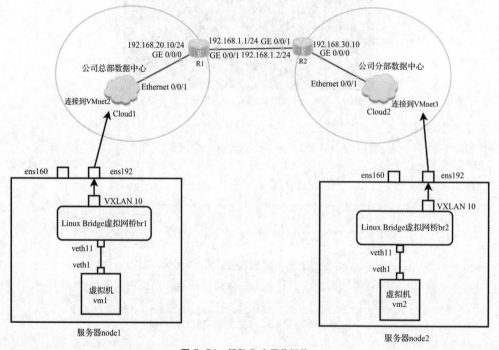

图 5-51　任务 5-3 网络拓扑

服务器 node1 的 ens192 网卡连接 VMnet2，服务器 node2 的 ens192 网卡连接到 VMnet3。项目经理要求王亮构建以上网络，基于大二层 VXLAN 虚拟化网络，实现虚拟机 vm1 和虚拟机 vm2 之间的网络互联。

5.3.2　必备知识

1.　大二层网络

大二层网络是指在一个广域范围内使用二层协议（如以太网）进行数据通信和交换的网络。在大二层网络中，设备（如计算机、服务器、交换机等）通过共享同一个广播域和同一个二层地址空间进行通信。大二层网络具有以下特点。

（1）虚拟化和云计算

大二层网络为虚拟化技术和云计算提供了基础。通过将虚拟机分布在不同的物理设备上，大二层网络可以实现虚拟机的迁移和负载均衡，从而提高资源利用率和灵活性。

（2）扩展性

大二层网络可以支持大规模的设备连接，并提供灵活的拓扑结构。这使得网络能够适应不断增长的设备数量和流量需求。

（3）数据中心互联

大二层网络可以连接多个数据中心，实现资源共享和跨数据中心的通信。这对于构建分布式系统、实现灾难恢复和备份等都非常重要。

（4）共享广播域

大二层网络中的设备共享同一个广播域，广播和多播的数据包可以在整个网络中传播。这对于某些应用（如服务发现、多播视频等）是必需的。

大二层网络也存在一些挑战，包括以下两点。

（1）广播风暴

由于所有设备共享同一个广播域，因此当广播或多播消息过多时，可能会导致网络拥塞和性能下降。

（2）网络隔离和安全性

大二层网络中的设备可以直接通信，这意味着安全性和隔离性可能会受到挑战。因此，需要采取额外的措施来确保网络的安全性和隔离性。

2. 跨数据中心的 VXLAN 网络的特点

（1）备份和灾难恢复

跨数据中心的 VXLAN 网络可以用于备份虚拟机和数据到远程数据中心中，以确保主数据中心发生故障时能够快速恢复服务并保持业务的连续性。

（2）负载均衡和容错

跨数据中心的 VXLAN 网络，可以将负载分布到多个数据中心中，实现负载均衡和容错。当一个数据中心发生故障时，流量可以自动转移到其他可用的数据中心，从而提高系统的可用性。

（3）地理位置灵活性

跨数据中心的 VXLAN 网络可以使企业具备更大的地理范围，可以灵活地在不同地区建立数据中心，并通过网络进行连接。这样可以更好地满足用户的地域性需求，提供更快速和稳定的服务。

（4）数据共享和协作

跨数据中心的 VXLAN 网络可以实现数据的共享和协作。不同数据中心的用户和应用程序可以通过网络访问和共享数据，促进跨地域的合作和信息交流。

（5）云计算和虚拟化

随着云计算和虚拟化技术的广泛应用，企业需要将虚拟机和应用程序部署在不同的数据中心。跨数据中心的 VXLAN 网络提供了灵活、高效和安全的方式来管理及连接这些分散的虚拟资源。

5.3.3　配置双数据中心服务器网络互联

1. 使用 VMware 构建两台服务器

使用 CentOS 8.ova 模板机创建名称为 node1、node2 的服务器，服务

微课

V5-7　配置双数据中心服务器网络互联

器 node1 的第一块网卡连接到 VMnet1 上、第二块网卡连接到 VMnet2 上，服务器 node2 的第一块网卡连接到 VMnet1 上、第二块网卡连接到 VMnet3 上。两台服务器的网卡及 IP 地址配置如表 5-5 所示，其中，ens160 网卡用来远程登录管理服务器，ens192 网卡用来承载内网虚拟机的 VXLAN 流量。

表 5-5　两台服务器的网卡及 IP 地址配置

服务器名称	网卡名称	连接到的网络	网络模式	IP 地址	网关
node1	ens160	VMnet1	仅主机	192.168.10.2	
	ens192	VMnet2	仅主机	192.168.20.2	192.168.20.10
node2	ens160	VMnet1	仅主机	192.168.10.3	
	ens192	VMnet3	仅主机	192.168.30.3	192.168.30.10

配置完成后，服务器 node1 的网卡及 IP 地址如图 5-52 所示。

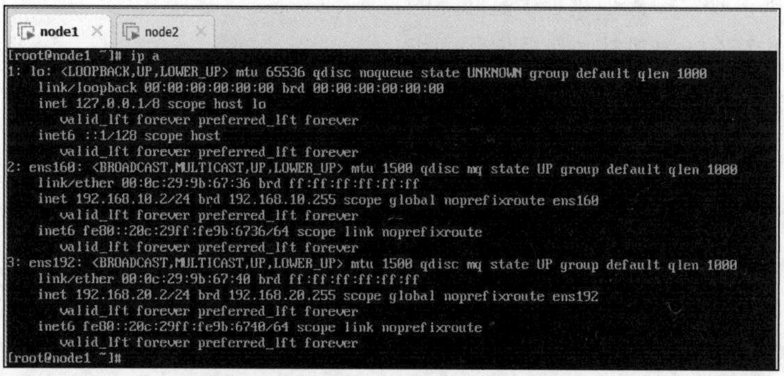

图 5-52　服务器 node1 的网卡及 IP 地址

服务器 node2 的网卡及 IP 地址如图 5-53 所示。

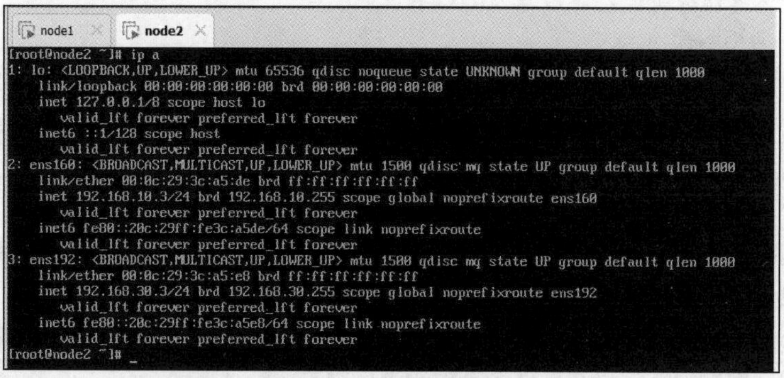

图 5-53　服务器 node2 的网卡及 IP 地址

在服务器 node1 上测试与服务器 node2 的 192.168.30.3 的联通性时，发现是无法正常通信的，如图 5-54 所示。

图 5-54　测试服务器 node1 与服务器 node2 的 192.168.30.3 的联通性

2. 使用 eNSP 连接到服务器 node1 和服务器 node2

（1）搭建拓扑

在 eNSP 中，使用两台 AR2220 路由器和 Cloud 云设备构建网络拓扑，使用的 Cloud 云设备如图 5-55 所示。

图 5-55　使用的 Cloud 云设备

路由器各端口的 IP 地址配置如表 5-6 所示，在路由器 R1 和路由器 R2 上配置各接口的 IP 地址。

表 5-6　路由器各端口的 IP 地址配置

路由器名称	端口名称	IP 地址	连接设备	连接设备的端口	所连设备 IP 地址
R1	GE 0/0/0	192.168.20.10	Cloud1	Ethernet 0/0/1	无
	GE 0/0/1	192.168.1.1	R2	GE 0/0/1	192.168.1.2
R2	GE 0/0/0	192.168.30.10	Cloud2	Ethernet 0/0/1	无
	GE 0/0/1	192.168.1.2	R1	GE 0/0/1	192.168.1.1

（2）Cloud 云设备连接到外网

Cloud 云设备可以连接到 Windows 主机上，使用鼠标右键单击 Cloud1 设备，弹出的对话框如图 5-56 所示。

图 5-56　"Cloud1" 对话框

在"端口创建"区域的"绑定信息"下拉列表中选择一块 UDP 网卡（默认选中的就是 UDP 网卡），"端口类型"默认即可，单击"增加"按钮，添加 UDP 网卡，如图 5-57 所示。

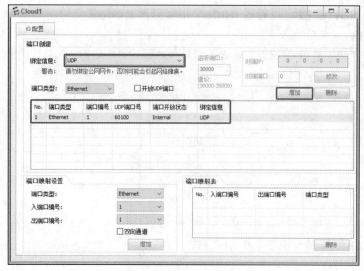

图 5-57　添加 UDP 网卡

在"绑定信息"下拉列表中选择连接到的外部网卡，如图 5-58 所示。

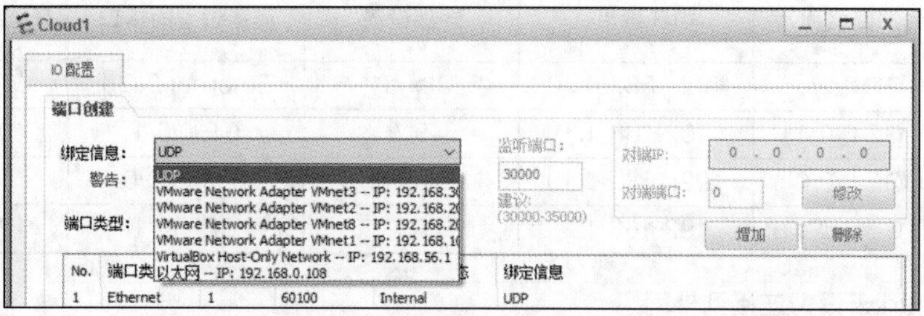

图 5-58　选择连接到的外部网卡

选择"VMware Network Adapter VMnet2-IP：192.168.20.1"网卡，单击"增加"按钮，结果如图 5-59 所示。

图 5-59　成功添加两块网卡

在"端口映射设置"区域中，设置"入端口编号"为 1（即 UDP 网卡）、"出端口编号"为 2（即 VMware Network Adapter VMnet2 网卡）。选中"双向通道"复选框，单击"增加"按钮，在右侧"端口映射表"处将显示添加成功，如图 5-60 所示。

按照以上方法设置 Cloud2 云设备连接的外网网卡为"VMware Network Adapter VMnet3-IP：192.168.30.1"，如图 5-61 所示。

图 5-60　添加端口映射

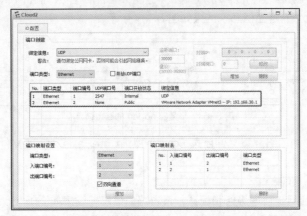

图 5-61　Cloud2 连接到外网网卡 VMware Network Adapter VMnet3

　　配置完成后，服务器 node1 通过 VMnet2 连接到路由器 R1 的 GE0/0/0 端口，服务器 node2 通过 VMnet3 连接到路由器 R2 的 GE 0/0/0 端口。在服务器 node1 上测试与路由器 R1 的 GE 0/0/0 端口的联通性，结果如图 5-62 所示，发现是可以正常通信的。

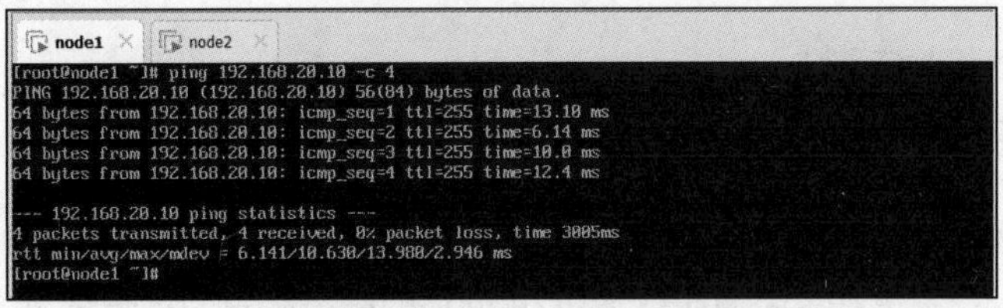

图 5-62　测试服务器 node1 与路由器 R1 的联通性

　　在服务器 node2 上测试与路由器 R2 的 GE 0/0/0 端口的联通性，结果如图 5-63 所示，发现是可以正常通信的。

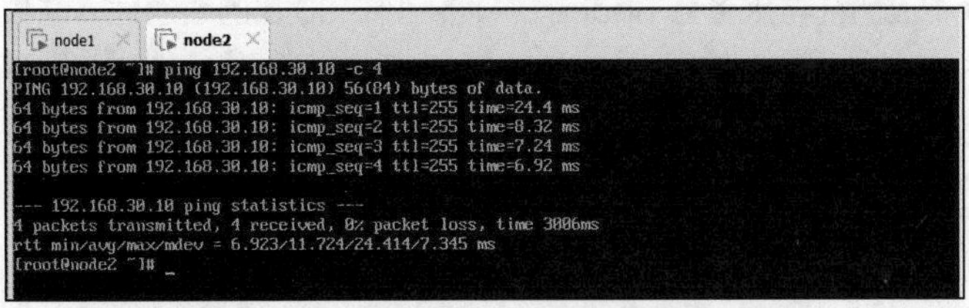

图 5-63　测试服务器 node2 与路由器 R2 的联通性

3. 配置路由实现两台服务器互联

（1）配置主机默认路由

构建网络拓扑，配置 IP 地址后，需要配置路由，使服务器 node1 可以访问服务器 node2 的 192.168.30.3 主机。

首先配置服务器 node1 的默认网关，下一跳为路由器 R1 的 GE 0/0/0 端口，IP 地址为 192.168.20.10。采用持久化配置文件的方式，在网络配置文件目录/etc/sysconfig/network-scripts/下创建名称为 route-ens192 的路由配置文件，代表为 ens192 网卡创建路由配置，在文件中输入以下内容。

```
default via 192.168.20.10
```

其中，default 表示默认路由，via 表示通过下一跳地址。保存配置后，重启网络管理服务和配置。

```
[root@node1 network-scripts]# nmcli n off && nmcli n on && nmcli c reload
```

查看服务器 node1 的路由信息，结果如图 5-64 所示。

```
node1  ×
[root@node1 network-scripts]# route -n
Kernel IP routing table
Destination     Gateway         Genmask         Flags Metric Ref    Use Iface
0.0.0.0         192.168.20.10   0.0.0.0         UG    101    0        0 ens192
192.168.10.0    0.0.0.0         255.255.255.0   U     100    0        0 ens160
192.168.20.0    0.0.0.0         255.255.255.0   U     101    0        0 ens192
[root@node1 network-scripts]#
```

图 5-64　服务器 node1 的路由信息

在服务器 node2 的网络配置文件目录下创建名为 route-ens192 的文件，在文件中输入以下内容。

```
default via 192.168.30.10
```

保存文件后，重启网络管理服务和配置，查看路由信息，结果如图 5-65 所示。

```
node1  node2  ×
[root@node2 ~]# route -n
Kernel IP routing table
Destination     Gateway         Genmask         Flags Metric Ref    Use Iface
0.0.0.0         192.168.30.10   0.0.0.0         UG    101    0        0 ens192
192.168.10.0    0.0.0.0         255.255.255.0   U     100    0        0 ens160
192.168.30.0    0.0.0.0         255.255.255.0   U     101    0        0 ens192
[root@node2 ~]#
```

图 5-65　服务器 node2 的路由信息

（2）配置路由器的静态路由

在路由器 R1 上配置去往 192.168.30.0/24 网络的静态路由，下一跳为 192.168.1.2，配置如下。

```
[R1]ip route-static 192.168.30.0 24 192.168.1.2
```

在路由器 R2 上配置去往 192.168.20.0/24 网络的静态路由，下一跳为 192.168.1.1，配置如下。

```
[R2]ip route-static 192.168.20.0 24 192.168.1.1
```

（3）测试

在服务器 node1 上测试与服务器 node2 的 192.168.30.3 的联通性，结果如图 5-66 所示。

```
node1  ×  node2
[root@node1 ~]# ping 192.168.30.3 -c 4
PING 192.168.30.3 (192.168.30.3) 56(84) bytes of data.
64 bytes from 192.168.30.3: icmp_seq=1 ttl=62 time=13.3 ms
64 bytes from 192.168.30.3: icmp_seq=2 ttl=62 time=11.4 ms
64 bytes from 192.168.30.3: icmp_seq=3 ttl=62 time=19.8 ms
64 bytes from 192.168.30.3: icmp_seq=4 ttl=62 time=17.6 ms
```

图 5-66　测试服务器 node1 与服务器 node2 的 192.168.30.3 的联通性

从图 5-66 中可以看出，服务器 node1 已经可以与服务器 node2 的 192.168.30.3 正常通信了，说明主机的默认路由和路由器 R1、路由器 R2 的静态路由配置成功了。

5.3.4 使用 VXLAN 实现跨数据中心的虚拟机互联

1. 创建虚拟网桥和虚拟机

（1）创建虚拟网桥

在服务器 node1 上创建持久化的虚拟网桥 br1。首先，在网络配置文件目录下创建 ifcfg-br1 文件，在文件中输入以下配置。

```
TYPE=Bridge
NAME=br1
DEVICE=br1
ONBOOT=yes
```

然后，重启网络管理程序和配置，查看服务器 node1 上的虚拟网桥 br1，结果如图 5-67 所示。

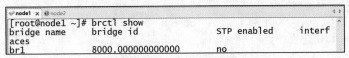

图 5-67　服务器 node1 上的虚拟网桥 br1

在服务器 node2 上创建持久化的虚拟网桥 br2。首先，在网络配置文件目录下创建 ifcfg-br2 文件，在文件中输入以下配置。

```
TYPE=Bridge
NAME=br2
DEVICE=br2
ONBOOT=yes
```

然后，重启网络管理程序和配置，查看服务器 node2 上的虚拟网桥 br2，结果如图 5-68 所示。

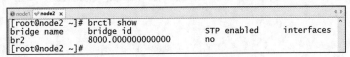

图 5-68　服务器 node2 上的虚拟网桥 br2

（2）创建虚拟机并连接到虚拟网桥

在服务器 node1 上创建虚拟机 vm1，配置如下。

```
[root@node1 ~]# ip netns add vm1                                    #创建网络命名空间 vm1
[root@node1 ~]# ip link add veth1 type veth peer name veth11        #添加 veth 成对虚拟网卡
[root@node1 ~]# ip link set veth1 netns vm1        #移动 veth1 虚拟网卡到网络命名空间 vm1 下
[root@node1 ~]# ip netns exec vm1 ip addr add 192.168.1.1/24 dev veth1 #配置 IP 地址
[root@node1 ~]# ip netns exec vm1 ip link set veth1 up              #启动 veth1 虚拟网卡
[root@node1 ~]# brctl addif br1 veth11             #虚拟网桥 br1 绑定虚拟网卡 veth11
[root@node1 ~]# ip link set br1 up                                 #启动虚拟网桥 br1
[root@node1 ~]# ip link set veth11 up                              #启动虚拟网卡 veth11
```

在服务器 node2 上创建虚拟机 vm2，配置如下。

```
[root@node2 ~]# ip netns add vm2                                    #创建网络命名空间 vm2
[root@node2 ~]# ip link add veth1 type veth peer name veth11        #添加 veth 成对虚拟网卡
[root@node2 ~]# ip link set veth1 netns vm2        #移动 veth1 虚拟网卡到网络命名空间 vm2 下
```

```
[root@node2 ~]# ip netns exec vm2 ip addr add 192.168.1.2/24 dev veth1   #配置 IP 地址
[root@node2 ~]# ip netns exec vm2 ip link set veth1 up      #启动 veth1 虚拟网卡
[root@node2 ~]# brctl addif br2 veth11                  #虚拟网桥 br2 绑定虚拟网卡 veth11
[root@node2 ~]# ip link set br2 up                      #启动虚拟网桥 br2
[root@node2 ~]# ip link set veth11 up                   #启动虚拟网卡 veth11
```

2. 创建 VXLAN10 虚拟接口

（1）在服务器 node1 上创建 VXLAN10 虚拟接口

使用 Linux Bridge 虚拟网桥绑定 VXLAN 虚拟网卡时，方法与 Open vSwitch 虚拟交换机绑定虚拟网卡配置有所不同。需先创建 VXLAN 虚拟网卡，再将其绑定到虚拟网桥上。

在服务器 node1 上创建 VXLAN10 虚拟接口，VNI 为 10，远端 IP 地址为服务器 node2 的 ens192 接口的 IP 地址 192.168.30.3，远端目标端口为 4789，配置如下。

```
[root@node1 ~]# ip link add vxlan10 type vxlan id 10 remote 192.168.30.3 dstport 4789
```

配置完成后，启动 VXLAN10 虚拟接口，配置如下。

```
[root@node1 ~]# ip link set vxlan10 up
```

将 VXLAN10 虚拟接口绑定到虚拟网桥 br1 上，配置如下。

```
[root@node1 ~]# brctl addif br1 vxlan10
```

（2）在服务器 node2 上创建 VXLAN10 虚拟接口

在服务器 node2 上创建 VXLAN10 虚拟接口，VNI 为 10，远端 IP 地址为服务器 node1 的 ens192 接口的 IP 地址 192.168.20.2，远端目标端口为 4789，配置如下。

```
[root@node2 ~]# ip link add vxlan10 type vxlan id 10 remote 192.168.20.2 dstport 4789
```

配置完成后，启动 VXLAN10 虚拟接口，配置如下。

```
[root@node2 ~]# ip link set vxlan10 up
```

将 VXLAN10 虚拟接口绑定到虚拟网桥 br2 上，配置如下。

```
[root@node2 ~]# brctl addif br2 vxlan10
```

3. 测试虚拟机 vm1 与虚拟机 vm2 的联通性

在测试联通性之前，在路由器 R2 上抓取 GE 0/0/1 端口的数据流量，如图 5-69 所示。

图 5-69   在路由器 R2 上抓取 GE 0/0/1 端口的数据流量

在虚拟机 vm2 上抓取 veth11 的数据流量，并将其写入文件 vxlan10.txt。

```
[root@node2 ~]# tcpdump -t -e -nn -i veth11 -w vxlan10.txt
```

在服务器 node1 上测试虚拟机 vm1 与服务器 node2 上的虚拟机 vm2 的联通性，结果如图 5-70 所示。

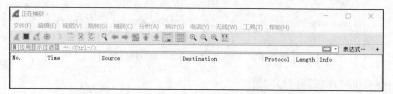

图 5-70   测试虚拟机 vm1 与虚拟机 vm2 的联通性

从图中可以看出，公司总部数据中心服务器 node1 上的虚拟机 vm1 已经可以访问公司分部数据中心服务器 node2 上的虚拟机 vm2 了。

路由器 R2 的 GE 0/0/1 端口抓取数据的结果如图 5-71 所示。

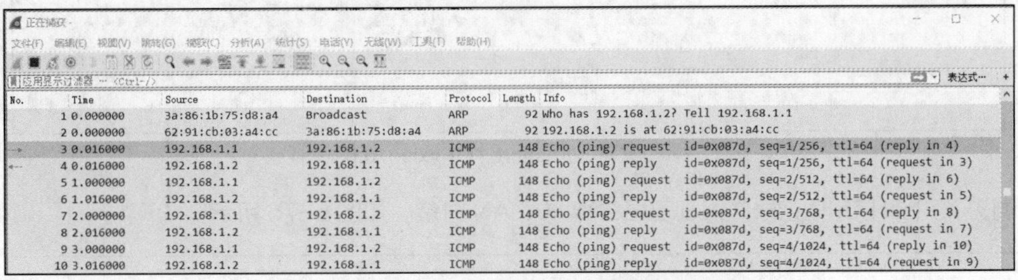

图 5-71　路由器 R2 的 GE 0/0/1 端口抓取数据的结果

从图中可以看出，虚拟机 vm1 首先向虚拟机 vm2 发送了 ARP 请求，这个 ARP 广播被传递到了公司分部数据中心服务器 node2 上，在三层网络中实现了二层数据的传输。在虚拟机 vm1 上查看 ARP 表项，结果如图 5-72 所示。

```
[root@node1 ~]# ip netns exec vm1 arp -a
? (192.168.1.2) at 62:91:cb:03:a4:cc [ether] on veth1
[root@node1 ~]#
```

图 5-72　虚拟机 vm1 的 ARP 表项

从图中可以看到，公司分部数据中心服务器 node2 上的虚拟机 vm2 网卡的 IP 地址已经出现在虚拟机 vm1 的表项中了。

打开第 3 条 ICMP 记录，查看 VXLAN 的封装格式，结果如图 5-73 所示。

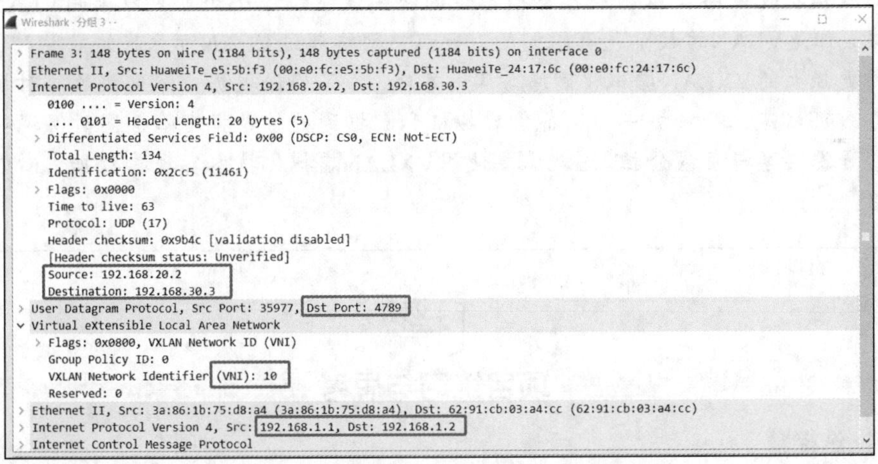

图 5-73　第 3 条 ICMP 记录的 VXLAN 的封装格式

从图中可以看出，当虚拟机 vm1 向虚拟机 vm2 发送 ICMP 报文时，到达虚拟网桥 br1 的 VXLAN10 接口后打上了 VNI 为 10 的标签。接着封装 UDP 报文，目标端口是 4789。最后从本地的 ens192 接口发出，封装源地址为 ens192 网卡的 IP 地址 192.168.20.2，目标地址为 192.168.30.3。

将在服务器 node2 上抓取的 vxlan10.txt 上传到 Windows 主机上，使用 Wireshark 打开该文件，结果如图 5-74 所示。

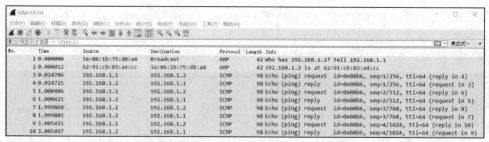

图 5-74　使用 Wireshark 打开 vxlan10.txt 文件

打开第 3 条 ICMP 记录，发现已经去掉 VXLAN 封装，如图 5-75 所示。

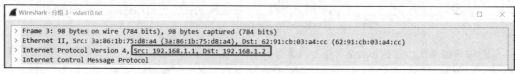

图 5-75　去掉 VXLAN 封装

从结果中可以发现，源地址为 192.168.1.1、目标地址为 192.168.1.2 的报文之上已经没有 VXLAN 的封装了，说明数据到达服务器 node2，经过虚拟网桥 br2 后，已经将 VXLAN 的封装去掉了。

项目小结

当租户人数不断增加，虚拟机和容器规模越来越大时，就需要为虚拟机和容器部署企业级虚拟化网络，以承载各类虚拟化的应用流量。中小企业可以采用VLAN虚拟化方案，但是VLAN的数量是有限制的，当租户网络超过VLAN可承载的数量时，就需要采用更强大的VXLAN虚拟化网络方案。另外，为了确保数据中心发生故障时快速恢复服务，可以建立分数据中心，备份虚拟机和数据到远端数据中心，同时实现跨数据中心的资源共享与负载分担。这就需要使用VXLAN虚拟化技术实现跨数据中心的大二层网络。

项目练习与思考

1. 选择题

（1）在 VLAN 虚拟化网络中，需要配置（　　　）为不同的 VLAN 虚拟机提供数据转发。

　　A. 虚拟交换机　　B. 虚拟路由器　　　　C. 虚拟网卡　　　　D. 虚拟防火墙

（2）在虚拟化网络中，虚拟路由器是通过（　　）实现的。

　　A. 网络命名空间　B. 安全组　　　　　C. 防火墙　　　　D. 交换机

（3）VXLAN 中的 VNI 标识是（　　　）位数字，用来标识虚拟网络。

　　A. 10　　　　　B. 20　　　　　C. 24　　　　　D. 30

（4）当使用 VXLAN 进行数据封装时，目标端口是（　　　）。

　　A. 1024　　　　B. 2048　　　　C. 4096　　　　D. 4789

（5）多数据中心可以实现虚拟机的迁移和资源共享，通常配置大（　　　）层虚拟化网络。

  A. 一   B. 二   C. 三   D. 四

2．填空题

（1）基于 VXLAN 网络的 ARP 广播可以跨越_____层网络。

（2）网卡子接口是指在某块网卡上配置的_____。

（3）在配置网卡子接口时，PHYSDEV 指的是逻辑子接口属于的_____。

（4）使用 Tcpdump 抓包后，可以将写入的文件传到 Windows 中，再使用_____工具将其打开。

（5）数据经过 VXLAN 封装后，使用了新的源 IP 地址和_____ IP 地址。

3．简答题

（1）简述 VXLAN 与 VLAN 相比的优势所在。

（2）简述大二层网络的特点。

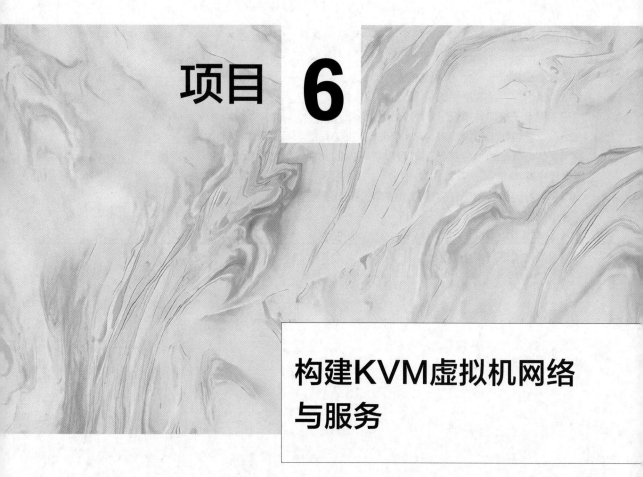

项目 **6**

构建KVM虚拟机网络
与服务

项目描述

为提高服务器资源利用率，降低IT运维成本，公司决定采用KVM虚拟化技术构建虚拟机集群。项目经理要求王亮在集群中构建虚拟化网络，实现虚拟机的内外网互联，绑定多网卡来提高网络节点的可用性，配置DHCP服务为虚拟机分配IP地址，配置防火墙和安全组规则加固虚拟网络，使用负载均衡服务确保Web服务高可用。

项目6思维导图如图6-1所示。

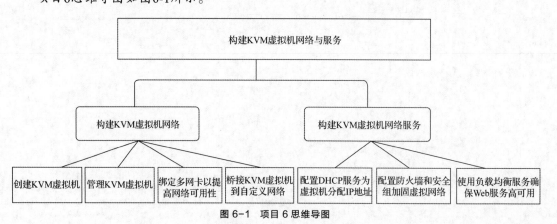

图 6-1　项目 6 思维导图

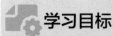

任务 6-1　构建 KVM 虚拟机网络

学习目标

知识目标

- 掌握 KVM 虚拟化的特点。
- 掌握 KVM 虚拟化的实现方式。

技能目标

- 能够安装和管理 KVM 虚拟机。
- 能够运用多网卡绑定来提高网络可用性。
- 能够配置 KVM 虚拟机的内外网互联。

素养目标

- 学习 KVM 虚拟化技术，培养良好的团队合作意识和沟通能力。
- 学习多网卡绑定，能够提出新的网络解决方案，培养善于创新和不断改进的素养。

6.1.1　任务描述

为提升服务器的利用率，公司在购买的服务器上部署了 KVM 虚拟机，在虚拟机上运行公司的业务系统。根据图 6-2 所示的网络拓扑，在计算节点 node2 上，虚拟网桥 br2 连接 KVM 虚拟机 vm1，绑定 ens192 网卡的子接口 ens192.10；在计算节点 node3 上，虚拟网桥 br3 连接 KVM 虚拟机 vm2，绑定 ens192 网卡的子接口 ens192.10；在 ens192.10 接口上封装 VLAN10 标签，虚拟机 vm1 和虚拟机 vm2 之间的网络通信流量经过计算节点 node2 和计算节点 node3 的 ens192 接口转发。

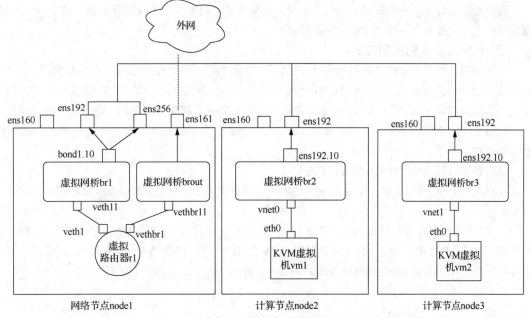

图 6-2　任务 6-1 网络拓扑

当虚拟机 vm1 和虚拟机 vm2 与外网主机通信时，需要将数据转发给网络节点 node1。为提升网络可靠性，在网络节点 node1 上绑定 ens192 和 ens256 两块网卡，将绑定网卡的子接口 bond1.10连接到虚拟网桥 br1、虚拟网桥 br1 连接到虚拟路由器 r1、虚拟路由器 r1 连接到 ens161 网卡后，实现虚拟机的内外网互联。

项目经理要求王亮在计算节点 node2 和计算节点 node3 上安装并管理 KVM 虚拟机，部署虚拟化网络来实现 KVM 虚拟机的内外网互联。

6.1.2　必备知识

1. KVM 虚拟化

基于内核的虚拟机（Kernel-based Virtual Machine，KVM）是一种基于 Linux 内核的虚拟化技术，它允许在一台物理主机上创建和管理多台虚拟机。KVM 利用了 Linux 内核的虚拟化功能，将物理服务器划分为多台独立的虚拟机，每台虚拟机都可以运行自己的操作系统和应用程序。在 Linux 内核中加载 KVM 模块，可将其转变为一个虚拟化层，提供对硬件的直接访问和管理能力，使虚拟机可以与物理硬件之间进行直接的交互。每台虚拟机都被视为一个独立的进程，并且具有自己的虚拟 CPU、内存、磁盘和网络设备等。KVM 虚拟化的主要特点如下。

（1）硬件支持

KVM 依赖于处理器的虚拟化扩展，使虚拟机可以直接访问物理硬件，并获得接近本地性能的性能。通过直接访问硬件和优化的虚拟化技术，KVM 可以实现较低的虚拟化开销。

（2）完全虚拟化

KVM 提供了完全虚拟化的能力，可以运行几乎所有的操作系统，包括 Windows、Linux、UNIX 等。

（3）灵活性和可扩展性

KVM 可以根据需要动态分配和管理虚拟机的资源，如 CPU、内存和磁盘等，允许虚拟机在不同的物理主机之间进行迁移，以实现负载均衡和故障恢复。

（4）安全性和隔离性

每台虚拟机都是独立的进程，它们之间是完全隔离的。这提供了更高的安全性，可以防止一台虚拟机中的应用程序影响其他虚拟机或主机系统。

2. KVM 虚拟化实现方式

在服务器上构建虚拟机的过程如图 6-3 所示。在服务器硬件上安装 Linux 操作系统后，KVM 内核模块就自动被安装了，通过 KVM 内核可以对 CPU 和内存进行虚拟化，提供给客户机（虚拟机）使用。但磁盘和网卡等 I/O（输入/输出）设备的虚拟化需要借助快速仿真器（Quick Emulator，QEMU）实现。虚拟 CPU、内存、磁盘、网卡等设备后，就可以在客户机（虚拟机）上安装操作系统和各种应用了。

3. 使用 QEMU 和 KVM 的方法

QEMU 是一款开源工具，需要安装到 Linux 操作系统中，使用相关命令虚拟磁盘和网卡等 I/O 设备。

KVM 是 Linux 操作系统的内核，安装 Linux 时会自动安装 KVM 内核模块。但用户无法直接使用 KVM 内核，需要安装 libvirt 软件来实现对 KVM 的相关管理。安装了 libvirt 软件后，可通过 virsh 命令行、virt-manager 等工具间接管理 KVM 内核模块，如图 6-4 所示。

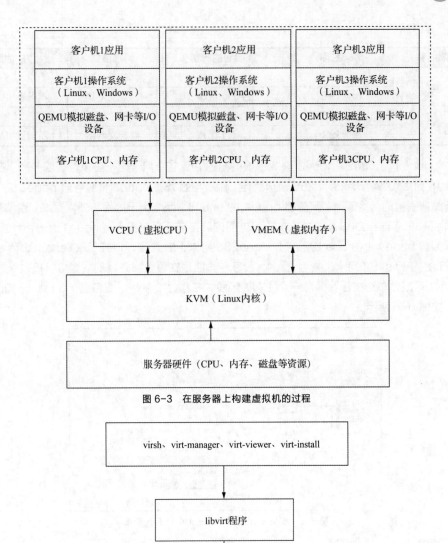

图 6-3　在服务器上构建虚拟机的过程

图 6-4　管理 KVM 内核模块

6.1.3　创建 KVM 虚拟机

1. 配置服务器网络环境

使用 CentOS 8.ova 模板机创建名称为 node1、node2、node3 的服务器，在 node1 上添加两块网卡。3 台服务器的网卡及 IP 地址配置如表 6-1 所示。

微课

V6-1　创建 KVM
虚拟机

表 6-1　3 台服务器的网卡及 IP 地址配置

服务器名称	网卡名称	连接到的网络	网络模式	IP 地址
node1	ens160	VMnet1	仅主机	192.168.10.2
	ens192	LAN1 区段	自定义网络	不配置 IP 地址
	ens256	LAN1 区段	自定义网络	不配置 IP 地址
	ens161	VMnet8	nat	不配置 IP 地址

服务器名称	网卡名称	连接到的网络	网络模式	IP 地址
node2	ens160	VMnet1	仅主机	192.168.10.3
	ens192	LAN1 区段	自定义网络	不配置 IP 地址
node3	ens160	VMnet1	仅主机	192.168.10.4
	ens192	LAN1 区段	自定义网络	不配置 IP 地址

其中，node1、node2、node3 这 3 台服务器的 ens160 网卡用于登录管理服务器，在服务器 node1 上将 ens192 网卡和 ens256 网卡绑定，用于与服务器 node2 和服务器 node3 的 ens192 网卡进行跨宿主机的网络通信。服务器 node1 的 ens161 网卡用于内网与外网互联，也就是说，服务器 node2 和服务器 node3 上的虚拟机访问外网的流量需要经过服务器 node1 上的 ens161 网卡。

将服务器 node1 上的 ens192 网卡、ens256 网卡，服务器 node2 上的 ens192 网卡，服务器 node3 上的 ens192 网卡设置为 LAN1 区段，方法是在每台服务器的"虚拟机设置"对话框中选中"LAN 区段"单选按钮，添加一个 LAN 区段，名称为 LAN1。服务器 node1 网卡的 LAN1 区段设置如图 6-5 所示。

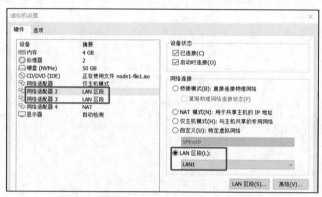

图 6-5　服务器 node1 网卡的 LAN1 区段设置

配置完成后，查看服务器 node1 的网卡和 IP 地址配置，如图 6-6 所示。

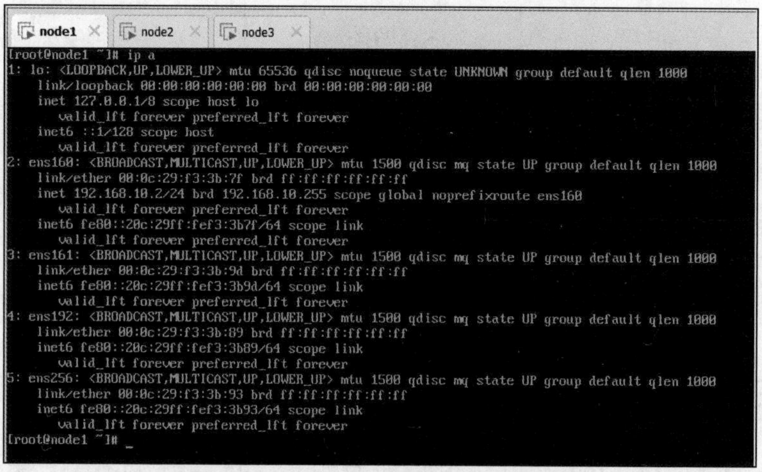

图 6-6　服务器 node1 的网卡和 IP 地址配置

查看服务器 node2 的网卡和 IP 地址配置，如图 6-7 所示。

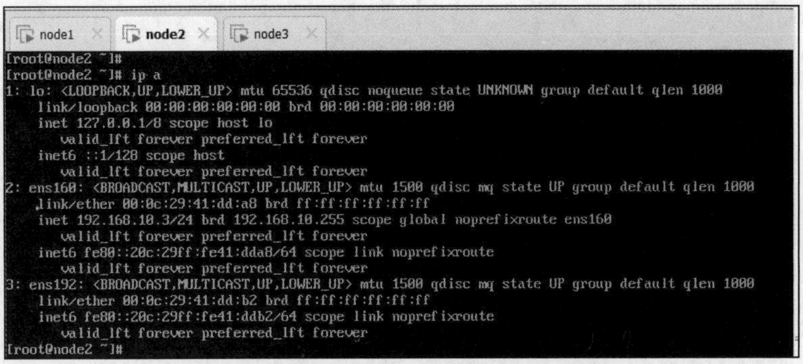

图 6-7 服务器 node2 的网卡和 IP 地址配置

查看服务器 node3 的网卡和 IP 地址配置，如图 6-8 所示。

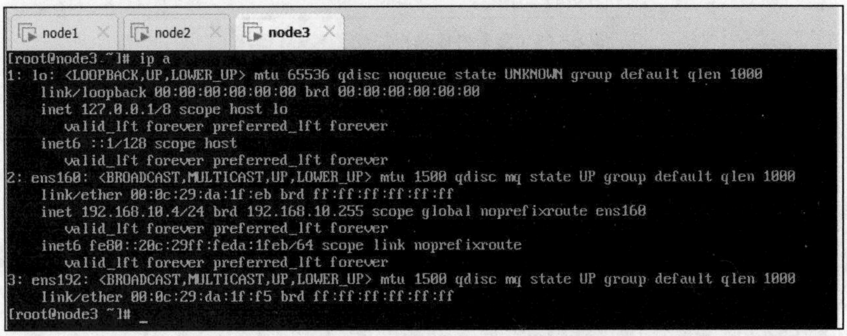

图 6-8 服务器 node3 的网卡和 IP 地址配置

2. 安装基础环境

（1）检查基础环境

在服务器 node2 和服务器 node3 上安装 KVM 虚拟机的过程是一样的，这里以服务器 node2 节点为例，讲解安装 KVM 虚拟机的过程，服务器 node3 的虚拟机安装可参照服务器 node2 完成。

① 检查服务器是否开启了硬件虚拟化支持。

因为 KVM 虚拟机是需要硬件虚拟化辅助实现的，所以要查看服务器是否开启了硬件虚拟化支持，方法是使用 egrep 命令抓取/proc/cpuinfo 信息，命令如下。

```
[root@node2 ~]# egrep '(vmx|svm)' /proc/cpuinfo
```

结果如图 6-9 所示。

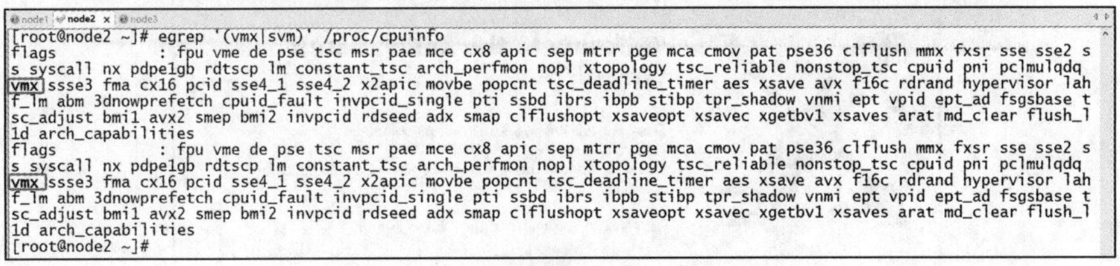

图 6-9 查看是否开启了硬件虚拟化支持

从图中可以发现 vmx 的信息，说明开启了硬件虚拟化支持。如果没有此信息，则需要先在计算机的基本输入输出系统（Basic Input Output System，BIOS）中开启 CPU 的虚拟化，再在 VMware 中开启各节点的 CPU 虚拟化，如图 6-10 所示。

② 检查内核是否加载了 KVM 模块。

使用 lsmod | grep kvm 命令可以查看内核是否加载了 KVM 模块，结果如图 6-11 所示。

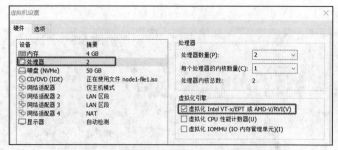

图 6-10　在 VMware 中开启各节点的 CPU 虚拟化

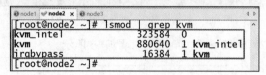

图 6-11　查看内核是否加载了 KVM 模块

从图中可以看到，内核已经加载了 KVM 模块。

（2）安装管理程序

管理 KVM 内核模块需要安装 libvirt 程序，模拟虚拟磁盘和网卡的程序是 QEMU，安装和运维虚拟机需要使用 virt-manager 工具。下面来安装这 3 种工具。

```
[root@node2 ~]# yum install libvirt qemu-kvm virt-manager -y
```

启动 libvirt 并设置开机自启动的命令如下。

```
[root@node2 ~]# systemctl start libvirtd　&& systemctl enable libvirtd
```

（3）启动 virt-manager 图形安装界面

① 安装图形用户界面（Graphical User Interface，GUI）。

在服务器 node2 上，需要安装 CentOS 的图形用户界面，支持 virt-manager 的启动，命令如下。

```
[root@node2 ~]# yum groupinstall "Server with GUI" -y
```

安装完成后，重启服务器 node2，使用 SecureCRT 再次登录该服务器。

② 在 Windows 主机上安装 Xming 软件。

在 CentOS 上运行 virt-manager 软件时，需要在 Windows 主机上安装 Xming 软件以提供图形化支持。在 Windows 主机上启动 Xming 安装程序，如图 6-12 所示。

图 6-12　启动 Xming 安装程序

安装时，不用修改默认的选项，在每个步骤中直接单击"Next"按钮，即可将 Xming 安装到 Windows 主机上。安装完成后，启动 Xming，在任务栏的右下角会看到 Xming 软件启动图标，等待 virt-manager 的连接。

③ 设置 SecureCRT 转发 X11 数据包。

在"会话选项"对话框中，选择"端口转发"下的"远程/X11"选项，选中"转发 X11 数据包"和"强制 X11 鉴权"复选框，单击"确定"按钮，如图 6-13 所示。

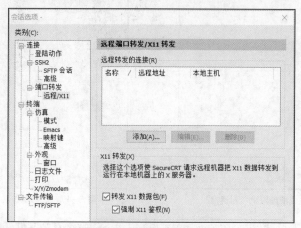

图 6-13　开启 X11 数据转发

④ 启动 virt-manager 管理程序。

在服务器 node2 上启动 virt-manager 管理程序，命令如下。

```
[root@node2 ~]# virt-manager
```

启动完成后，在 Windows 中会进入 virt-manager 启动界面，如图 6-14 所示。

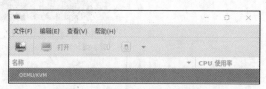

图 6-14　virt-manager 启动界面

3. 创建 CentOS 6.5 虚拟机

（1）上传 CentOS 6.5 安装文件

选择 CentOS 6.5 的原因是它占用的资源比较少。将 CentOS 6.5 的镜像文件上传到 libvirt 镜像文件的默认目录/var/lib/libvirt/images 下，命令如下。

```
[root@node2 images]# ls
CentOS-6.5.iso
```

（2）使用 virt-manager 创建虚拟机 vm1

在 virt-manager 启动界面中，单击"创建虚拟机"按钮，如图 6-15 所示。

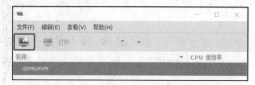

图 6-15　单击"创建虚拟机"按钮

弹出"生成新虚拟机"对话框，如图 6-16 所示。选中默认的"本地安装介质（ISO 映像或者光驱）"单选按钮，安装操作系统，单击"前进"按钮。进入选择操作系统镜像文件界面，单击"浏览"按钮，如图 6-17 所示。

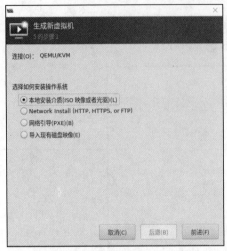

图 6-16 "生成新虚拟机"对话框

图 6-17 选择操作系统镜像文件界面

在弹出的对话框中，选择/var/lib/libvirt/images 目录下的默认安装文件 CentOS-6.5.iso 文件，单击"选择卷"按钮，如图 6-18 所示。

回到之前的界面，其中显示了镜像文件的名称。在该界面的下方选择安装操作系统版本，一般情况下会根据选择的镜像文件自动识别，如图 6-19 所示。

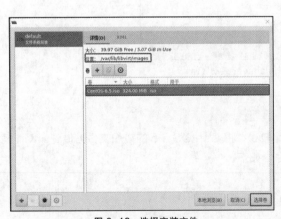

图 6-18 选择安装文件

图 6-19 镜像文件和操作系统版本

单击"前进"按钮，设置内存大小为 1024MB、CPU 核心数为 1，单击"前进"按钮，如图 6-20 所示。

默认选择为虚拟机创建 9GiB 磁盘空间，单击"前进"按钮，如图 6-21 所示。

修改虚拟机的名称为 vm1，在"选择网络"下拉列表中采用默认的"虚拟网络'default'：NAT"，如图 6-22 所示。

图 6-20 设置内存大小和 CPU 核心数

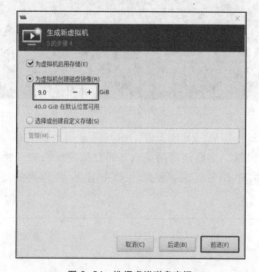

图 6-21 选择虚拟磁盘空间

图 6-22 修改虚拟机名称与选择网络

单击"完成"按钮后，进入安装虚拟机操作系统的界面，如图 6-23 所示。需要注意的是，这里的界面是针对 vm1 这台虚拟机的，和 virt-manager 启动后的管理界面是不同的，也就是说，这个界面是虚拟机 vm1 的控制台，在控制台上可以对虚拟机进行各种详细的操作，而 virt-manager 主要用来安装和克隆虚拟机等。

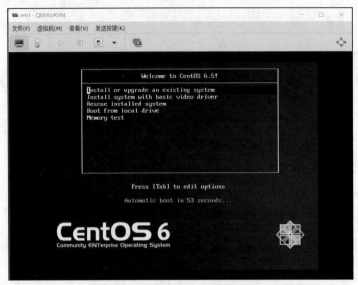

图 6-23　安装虚拟机操作系统的界面

安装 CentOS 6.5 的过程与项目 3 中安装 CentOS 8 模板机的过程基本一致，这里不赘述，具体操作将在微课视频中讲解。需要注意两点：一是在配置网络时，要将网卡设置为默认启动；二是 root 用户的密码要求有 6 位，这里设置为 000000。操作系统安装成功的界面如图 6-24 所示。

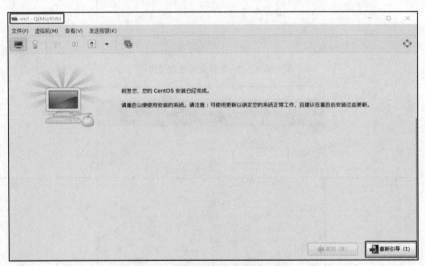

图 6-24　操作系统安装成功的界面

单击"重新引导"按钮，进入操作系统登录界面，输入用户名 root、密码 000000 后登录虚拟机 vm1，并查看其 IP 地址，如图 6-25 所示。

按照以上步骤在服务器 node3 上创建并登录虚拟机 vm2，如图 6-26 所示。

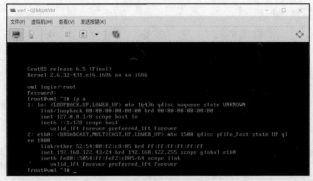

图 6-25　登录虚拟机 vm1

图 6-26　登录虚拟机 vm2

6.1.4　管理 KVM 虚拟机

1. 使用 virt-manager 管理虚拟机

（1）在 virt-manager 主界面中管理虚拟机

使用 virt-manager 创建虚拟机后，可以对虚拟机进行管理，在虚拟机名称
列表中，使用鼠标右键单击"vm1"选项，在弹出的快捷菜单中，可以对虚拟
机进行暂停、关机、重启、克隆、迁移、删除、打开等操作，如图 6-27 所示。
在克隆虚拟机时，需要将虚拟机关机。

图 6-27　管理虚拟机

（2）在控制台上管理虚拟机

单击 virt-manager 启动界面中的"打开"按钮，或者使用鼠标右键单击虚拟机，在弹出的快捷菜单中选择"打开"选项，就可以进入虚拟机的控制台。在虚拟机控制台中，可以进行登录系统、添加虚拟机硬件、拍摄快照等操作，如图 6-28 所示。

图 6-28　虚拟机控制台

后续在网络配置中，会使用"显示虚拟机硬件详情"按钮来修改网卡所连接的网桥信息。

2. 使用命令行管理虚拟机

（1）虚拟机域管理

在服务器上，使用 virsh 命令可以更加细致地管理虚拟机，每台虚拟机都被称为一个域。可以使用 virsh –help 命令查看管理虚拟机的所有命令。查看当前所有虚拟机的命令如下。

```
[root@node2 ~]# virsh list --all
```

结果如图 6-29 所示。

图 6-29　查看当前所有虚拟机

如果只查看已启动的虚拟机，则可以去掉--all 选项。使用 virsh shutdown 命令可关闭虚拟机，关闭虚拟机 vm1 的命令如下。

```
[root@node2 ~]# virsh shutdown vm1
```

如果使用 virsh shutdown 命令关闭虚拟机没有生效，则可以使用 virsh destroy 命令强制关闭虚拟机。强制关闭虚拟机 vm1 的命令如下。

```
[root@node2 ~]# virsh destroy vm1
```

关闭虚拟机后，再使用 virsh list 命令就已经查看不到虚拟机了。使用 virsh list --all 命令再次查看当前所有虚拟机，结果如图 6-30 所示。

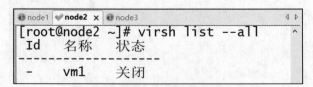

图 6-30　再次查看当前所有虚拟机

使用 virsh start 命令开启关闭的虚拟机。打开虚拟机 vm1 的命令如下。

[root@node2 ~]# virsh start vm1

使用 virsh list 命令查看开启的虚拟机，可以发现虚拟机 vm1 已经启动了，如图 6-31 所示。

图 6-31　虚拟机 vm1 已经启动

（2）虚拟机网络管理

使用 virsh domiflist 命令可以显示服务器上的虚拟网卡信息。查看虚拟机 vm1 的虚拟网卡信息的命令如下。

[root@node2 ~]# virsh domiflist vm1

结果如图 6-32 所示。

```
[root@node2 ~]# virsh domiflist vm1
 接口     类型      源         型号       MAC
-------------------------------------------------------
 vnet0    network   default    virtio    52:54:00:f2:c8:05
```

图 6-32　虚拟机 vm1 的虚拟网卡信息

说明虚拟机 vm1 中的网卡连接到宿主机的 veth0 网卡上，虚拟机与外网通信流量首先到达 vnet0。使用 ethtool 命令可以看到 vnet0 网卡的类型是 tap 虚拟网卡，如图 6-33 所示。

```
[root@node2 ~]# ethtool -i vnet0
driver: tun
version: 1.6
firmware-version:
expansion-rom-version:
bus-info: tap
supports-statistics: no
supports-test: no
supports-eeprom-access: no
supports-register-dump: no
supports-priv-flags: no
[root@node2 ~]#
```

图 6-33　查看 vnet0 网卡的类型

在服务器 node2 上使用 ip link 命令查看当前的网卡信息，如图 6-34 所示。

```
[root@node2 ~]# ip link
1: lo: <LOOPBACK,UP,LOWER_UP> mtu 65536 qdisc noqueue state UNKNOWN mode DEFAULT group default qlen 1000
    link/loopback 00:00:00:00:00:00 brd 00:00:00:00:00:00
2: ens160: <BROADCAST,MULTICAST,UP,LOWER_UP> mtu 1500 qdisc mq state UP mode DEFAULT group default qlen 1000
    link/ether 00:0c:29:41:dd:a8 brd ff:ff:ff:ff:ff:ff
3: ens192: <BROADCAST,MULTICAST,UP,LOWER_UP> mtu 1500 qdisc mq state UP mode DEFAULT group default qlen 1000
    link/ether 00:0c:29:41:dd:b2 brd ff:ff:ff:ff:ff:ff
4: virbr0: <BROADCAST,MULTICAST,UP,LOWER_UP> mtu 1500 qdisc noqueue state UP mode DEFAULT group default qlen 1000
    link/ether 52:54:00:a8:c0:e4 brd ff:ff:ff:ff:ff:ff
5: virbr0-nic: <NO-CARRIER,BROADCAST,MULTICAST,UP> mtu 1500 qdisc fq_codel master virbr0 state DOWN mode DEFAULT grou
p default qlen 1000
    link/ether 52:54:00:a8:c0:e4 brd ff:ff:ff:ff:ff:ff
6: vnet0: <BROADCAST,MULTICAST,UP,LOWER_UP> mtu 1500 qdisc fq_codel master virbr0 state UNKNOWN mode DEFAULT group de
fault qlen 1000
    link/ether fe:54:00:f2:c8:05 brd ff:ff:ff:ff:ff:ff
```

图 6-34　服务器 node2 网卡信息

可以看到在服务器 node2 上新建了 3 块网卡，分别是 virbr0、virbr0-nic、vnet0，其中 vnet0 就是与虚拟机 vm1 通信的网卡。

查看网卡 IP 地址时，可以发现 virbr0 配置了 IP 地址 192.168.122.1/24，如图 6-35 所示。这是由于 libvirt 程序配置了 DHCP 服务功能，为 virbr0 和虚拟机 vm1 分配了相应的 IP 地址。

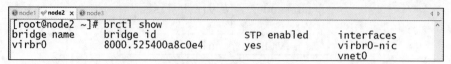

图 6-35　virbr0 的 IP 地址

接下来分析 3 块网卡之间的关系，在服务器 node2 上查看当前的网桥信息，如图 6-36 所示。

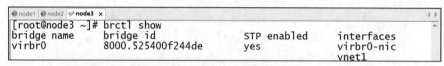

图 6-36　查看网桥信息

从图中可以发现 virbr0 是使用 QEMU 工具建立的虚拟网桥，连接到了 tap 网卡 vnet0 上，通过 vnet0 与虚拟机 vm1 进行通信；virbr0-nic 虚拟网卡也绑定到了 virbr0 上，暂时没有连接其他设备，处于关闭状态。

在服务器 node3 上，同样可以查看网桥信息，如图 6-37 所示。

```
node1  node2  node3  x
[root@node3 ~]# brctl show
bridge name        bridge id              STP enabled       interfaces
virbr0             8000.525400f244de      yes               virbr0-nic
                                                            vnet1
```

图 6-37　服务器 node3 的网桥信息

6.1.5　绑定多网卡以提高网络可用性

1. 配置网络节点的双网卡绑定

在网络服务器上需要将 ens192 和 ens256 两块网卡绑定在一起，为服务器 node2 和服务器 node3 上的虚拟机提供高可靠的网络服务，配置过程如下。

（1）加载 bonding 模块

在绑定多块网卡时，需要使用 Linux 内核模块 bonding，所以下面来加载该模块，命令如下。

微课

V6-3　绑定多网卡
以提高网络可用性

```
[root@node1 ~]# modprobe --first-time bonding
```

加载完成后，查看内核模块 bonding 是否加载成功，命令如下。

```
[root@node1 ~]# lsmod | grep bonding
```

结果如图 6-38 所示。

图 6-38　查看内核模块 bonding

从图中可以发现，bonding 模块已经加载成功。

（2）配置绑定网卡

进入网络配置文件目录，在目录下创建文件 ifcfg-bond1，打开该文件并输入以下内容。

```
DEVICE=bond1
BOOTPROTO=static
ONBOOT=yes
```

```
USERCTL=no
BONDING_OPTS="mode=1 miimon=100"
```

其中，USERCTL=no 指定只有 root 用户或具有特权的用户才能对绑定接口进行操作和配置；BONDING_OPTS 是绑定网卡的重要选项，miimon=100 用于指明每个接口检查链路状态的时间是 100ms，也就是说，加入 bond1 的多网卡需要经过 100ms 进行链路状态检查，mode 用于指定数据发送与接收的模式，常见的 bonding 模式包括负载均衡模式、主备模式，这两种模式的解释如下。

① 负载均衡模式。

mode=0 表示使用负载均衡模式，表示多块网卡同时收发数据，作用是增加带宽，实现负载均衡。

② 主备模式。

mode=1 表示使用主备模式，只有一块网卡收发数据，另一块网卡作为备份，实现了网卡备份。

（3）将 ens192 网卡和 ens256 网卡加入绑定网卡 bond1

在 ens192 网卡和 ens256 网卡配置文件的末尾加上以下配置。

```
MASTER=bond1
SLAVE=yes
```

其中，第一行配置指明 bond1 网卡是本地网卡的主网卡，第二行配置指明本地网卡是从网卡。以上配置完成后，重启网络管理和网络配置。

2. 测试双网卡绑定

（1）查看配置效果

① 查看网卡信息。

在服务器 node1 上使用 ip link 命令查看其网卡信息，如图 6-39 所示。

图 6-39 查看服务器 node1 的网卡信息

从图中可以发现，服务器 node1 新增加了一块网卡 bond1，而且 ens192 网卡和 ens256 网卡的主网卡已经设置为 bond1。

② 查看网卡绑定配置信息。

查看/proc/net/bonding/bond1 文件，可以观察网卡绑定配置信息，如图 6-40 所示。

从图中可以发现，网卡绑定模式是主备模式（active-backup），当前的主网卡是 ens192，备份网卡是 ens256。

（2）测试效果

① 配置网卡临时 IP 地址。

因为这里不需要为绑定网卡 bond1 配置 IP 地址，所以为 bond1 配置临时 IP 地址，用于测试。测试完成后，删除临时 IP 地址。配置 bond1 的临时 IP 地址为 1.1.1.1/24，命令如下。

```
[root@node1 ~]# ip addr add 1.1.1.1/24 dev bond1
```

在服务器 node2 上，配置 ens192 网卡的临时 IP 地址为 1.1.1.2/24，命令如下。

```
[root@node2 ~]# ip addr add 1.1.1.2/24 dev ens192
```

```
node1 x  node2  node3
[root@node1 ~]# cat /proc/net/bonding/bond1
Ethernet Channel Bonding Driver: v3.7.1 (April 27
, 2011)

Bonding Mode: fault-tolerance (active-backup)
Primary Slave: None
Currently Active Slave: ens192
MII Status: up
MII Polling Interval (ms): 100
Up Delay (ms): 0
Down Delay (ms): 0
Peer Notification Delay (ms): 0

Slave Interface: ens192
MII Status: up
Speed: 10000 Mbps
Duplex: full
Link Failure Count: 0
Permanent HW addr: 00:0c:29:f3:3b:89
Slave queue ID: 0

Slave Interface: ens256
MII Status: up
Speed: 10000 Mbps
Duplex: full
Link Failure Count: 0
Permanent HW addr: 00:0c:29:f3:3b:93
Slave queue ID: 0
```

图 6-40　网卡绑定配置信息

② 测试服务器 node2 与服务器 node1 上网卡 bond1 的联通性。

在测试之前，在服务器 node1 上分别抓取 ens192 网卡和 ens256 网卡的 ICMP 流量，命令如下。

```
[root@node1 ~]# tcpdump -i ens192 -p icmp
[root@node1 ~]# tcpdump -i ens256 -p icmp
```

在服务器 node2 上测试与网卡 bond1 的联通性，结果如图 6-41 所示。

```
node1  192.168.10.2  192.168.10.2 (1)  node2 x  node3
[root@node2 ~]#
[root@node2 ~]#
[root@node2 ~]# ping 1.1.1.1 -c 4
PING 1.1.1.1 (1.1.1.1) 56(84) bytes of data.
64 bytes from 1.1.1.1: icmp_seq=1 ttl=64 time=0.645 ms
64 bytes from 1.1.1.1: icmp_seq=2 ttl=64 time=0.623 ms
64 bytes from 1.1.1.1: icmp_seq=3 ttl=64 time=0.689 ms
64 bytes from 1.1.1.1: icmp_seq=4 ttl=64 time=0.517 ms

--- 1.1.1.1 ping statistics ---
4 packets transmitted, 4 received, 0% packet loss, time 3079ms
rtt min/avg/max/mdev = 0.517/0.618/0.689/0.067 ms
```

图 6-41　测试服务器 node2 与服务器 node1 上网卡 bond1 的联通性

从图中可以发现，已经能够正常通信了。查看 ens192 网卡抓取的数据流量，如图 6-42 所示。

```
node1  192.168.10.2 x  192.168.10.2 (1)  node2  node3
Last login: Tue Feb  6 18:24:10 2024 from 192.168.10.1
[root@node1 ~]# tcpdump -i ens192 -p icmp
dropped privs to tcpdump
tcpdump: verbose output suppressed, use -v or -vv for full protocol decode
listening on ens192, link-type EN10MB (Ethernet), capture size 262144 bytes
19:06:32.893770 IP 1.1.1.2 > node1: ICMP echo request, id 4030, seq 1, length 64
19:06:32.893797 IP node1 > 1.1.1.2: ICMP echo reply, id 4030, seq 1, length 64
19:06:33.925541 IP 1.1.1.2 > node1: ICMP echo request, id 4030, seq 2, length 64
19:06:33.925602 IP node1 > 1.1.1.2: ICMP echo reply, id 4030, seq 2, length 64
19:06:34.947252 IP 1.1.1.2 > node1: ICMP echo request, id 4030, seq 3, length 64
19:06:34.947309 IP node1 > 1.1.1.2: ICMP echo reply, id 4030, seq 3, length 64
19:06:35.973021 IP 1.1.1.2 > node1: ICMP echo request, id 4030, seq 4, length 64
19:06:35.973084 IP node1 > 1.1.1.2: ICMP echo reply, id 4030, seq 4, length 64
```

图 6-42　ens192 网卡抓取的数据流量

查看 ens256 网卡抓取的数据流量，如图 6-43 所示。

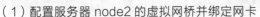

```
node1  192.168.10.2  192.168.10.2 (1)  x  node2  node3
Last login: Tue Feb  6 19:05:36 2024 from 192.168.10.1
[root@node1 ~]# tcpdump -i ens256 -p icmp
dropped privs to tcpdump
tcpdump: verbose output suppressed, use -v or -vv for full protocol decode
listening on ens256, link-type EN10MB (Ethernet), capture size 262144 bytes
```

图 6-43　ens256 网卡抓取的数据流量

如果测试无法联通，则尝试在服务器 node1 上重启网络管理程序和配置，再配置 IP 地址进行测试。从抓取流量的结果可以发现，两块网卡中只有 ens192 网卡承载了服务器 node2 到服务器 node1 的测试流量，说明将 ens192 网卡和 ens256 网卡绑定成 bond1 的操作成功了，主备模式已经生效。测试完成后将服务器 node1 上 bond1 的临时 IP 地址和服务器 node2 上 ens192 网卡的临时 IP 地址删除，命令如下。

```
[root@node1 ~]# ip addr del 1.1.1.1/24 dev bond1
[root@node2 ~]# ip addr del 1.1.1.2/24 dev ens192
```

6.1.6　桥接 KVM 虚拟机到自定义网络

1. 配置服务器 node2 和服务器 node3

在服务器 node2 上创建了虚拟机 vm1，在服务器 node3 上创建了虚拟机 vm2，需要将虚拟机 vm1 和虚拟机 vm2 连接到集群网络之中，配置步骤如下。

（1）配置服务器 node2 的虚拟网桥并绑定网卡

① 创建虚拟网桥 br2。

在服务器 node2 的网络配置目录下，创建虚拟网桥文件 ifcfg-br2，在文件中输入以下内容。

微课

V6-4　桥接 KVM 虚拟机到自定义网络

```
TYPE=Bridge
NAME=br2
DEVICE=br2
ONBOOT=yes
```

② 创建 ifcfg-ens192.10 子接口。

创建 ens192 网卡的子接口 ens192.10，封装 VLAN ID 为 10，在网络配置目录下创建 ifcfg-ens192.10 文件，在文件中输入以下内容。

```
VLAN=yes
TYPE=VLAN
PHYSDEV=ens192
VLAN_ID=10
NAME=ens192.10
DEVICE=ens192.10
ONBOOT=yes
BRIDGE=br2
```

其中，最后一行配置指明将此网卡绑定到虚拟网桥 br2 上，保存文件后，重启网络管理程序和配置。

③ 绑定虚拟网卡到虚拟网桥 br2。

将服务器 node2 上连接虚拟机 vm1 的虚拟网卡绑定到虚拟网桥 br2 上，在虚拟机 vm1 的控制台中，选择左侧的 NIC 网卡，在"网络源"下拉列表中选择"指定共享设备名称"选项，在"网桥名称"文本框中输入 br2，单击"应用"按钮，如图 6-44 所示。

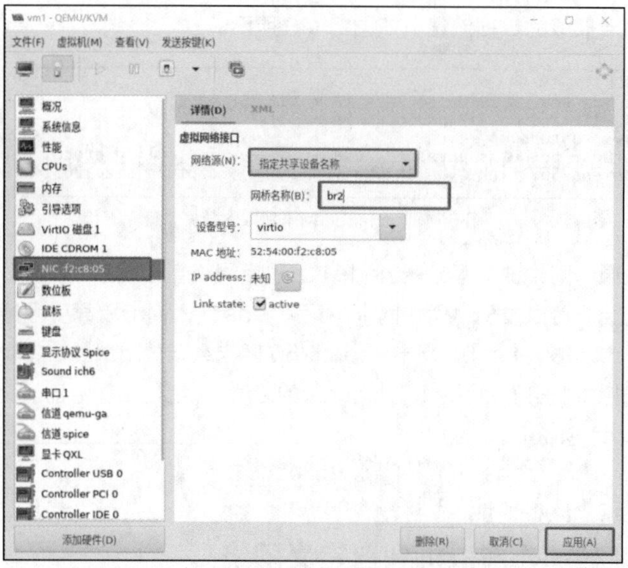

图 6-44　绑定虚拟网卡到虚拟网桥 br2

绑定完成后，重启虚拟机 vm1，重启完成后查看服务器 node2 上的虚拟网桥信息，结果如图 6-45 所示。需要说明的是，虚拟网卡是在虚拟机启动时由 QEMU 创建的，所以虚拟网卡的名称是有可能变化的，但不会影响虚拟机与外网通信。

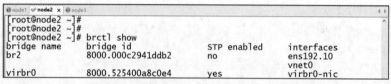

图 6-45　查看服务器 node2 上的虚拟网桥信息

从图中可以看出，虚拟网桥 br2 已经成功绑定了 ens192.10 和虚拟网卡 vnet0。

（2）配置服务器 node3 的虚拟网桥并绑定网卡

① 创建虚拟网桥 br3。

在服务器 node2 的网络配置目录下，创建虚拟网桥文件 ifcfg-br3，在文件中输入以下内容。

```
TYPE=Bridge
NAME=br3
DEVICE=br3
ONBOOT=yes
```

② 创建 ifcfg-ens192.10 子接口。

创建 ens192 网卡的子接口 ens192.10，封装 VLAN ID 为 10，在网络配置目录下创建 ifcfg-ens192.10 文件，在文件中输入以下内容。

```
VLAN=yes
TYPE=VLAN
PHYSDEV=ens192
VLAN_ID=10
NAME=ens192.10
DEVICE=ens192.10
ONBOOT=yes
BRIDGE=br3
```

其中，最后一行配置指明将此网卡绑定到虚拟网桥 br3 上，保存文件后，重启网络管理程序和配置。

③ 绑定虚拟机网卡到虚拟网桥 br3。

将服务器 node3 上连接虚拟机 vm2 的虚拟网卡绑定到虚拟网桥 br3 上，在虚拟机 vm2 的控制台中选择左侧的 NIC 网卡，在"网络源"下拉列表中选择"指定共享设备名称"选项，在"网桥名称"文本框中输入 br3，单击"应用"按钮，如图 6-46 所示。

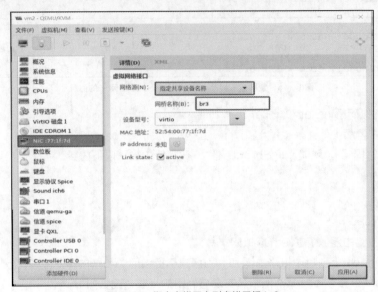

图 6-46　绑定虚拟网卡到虚拟网桥 br3

绑定完成后，重启虚拟机 vm2，查看服务器 node3 上的虚拟网桥信息，结果如图 6-47 所示。

```
node1  node2  node3 ×
[root@node3 ~]#
[root@node3 ~]# brctl show
bridge name       bridge id             STP enabled       interfaces
br3               8000.000c29da1ff5     no                ens192.10
                                                          vnet1
virbr0            8000.525400f244de     yes               virbr0-nic
```

图 6-47　查看服务器 node3 上的虚拟网桥信息

从图中可以看出，虚拟网桥 br3 已经成功绑定了 ens192.10 和虚拟网卡 vnet1。

2. 配置网络节点 node1

（1）创建虚拟网桥 br1 并绑定 bond1.10

在服务器 node1 的网络配置目录下，创建 ifcfg-br1 文件，在文件中输入以下内容。

```
TYPE=Bridge
NAME=br1
DEVICE=br1
ONBOOT=yes
```

创建 ifcfg-bond1.10 文件，将该网卡配置成 bond1 的子接口，封装 VLAN ID 为 10，在文件中输入以下内容。

```
VLAN=yes
TYPE=VLAN
PHYSDEV=bond1
VLAN_ID=10
```

```
NAME=bond1.10
DEVICE=bond1.10
ONBOOT=yes
BRIDGE=br1
```

其中，PHYSDEV=bond1 指明物理网卡是 bond1 网卡，最后一行配置 BRIDGE=br1 指定该网卡绑定到虚拟网桥 br1 上，配置完成后重启网络管理程序和配置，查看虚拟网桥 br1 绑定 bond1.10 网卡的信息，如图 6-48 所示。

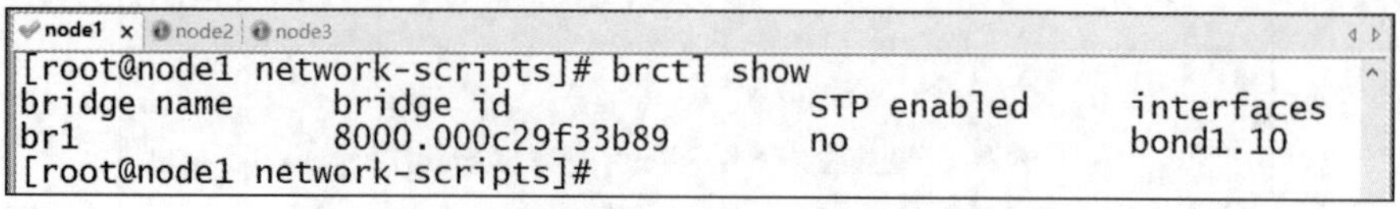

```
●node1 x  ●node2  ●node3                                             ◀ ▷
[root@node1 network-scripts]# brctl show
bridge name       bridge id              STP enabled       interfaces
br1               8000.000c29f33b89      no                bond1.10
[root@node1 network-scripts]#
```

图 6-48　查看虚拟网桥 br1 绑定 bond1.10 网卡的信息

（2）创建虚拟网桥 brout 和虚拟路由器 r1

① 创建虚拟网桥 brout。

在网络配置目录下，创建 ifcfg-brout 文件，在文件中输入以下内容。

```
TYPE=Bridge
NAME=brout
DEVICE=brout
ONBOOT=yes
```

② 创建虚拟路由器 r1 和 veth 虚拟网卡。

在服务器 node1 上创建虚拟路由器 r1，为虚拟机提供网关和路由转发服务，虚拟路由器 r1 通过虚拟网桥 brout 连接到 ens161 网卡，实现与外网的互联，配置如下。

```
[root@node1 ~]# ip netns add r1                                    #添加网络命名空间 r1
[root@node1 ~]# ip link add veth1 type veth peer name veth11       #添加成对虚拟网卡
[root@node1 ~]# ip link set veth11 up                              #启动虚拟网卡 veth11
[root@node1 ~]# ip link set veth1 netns r1      #移动虚拟网卡 veth1 到网络命名空间 r1 下
[root@node1 ~]# ip netns exec r1 ip link set veth1 up             #启动 veth1
[root@node1 ~]# ip link add vethbr1 type veth peer name vethbr11   #添加成对虚拟网卡
[root@node1 ~]# ip link set vethbr11 up                           #启动 vethbr11
[root@node1 ~]# ip link set vethbr1 netns r1    #移动 vethbr1 到网络命名空间 r1 下
[root@node1 ~]# ip netns exec r1 ip link set vethbr1 up           #启动 vethbr1
[root@node1 ~]# brctl addif br1 veth11          #虚拟网桥 br1 绑定 veth11
[root@node1 ~]# brctl addif brout vethbr11      #虚拟网桥 brout 绑定 vethbr11
[root@node1 ~]# brctl addif brout ens161        #虚拟网桥 brout 绑定 ens161
```

③ 创建虚拟路由器的 IP 地址和网关。

配置虚拟路由器 r1 连接内网的网卡 IP 地址为 192.168.1.1/24，为虚拟机提供网关，配置连接外网的网卡 IP 地址为 192.168.200.10/24，将网关设置为 VMnet8 的网关地址 192.168.200.2，配置如下。

```
[root@node1 ~]# ip netns exec r1 bash                             #进入虚拟路由器 r1
[root@node1 ~]# ip addr add 192.168.1.1/24 dev veth1             #设置内网 IP 地址
[root@node1 ~]# ip addr add 192.168.200.10/24 dev vethbr1        #设置外网 IP 地址
[root@node1 ~]# route add default gw 192.168.200.2               #设置默认路由（网关）
```

（3）配置 Iptables 规则，实现内外网互联

虚拟机的数据到达虚拟路由器 r1 后，虚拟路由器需要对其进行源地址转换，以实现虚拟机访问外网。当外网主机访问虚拟机时，需要在虚拟路由器的外网接口上增加 IP 地址，并配置 Iptables

目标地址转换，以实现外网主机访问内网的虚拟机，配置如下。

```
[root@node1 ~]# ip netns exec r1 bash     #进入虚拟路由器 r1
[root@node1 ~]# iptables -t nat -A POSTROUTING -s 192.168.1.0/24 -j SNAT --to 192.168.200.10   #将来自 192.168.1.0/24 网络的源地址转换为 192.168.200.10
[root@node1 ~]# ip addr add 192.168.200.11/24 dev vethbr1   #在外网接口添加 IP 地址
[root@node1 ~]# iptables -t nat -A PREROUTING -d 192.168.200.10 -j DNAT --to 192.168.1.2         #配置外网主机访问 192.168.200.10 时，跳转到 192.168.1.2 上
[root@node1 ~]# iptables -t nat -A PREROUTING -d 192.168.200.11 -j DNAT --to 192.168.1.3         #配置外网主机访问 192.168.200.11 时，跳转到 192.168.1.3 上
```

配置完成后，使用 iptables-save 命令保存配置。

（4）开启虚拟路由器 r1 的路由转发功能

在网络命名空间 r1 下，进入/etc/sysctl.conf 文件，在文件的最后一行加入以下配置。

```
net.ipv4.ip_forward=1
```

在命令行中使用以下命令使配置生效。

```
[root@node1 ~]# sysctl -p
```

3. 测试虚拟机的内外网互联

（1）配置临时测试 IP 地址

在虚拟机 vm1 的控制台中，设置 eth0 的临时 IP 地址为 192.168.1.2/24，如图 6-49 所示。

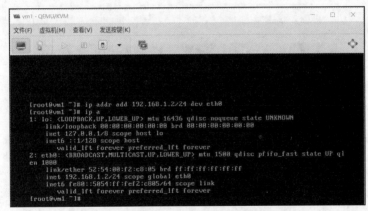

图 6-49　设置虚拟机 vm1 的 eth0 的临时 IP 地址

在虚拟机 vm2 的控制台中，设置 eth0 的临时 IP 地址为 192.168.1.3/24，如图 6-50 所示。

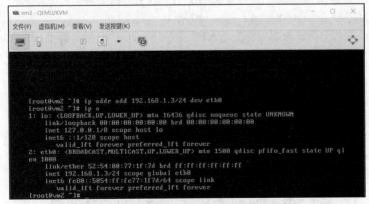

图 6-50　设置虚拟机 vm2 的 eth0 的临时 IP 地址

（2）测试内网联通性

在虚拟机 vm1 的控制台上测试与虚拟机 vm2 的联通性，结果如图 6-51 所示。

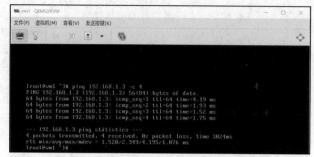

图 6-51　测试虚拟机 vm1 与虚拟机 vm2 的联通性

从图中可以发现，服务器 node2 上的虚拟机 vm1 和服务器 node3 上的虚拟机 vm2 能够正常通信。

（3）测试内网虚拟机访问外网

在虚拟机 vm1 的控制台上配置默认网关为 192.168.1.1，并测试与外网主机 8.8.8.8 的联通性，配置默认网关命令和测试结果如图 6-52 所示。

图 6-52　配置默认网关命令和测试结果

从图中可以发现，服务器 node2 上的虚拟机 vm1 可以和外网主机 8.8.8.8 正常通信。同理，可以为服务器 node3 上的虚拟机 vm2 配置网关，实现与外网主机的互联。

（4）测试外网主机访问内网虚拟机

在测试前，在服务器 node2 上抓取虚拟网卡 vnet0 的数据流量，命令如下。

```
[root@node2 ~]# tcpdump -t -nn -i vnet0 -p icmp
```

在 Windows 主机上测试与虚拟路由器出口 192.168.200.10 的联通性，结果如图 6-53 所示。

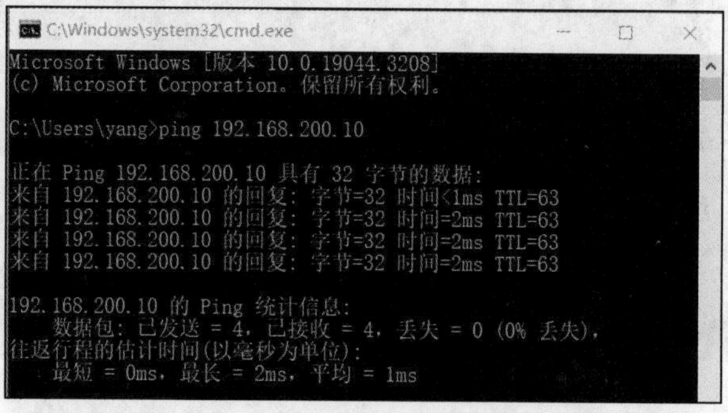

图 6-53　在 Windows 主机上测试与虚拟路由器出口的联通性

从图中可以发现，Windows 主机能够和 192.168.200.10 正常通信。查看服务器 node2 上的抓包流量，结果如图 6-54 所示。

```
[root@node2 ~]# tcpdump -t -nn -i vnet0 -p icmp
dropped privs to tcpdump
tcpdump: verbose output suppressed, use -v or -vv for full protocol decode
listening on vnet0, link-type EN10MB (Ethernet), capture size 262144 bytes
IP 192.168.200.1 > 192.168.1.2: ICMP echo request, id 1, seq 5, length 40
IP 192.168.1.2 > 192.168.200.1: ICMP echo reply, id 1, seq 5, length 40
IP 192.168.200.1 > 192.168.1.2: ICMP echo request, id 1, seq 6, length 40
IP 192.168.1.2 > 192.168.200.1: ICMP echo reply, id 1, seq 6, length 40
IP 192.168.200.1 > 192.168.1.2: ICMP echo request, id 1, seq 7, length 40
IP 192.168.1.2 > 192.168.200.1: ICMP echo reply, id 1, seq 7, length 40
IP 192.168.200.1 > 192.168.1.2: ICMP echo request, id 1, seq 8, length 40
IP 192.168.1.2 > 192.168.200.1: ICMP echo reply, id 1, seq 8, length 40
```

图 6-54　查看服务器 node2 上的抓包流量

从结果中可以看出，数据已经到达了 node2 服务器的 vnet0 虚拟网卡，说明外网主机能够访问内网虚拟机。

也可以在 Windows 上使用 SecureCRT 工具登录 192.168.200.10，以登录服务器 node2 上的虚拟机 vm1，如图 6-55 所示。

```
[root@vm1 ~]# ip a
1: lo: <LOOPBACK,UP,LOWER_UP> mtu 16436 qdisc noqueue state UNKNOWN
    link/loopback 00:00:00:00:00:00 brd 00:00:00:00:00:00
    inet 127.0.0.1/8 scope host lo
    inet6 ::1/128 scope host
       valid_lft forever preferred_lft forever
2: eth0: <BROADCAST,MULTICAST,UP,LOWER_UP> mtu 1500 qdisc pfifo_fast state U
P qlen 1000
    link/ether 52:54:00:f2:c8:05 brd ff:ff:ff:ff:ff:ff
    inet 192.168.1.2/24 scope global eth0
    inet6 fe80::5054:ff:fef2:c805/64 scope link
       valid_lft forever preferred_lft forever
```

图 6-55　登录服务器 node2 上的虚拟机 vm1

任务 6-2　构建 KVM 虚拟机网络服务

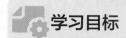 学习目标

知识目标

- 掌握常用的负载均衡服务。
- 掌握南北向和东西向流量的区别。
- 掌握防火墙与安全组的区别。

技能目标

- 能够配置 DHCP 服务为虚拟机分配 IP 地址。
- 能够配置防火墙和安全组加固虚拟网络。
- 能够使用负载均衡服务确保 Web 服务高可用。

素养目标

- 学习南北向和东西向流量，培养不断学习和善于思考的素养，提升自身技术水平。
- 学习防火墙和安全组，培养缜密的思维及识别与管理各种风险的能力。

6.2.1 任务描述

为了提高虚拟化网络的性能，公司决定在网络节点上部署 DHCP 服务，为 KVM 虚拟机分配 IP 地址；部署负载均衡服务，提高 Web 服务的可用性；配置防火墙和安全组，加强虚拟化网络的安全性。

项目经理要求王亮按照图 6-56 所示的网络拓扑，在计算节点 node2 上创建 KVM 虚拟机 vm1、vm2、vm3，在虚拟机 vm1 和虚拟机 vm2 上安装 httpd 服务。在网络节点 node1 上部署 DHCP 服务、负载均衡服务、防火墙和安全组服务。

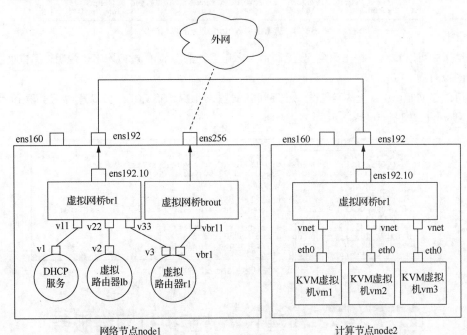

图 6-56 任务 6-2 网络拓扑

6.2.2 必备知识

1. 常用的负载均衡服务

（1）Nginx 服务

Nginx 是一种高性能的开源反向代理服务器，同时可以作为负载均衡器使用。Nginx 支持轮询、最小连接数、IP 哈希等多种负载均衡算法，并可以通过简单的配置实现负载均衡功能。Nginx 除了提供负载均衡功能外，还可以作为 Web 服务器、反向代理服务器和缓存服务器使用，具有较强的灵活性和可扩展性。

（2）LVS 服务

Linux 虚拟服务器（Linux Virtual Server，LVS）是一种基于 Linux 内核的负载均衡解决方案，它通过网络地址转换、直接路由、IP 隧道等技术来实现负载均衡。LVS 可以将来自客户端的请求分发到后端的多台服务器上，并支持传输层和应用层的负载均衡。LVS 适用于构建高性能的负载均衡集群，但需要一定的 Linux 操作系统和网络知识来配置及管理。

（3）HAProxy 服务

HAProxy 是一款高性能的、开源的负载均衡器和代理服务器软件，提供各类服务的性能优化和安全保障。HAProxy 支持多种负载均衡算法，包括轮询、加权轮询、最少连接数等，并具有灵活的配置选项和丰富的监控功能，是构建高性能负载均衡架构的重要组件之一。

（4）F5 负载均衡

F5 是一种商业的应用交付控制器，提供高级的负载均衡、安全防护等功能，可以实现丰富的负载均衡策略和定制化配置，适用于大型企业和复杂的网络环境。

2. 南北向流量和东西向流量

（1）南北向流量

南北向流量：进出数据中心或网络边界的流量。例如，用户通过互联网访问数据中心的应用程序或服务产生的流量，以及数据中心的应用程序或服务向外部发送的流量，都属于南北向流量。在虚拟化环境中，南北向流量指虚拟机、容器与外网的通信流量。

（2）东西向流量

东西向流量：数据中心内部或云平台内网虚拟机、容器之间相互通信产生的流量。这样的通信可能发生在同一台物理服务器上，也可能发生在不同的物理服务器之间。

3. 防火墙和安全组

防火墙通常用于管理南北向流量，通过设置规则允许或拒绝外网与内网之间的通信。在云环境中，云服务提供商通常会提供边界防火墙功能，用于管理进出云平台的流量。

安全组在虚拟化环境中通常用于管理东西向流量，可以控制虚拟机、容器之间的通信。安全组提供了针对内部通信的微观级别的访问控制，基于实例级别设置不同的安全规则，实现了细粒度的流量控制。

防火墙应用对象是虚拟路由器，用于保护路由上连接的子网。例如，在虚拟路由器上定义多条 Iptables 规则允许外网通过 SSH 访问租户网络的 22 端口，但不可以使用 Telnet 协议访问租户网络的 23 端口。

安全组保护的是虚拟机实例，可以在宿主机上配置 ebtables 规则控制进出虚拟机的流量。例如，只允许 Web 服务器访问本机的 3306 数据库端口，而禁止其他流量通过。

4. ebtables 工具

ebtables 是一种在 Linux 操作系统中运行的工具，用于在数据链路层对以太网帧进行过滤和操作。ebtables 提供了一组规则和命令，允许用户根据源 MAC 地址、目标 MAC 地址、协议类型等条件对网络流量进行过滤。以下是 ebtables 的一些主要特性和用途。

（1）过滤功能

ebtables 允许设置过滤规则，根据源 MAC 地址、目标 MAC 地址、协议类型等条件来限制网络流量。filter 是 ebtables 默认的表格，它有 3 条链，如果网桥自身作为可以上网的主机，则可以在 INPUT 链和 OUTPUT 链上指明网桥过滤规则，一般仅在作为网桥进行数据转发时，在 FORWARD 链上进行配置。使用 ebtables --help 命令可以查看具体选项和参数。

（2）网桥管理

ebtables 可以用于管理 Linux 操作系统中的网桥设备。它支持添加和删除网桥、配置网桥参数，以及设置网桥之间的流量转发规则等。

（3）虚拟化环境中的网络隔离

在虚拟化环境中，ebtables 可以用于隔离虚拟机之间的网络流量，提供额外的网络安全层。

（4）NAT 转换

ebtables 支持对以太网帧进行 NAT 转换，可以实现类似于 Iptables 的网络地址转换功能。

（5）监控和日志记录

ebtables 可以用于捕获特定类型的网络流量，并将其记录到日志文件中，以便进一步分析和监控网络活动。

6.2.3 配置 DHCP 服务为虚拟机分配 IP 地址

1. 配置服务器网络环境

使用 CentOS 8.ova 模板机创建名称为 node1、node2 的服务器，在
服务器 node1 上添加一块网卡。两台服务器的网卡及 IP 地址配置如表 6-2
所示。

V6-5　配置 DHCP
服务为虚拟机分配
IP 地址

表 6-2　两台服务器的网卡及 IP 地址配置

服务器名称	网卡名称	连接到的网络	网络模式	IP 地址
node1	ens160	VMnet1	仅主机	192.168.10.2
	ens192	LAN1 区段	自定义网络	不配置 IP 地址
	ens256	VMnet8	NAT	不配置 IP 地址
node2	ens160	VMnet1	仅主机	192.168.10.3
	ens192	LAN1 区段	自定义网络	不配置 IP 地址

其中，服务器 node1 和服务器 node2 的 ens160 网卡用于登录管理服务器，服务器 node1
的 ens192 网卡与服务器 node2 的 ens192 网卡用于跨宿主机的网络通信，服务器 node1 的
ens256 网卡用于内网与外网互联，服务器 node2 上的虚拟机访问外网的流量需要经过服务器
node1 的 ens256 网卡。

配置完成后，查看服务器 node1 的网卡和 IP 地址配置，如图 6-57 所示。

图 6-57　服务器 node1 的网卡及 IP 地址配置

查看服务器 node2 的网卡和 IP 地址配置，如图 6-58 所示。

图 6-58　服务器 node2 的网卡及 IP 地址配置

2. 配置计算节点 node2 的虚拟机和网络

（1）创建 3 台虚拟机

按照任务 6-1 中创建 KVM 虚拟机的方法，在服务器 node2 上创建 3 台虚拟机，名称分别为

vm1、vm2、vm3。创建完成后，进入虚拟机 vm1 的控制台，如图 6-59 所示。

图 6-59　进入虚拟机 vm1 的控制台

进入虚拟机 vm2 的控制台，如图 6-60 所示。

图 6-60　进入虚拟机 vm2 的控制台

进入虚拟机 vm3 的控制台，如图 6-61 所示。

图 6-61　进入虚拟机 vm3 的控制台

安装虚拟机 vm2 和虚拟机 vm3 时，还可以采用克隆的方式完成，使用 virt-manager 界面或者命令行的方式也能实现，但启动后需要对网卡和计算机名称等信息进行修改。

（2）虚拟机网卡连接虚拟网桥 br1

① 创建虚拟网桥 br1。

在服务器 node2 的网络配置目录下，创建文件 ifcfg-br1，在文件中输入以下内容。

```
TYPE=Bridge
NAME=br1
DEVICE=br1
ONBOOT=yes
```

以上配置创建了虚拟网桥 br1。

② 创建 ens192 网卡子接口 ens192.10。

在网络配置目录下创建 ifcfg-ens192.10 文件，在文件中输入以下内容。

```
VLAN=yes
TYPE=VLAN
PHYSDEV=ens192
VLAN_ID=10
```

```
NAME=ens192.10
DEVICE=ens192.10
ONBOOT=yes
BRIDGE=br1
```

以上配置创建了 ens192 网卡的子接口 ens192.10，封装 VLAN ID 为 10，连接到虚拟网桥 br1，保存文件后重启网络管理程序和配置。

③ 将虚拟机接入虚拟网桥 br1。

在 vm1、vm2、vm3 这 3 台虚拟机的控制台中，将网卡连接到虚拟网桥 br1，连接完成后查看服务器 node2 的网桥信息，如图 6-62 所示。

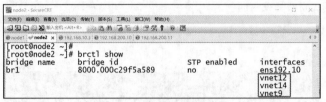

图 6-62　网卡连接虚拟网桥 br1

从图中可以看出，虚拟网桥 br1 连接着 3 块虚拟网卡，分别是 vnet9、vnet12、vnet14，这 3 块虚拟网卡是 vm1、vm2、vm3 这 3 台虚拟机连接外网的网卡，那么如何确定它们和虚拟机的对应关系呢？由于在启动虚拟机时，虚拟网卡是随机创建的，但编号按照顺序依次递增，首先启动的是虚拟机 vm1，然后是虚拟机 vm2 和虚拟机 vm3，因此虚拟机 vm1 对应的虚拟网卡是 vnet9，虚拟机 vm2 对应的虚拟网卡是 vnet12，虚拟机 vm3 对应的虚拟网卡是 vnet14。

3. 在服务器 node1 上配置 DHCP 服务

（1）创建虚拟网桥 br1 并连接虚拟网卡 ens192.10

① 创建虚拟网桥 br1。

在服务器 node1 上，进入网络配置目录，创建 ifcfg-br1 文件，在文件中输入以下内容，创建虚拟网桥 br1。

```
TYPE=Bridge
NAME=br1
DEVICE=br1
ONBOOT=yes
```

② 创建 ens192 网卡子接口 ens192.10。

在网络配置目录下创建 ifcfg-ens192.10 文件，在文件中输入以下内容。

```
VLAN=yes
TYPE=VLAN
PHYSDEV=ens192
VLAN_ID=10
NAME=ens192.10
DEVICE=ens192.10
ONBOOT=yes
BRIDGE=br1
```

以上配置在服务器 node1 上创建了 ens192 网卡的子接口 ens192.10，封装 VLAN ID 为 10，连接到虚拟网桥 br1，保存文件后重启网络管理程序和配置。

（2）创建网络命名空间

为 VLAN10 用户分配 IP 地址。首先创建网络命名空间，然后接入虚拟网桥 br1，并在网络命名空间下安装 DHCP 服务。创建网络命名空间 dhcp 并连接到虚拟网桥 br1 的配置如下。

```
[root@node1 ~]# ip netns add dhcp                              #创建网络命名空间 dhcp
[root@node1 ~]# ip link add v1 type veth peer name v11         #增加成对虚拟网卡
[root@node1 ~]# ip link set v11 up                             #启动网卡 v11
[root@node1 ~]# ip link set v1 netns dhcp                      #将 v1 移动到网络命名空间 dhcp 下
[root@node1 ~]# ip netns exec dhcp ip link set v1 up           #启动网卡 v1
[root@node1 ~]# brctl addif br1 v11                            #将 v11 绑定到虚拟网桥 br1 上
```

（3）安装并配置 DHCP 服务

① 安装 dhcp-server 服务。

在网络命名空间下安装 dhcp-server 服务，配置如下。

```
[root@node1 ~]# ip netns exec dhcp bash                        #进入网络命名空间 dhcp
[root@node1 ~]# yum install dhcp-server -y                     #安装 dhcp-server 服务
```

② 配置 DHCP 服务。

首先，为网卡 v1 配置一个属于 192.168.1.0/24 网络的 IP 地址，因为 DHCP 分配网络地址时要监听属于 192.168.1.0/24 网络的接口，所以这里将 v1 接口的 IP 地址配置为 192.168.1.2，配置如下。

```
[root@node1 ~]# ip addr add 192.168.1.2/24 dev v1
```

其次，打开 DHCP 服务的配置文件/etc/dhcp/dhcpd.conf，在文件中输入以下内容。

```
subnet 192.168.1.0 netmask 255.255.255.0 {              #定义分配的网络地址
    range 192.168.1.3 192.168.1.100;                    #分配的 IP 地址范围
    option subnet-mask 255.255.255.0;                   #分配的子网掩码
    option routers 192.168.1.1;                         #分配的网关
    option domain-name-servers 8.8.8.8;                 #分配的 DNS 服务器的 IP 地址
}
```

其中，网关 192.168.1.1 在后续任务中配置在虚拟路由器 r1 上。

③ 开启 DHCP 服务，虚拟机获取 IP 地址。

为隔离各网络命名空间的进程，需要使用 DHCP 服务的/usr/sbin/dhcpd 命令直接启动 DHCP 服务，在命令后边加上配置文件即可。使用 systemctl 命令开启 DHCP 服务将无法有效隔离各网络命名空间的应用进程。启动 DHCP 服务的命令如下。

```
[root@node1 ~]# /usr/sbin/dhcpd -cf /etc/dhcp/dhcpd.conf
```

开启 DHCP 服务后，在虚拟机 vm1 上使用 service network restart 命令重启网卡，查看 IP 地址，发现虚拟机 vm1 已成功获取 IP 地址，如图 6-63 所示。

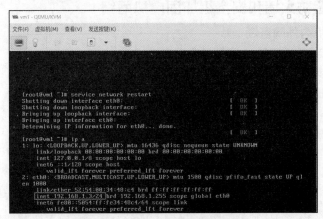

图 6-63 虚拟机 vm1 成功获取 IP 地址

在虚拟机 vm2 上使用 service network restart 命令重启网卡，查看 IP 地址，发现虚拟机 vm2 已成功获取 IP 地址，如图 6-64 所示。

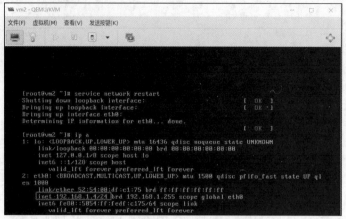

图 6-64　虚拟机 vm2 成功获取 IP 地址

在虚拟机 vm3 上使用 service network restart 命令重启网卡，查看 IP 地址，发现虚拟机 vm3 已成功获取 IP 地址，如图 6-65 所示。

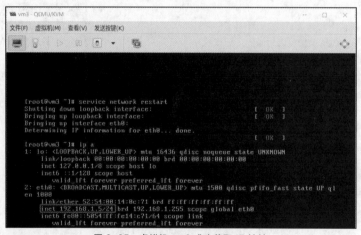

图 6-65　虚拟机 vm3 成功获取 IP 地址

6.2.4　配置防火墙和安全组加固虚拟网络

1. 配置虚拟机内外网互联

（1）创建并连接虚拟路由器 r1 和虚拟网桥 brout

在服务器 node1 上创建虚拟机，连接外网的虚拟路由器 r1 和虚拟网桥 brout，将虚拟路由器连接到虚拟网桥 br1 和 brout 上，将虚拟网桥 brout 连接到 ens256 网卡上。

① 创建虚拟网桥 brout。

进入网络配置目录，创建 ifcfg-brout 文件，在文件中输入以下内容，创建虚拟网桥 brout。

```
TYPE=Bridge
NAME=brout
```

微课

V6-6　配置防火墙和安全组加固虚拟网络

```
DEVICE=brout
ONBOOT=yes
```

配置完成后，重启网络管理程序和配置。

② 创建虚拟路由器 r1。

创建虚拟路由器 r1，连接虚拟网桥 br1 和 brout，配置如下。

```
[root@node1 ~]# ip netns add r1                           #创建网络命名空间 r1
[root@node1 ~]# ip link add v3 type veth peer name v33    #创建成对虚拟网卡
[root@node1 ~]# ip link set v33 up                        #启动 v33
[root@node1 ~]# ip link set v3 netns r1                   #移动 v3 到 r1 网络命名空间下
[root@node1 ~]# ip netns exec r1 ip link set v3 up        #启动 v3 网卡
[root@node1 ~]# ip link add vbr1 type veth peer name vbr11 #创建成对虚拟网卡
[root@node1 ~]# ip link set vbr11 up                      #启动 vbr11
[root@node1 ~]# ip link set vbr1 netns r1                 #移动 vbr1 到网络命名空间 r1 下
[root@node1 ~]# ip netns exec r1 ip link set vbr1 up      #启动 vbr1
[root@node1 ~]# ip netns exec r1 ip addr add 192.168.1.1/24 dev v3
            #设置 VLAN10 用户的网关 v3 的 IP 地址
[root@node1 ~]# ip netns exec r1 ip addr add 192.168.200.10/24 dev vbr1
            #设置连接到外网虚拟网卡 vbr1 的 IP 地址
[root@node1 ~]# brctl addif br1 v33       #将 v33 绑定到虚拟网桥 br1
[root@node1 ~]# brctl addif brout vbr11   #将 vbr11 绑定到虚拟网桥 brout
[root@node1 ~]# brctl addif brout ens256  #将 ens256 网卡绑定到虚拟网桥 brout
```

配置完成后，查看虚拟网桥和网卡绑定信息，如图 6-66 所示。

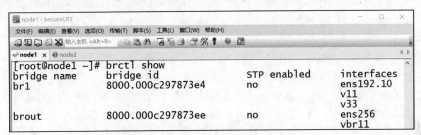

图 6-66　查看虚拟网桥和网卡绑定信息

（2）配置虚拟路由器 r1，实现内外网互联

① 开启防火墙路由转发功能。

```
[root@node1 ~]# ip netns exec r1 bash       进入虚拟路由器 r1
```

在/etc/sysctl.conf 中加入以下配置。

```
net.ipv4.ip_forward=1
```

在命令行中使用以下命令使配置生效。

```
[root@node1 ~]# sysctl -p
```

② 添加到达外网的路由。

在网络命名空间 r1 下，配置默认路由，指向 VMnet8 的网关 192.168.200.2，配置如下。

```
[root@node1 ~]# route add default gw 192.168.200.2
```

③ 配置 SNAT 规则，实现内网虚拟机访问外网主机。

当虚拟机访问外网主机的流量到达虚拟路由器 r1 后，需要配置 Iptables 源地址转换规则，将源地址转换为 192.168.200.10，以访问外网主机，配置如下。

```
[root@node1 ~]# iptables -t nat -A POSTROUTING -s 192.168.1.0/24 -j SNAT --to
192.168.200.10     #将来自 192.168.1.0/24 网络的源地址转换为 192.168.200.10
```

配置完成后，在虚拟机 vm1 的控制台上访问 www.baidu.com，结果如图 6-67 所示。

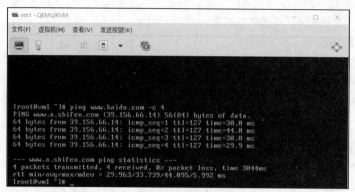

图 6-67　访问 www.baidu.com

从图中可以看出，虚拟机 vm1 已经能够访问 www.baidu.com。能够访问该域名的原因是虚拟机 vm1 通过 DHCP 服务器配置了 DNS 服务器的 IP 地址 8.8.8.8，所以能够解析域名 www.baidu.com。

（3）配置 DNAT，实现外网主机访问虚拟机

① 增加路由出口 IP 地址。

通过虚拟路由器 r1 完成外部出接口到虚拟机的映射时，需要在 r1 出接口上增加两个 IP 地址，分别是 192.168.200.11/24 和 192.168.200.12/24，配置如下。

```
[root@node1 ~]# ip addr add 192.168.200.11/24 dev vbr1        #接口添加 IP 地址
[root@node1 ~]# ip addr add 192.168.200.12/24 dev vbr1        #接口添加 IP 地址
```

② 配置 Iptables 目标地址转换规则。

虚拟机 vm1 和虚拟机 vm2 是两台 Web 服务器，需要进行远程管理维护，所以访问路由器的 22 端口时，跳转到这两台虚拟机的 22 端口，配置如下。

```
[root@node1 ~]# iptables -t nat -A PREROUTING -d 192.168.200.10 -p tcp --dport 22 -j
DNAT --to 192.168.1.3:22
        #当外网主机访问 192.168.200.10 的 22 端口时，跳转到虚拟机 vm1 (192.168.1.3)的 22 端口
[root@node1 ~]# iptables -t nat -A PREROUTING -d 192.168.200.11 -p tcp --dport 22 -j
DNAT --to 192.168.1.4:22
        #当外网主机访问 192.168.200.11 的 22 端口时，跳转到虚拟机 vm2 (192.168.1.4)的 22 端口
[root@node1 ~]# iptables -t nat -A PREROUTING -d 192.168.200.12 -p tcp --dport 22 -j
DNAT --to 192.168.1.5:22
        #当外网主机访问 192.168.200.11 的 22 端口时，跳转到虚拟机 vm2 (192.168.1.5)的 22 端口
```

配置结束后，在 Windows 主机上使用 SecureCRT 工具通过 SSH 协议访问 192.168.200.10 的 22 端口时，可登录到虚拟机 vm1，如图 6-68 所示。

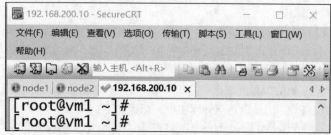

图 6-68　远程登录到虚拟机 vm1

使用 SecureCRT 工具通过 SSH 协议访问 192.168.200.11 的 22 端口时，可以登录到虚拟机 vm2，如图 6-69 所示。

图 6-69　远程登录到虚拟机 vm2

使用 SecureCRT 工具通过 SSH 协议访问 192.168.200.12 的 22 端口时，可以登录到虚拟机 vm3，如图 6-70 所示。

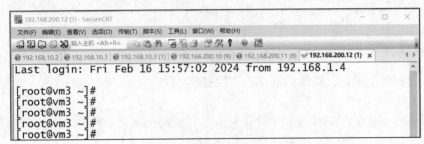

图 6-70　远程登录到虚拟机 vm3

在这 3 台虚拟机上上传阿里云的 CentOS 6.5 网络 YUM 源，命令如下。

```
[root@vm1 yum.repos.d]# ls
CentOS-Base.repo
[root@vm2 yum.repos.d]# ls
CentOS-Base.repo
[root@vm3 yum.repos.d]# ls
CentOS-Base.repo
```

在虚拟机 vm3 上安装数据库 mysql-server，用于测试后续配置，命令如下。

```
[root@vm3 ~]# yum install mysql-server -y
```

启动数据库，命令如下。

```
[root@vm3 ~]# service mysqld start
```

2. 配置防火墙规则，实现虚拟机 vm3 的访问控制

防火墙主要用来控制每个子网与外网的通信流量和不同子网之间的通信流量。在本任务中，虚拟机 vm3 上部署了公司的重要数据库，不可以与外部进行网络通信。但在虚拟路由器 r1 上配置 SNAT 规则时，192.168.1.0/24 网络的主机都可以访问外网，因此需要在虚拟路由器 r1 上配置 Iptables 过滤规则将虚拟机 vm3 去往外部的流量禁止。

流经路由器的数据需要经过 3 个链，分别是 PREROUTING 链、FORWARD 链、POSTROUTING 链。filter 表的规则可以作用在 INPUT 链、FORWARD 链、OUTPUT 链上，所以可以在 FORWARD 链上配置 filter 表的规则，禁止来自虚拟机 vm3 的流量，配置如下。

```
[root@node1 ~]# iptables -A FORWARD -s 192.168.1.5 -j DROP
```

配置完成后，查看虚拟机 vm3 与外网的联通性，结果如图 6-71 所示，可以看到虚拟机 vm3 无法访问外网。

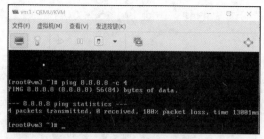

图 6-71　虚拟机 vm3 无法访问外网

使用 SecureCRT 工具也无法远程登录虚拟机 vm3，如图 6-72 所示。

图 6-72　外网主机无法远程登录虚拟机 vm3

3. 配置安全组规则，实现内网主机访问控制

（1）配置 ebtables 安全组规则

虚拟机 vm3 服务器的数据库需要被虚拟机 vm1 和虚拟机 vm2 访问，需要开放内部用户的远程管理功能，禁止其他访问流量。使用 ebtables 安全组规则实现以上需求，配置如下。

```
[root@node2 ~]# ebtables -t filter -A FORWARD -p ipv4 -o vnet24 --ip-proto tcp --ip-dport 22 -j ACCEPT
```

虚拟机 vm3 连接在 vnet24 接口上，-o 指从外界到达虚拟机的流量，-i 指虚拟机到达该接口的流量。此条配置在 filter 表的 FORWARD 链中添加了一条针对 IPv4 的规则，接收 TCP 目标 22 端口的数据。

```
[root@node2 ~]# ebtables -t filter -A FORWARD -p ipv4 -o vnet24 --ip-proto tcp --ip-dport 3306 -j ACCEPT
```

此条配置在 filter 表的 FORWARD 链中添加了一条针对 IPv4 的规则，接收 TCP 目标 3306 端口的数据。

```
[root@node2 ~]# ebtables -t filter -A FORWARD -p ipv4 -o vnet24 -j DROP
```

此条配置在 filter 表的 FORWARD 链中添加了一条针对 IPv4 的规则，拒绝其他流量通过。

（2）测试安全组规则

① 测试内网主机远程登录虚拟机 vm3。

在虚拟机 vm2 的登录界面中，使用 ssh root@192.168.1.5 远程登录虚拟机 vm3，结果如图 6-73 所示。

图 6-73　在虚拟机 vm2 上远程登录虚拟机 vm3

输入 root 用户的密码 000000，发现可以登录虚拟机 vm3 了。

② 测试内网主机访问虚拟机 vm3 的 mysqld 服务。

在虚拟机 vm1 上，安装 MySQL 客户端，命令如下。

```
[root@vm1 ~]# yum install mysql -y
```

使用 MySQL 客户端工具登录虚拟机 vm3 的 mysqld 服务，命令如下。

```
[root@vm1 ~]# mysql -h 192.168.1.5 -u root -p
```

结果如图 6-74 所示。

图 6-74　在虚拟机 vm1 上登录虚拟机 vm3 的 mysqld 服务

从图中可以看出，虚拟机 vm1 可以访问虚拟机 vm3 的 mysqld 数据库服务。

③ 测试其他访问流量。

结果如图 6-75 所示。

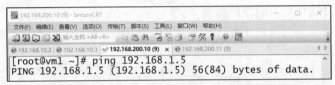

图 6-75　在虚拟机 vm1 上测试与虚拟机 vm3 的联通性

从图中可以看出，当向虚拟机 vm3 发送 ICMP 报文请求时，没有返回数据，说明 ebtables 安全组规则拒绝了其他访问流量。

6.2.5　使用负载均衡服务确保 Web 服务高可用

在虚拟机 vm1 和虚拟机 vm2 上安装 Web 服务，访问虚拟路由器 r1 连接外网的 Web 服务时，跳转到虚拟路由器 lb 上。在虚拟路由器 lb 上安装负载均衡服务 Nginx，将流量负载分担到虚拟机 vm1 和虚拟机 vm2 的 Web 服务上。

V6-7　使用负载均衡服务确保 Web 服务高可用

1. 安装和启动 httpd 服务

（1）安装 httpd 服务

在虚拟机 vm1 和虚拟机 vm2 上安装 httpd 服务，命令如下。

```
[root@vm1 ~]# yum install httpd -y
[root@vm2 ~]# yum install httpd -y
```

（2）配置并开启 httpd 服务

将虚拟机 vm1 的网站首页内容设置为 vm1，命令如下。

```
[root@vm1 ~]# echo vm1 >/var/www/html/index.html
```

将虚拟机 vm2 的网站首页内容设置为 vm2，命令如下。

```
[root@vm2 ~]# echo vm2 >/var/www/html/index.html
```

（3）关闭防火墙

关闭虚拟机 vm1 和虚拟机 vm2 的防火墙，命令如下。

```
[root@vm1 html]# service iptables stop
[root@vm2 html]# service iptables stop
```

（4）测试服务

在虚拟机 vm1 上测试虚拟机 vm2 的 Web 服务，如图 6-76 所示。

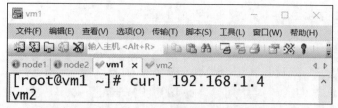

图 6-76　在虚拟机 vm1 上测试虚拟机 vm2 的 Web 服务

在虚拟机 vm2 上测试虚拟机 vm1 的 Web 服务，如图 6-77 所示。

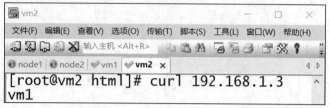

图 6-77　在虚拟机 vm2 上测试虚拟机 vm1 的 Web 服务

2. 安装配置 Nginx 负载均衡服务

在服务器 node1 上，创建虚拟路由器 lb，配置接口的 IP 地址，连接到虚拟网桥 br1 上。

（1）创建虚拟路由器 lb

```
[root@node1 ~]# ip netns add lb                         #添加网络命名空间 lb
[root@node1 ~]# ip link add v2 type veth peer name v22  #添加成对虚拟网卡
[root@node1 ~]# brctl addif br1 v22                     #将 v22 绑定到虚拟网桥 br1 上
[root@node1 ~]# ip link set v22 up                      #启动 v22
[root@node1 ~]# ip link set v2 netns lb                 #移动 v2 到网络命名空间 lb 下
[root@node1 ~]# ip netns exec lb bash                   #进入虚拟命名空间 lb
[root@node1 ~]# ip link set v2 up                       #启动 v2
[root@node1 ~]# ip link set lo up                       #启动本地回环接口
[root@node1 ~]# ip addr add 192.168.1.6/24 dev v2       #为 v2 添加 IP 地址
```

（2）安装并开启 Nginx 服务

① 安装 Nginx 服务，命令如下。

```
[root@node1 ~]# yum install nginx –y
```

② 配置 Nginx 负载均衡。

打开 Nginx 配置文件，将图 6-78 方框中的内容添加到配置文件中。

```
include /etc/nginx/conf.d/*.conf;
upstream web{
        server 192.168.1.3;
        server 192.168.1.4;
    }
server {
    listen        80 default_server;
    listen        [::]:80 default_server;
    server_name   _;
    root          /usr/share/nginx/html;

    # Load configuration files for the default server b
    include /etc/nginx/default.d/*.conf;

    location / {
        proxy_pass http://web;
    }
```

图 6-78　要添加的内容

其中，"proxy_pass http://web;"的作用是将请求反向代理到 upstream web 上，upstream web 中添加了虚拟机 vm1 和虚拟机 vm2 的服务器地址。实现访问本机 Web 服务时，将请求负载均衡到虚拟机 vm1 和虚拟机 vm2 的 Web 服务上。

③ 启动 Nginx 服务。

使用以下命令在虚拟路由器 lb 下开启 Nginx 服务。

```
[root@node1 ~]#  /usr/sbin/nginx –c /etc/nginx/nginx.conf
```

3. 配置 DNAT

（1）为虚拟路由器 r1 配置 DNAT

当外网主机访问虚拟路由器 r1 的 192.168.200.10 的 80 端口服务时，将目标地址跳转到 192.168.1.6 上，也就是虚拟路由器 lb 连接到虚拟网桥 br1 的接口上，配置如下。

```
[root@node1 ~]# iptables -t nat -A PREROUTING -d 192.168.200.10 -p tcp --dport 80 -j DNAT --to 192.168.1.6:80
```

（2）在 Windows 主机上测试负载均衡服务

配置完成后，在 Windows 主机上访问 192.168.200.10 的 80 端口服务，发现可以正常访问，内容在虚拟机 vm1 和虚拟机 vm2 之间负载均衡。首次访问时返回"vm1"，如图 6-79 所示。

图 6-79　首次访问时返回"vm1"

再次访问时返回"vm2"，如图 6-80 所示。

图 6-80　再次访问时返回"vm2"

🔍 项目小结

　　KVM利用了Linux内核中的虚拟化扩展，允许将物理服务器转换为多个虚拟服务器，每个虚拟服务器都可以运行独立的操作系统。KVM提供了良好的性能和稳定性，因此在云计算、数据中心和企业级虚拟化环境中得到了广泛的应用，用户可以在单台物理主机上运行多个虚拟机实例，每个实例都可以拥有自己的操作系统、应用程序和资源。KVM还支持动态调整虚拟机的资源分配，如内存和CPU，使其成为一种灵活且高效的虚拟化解决方案。

　　在本项目中，首先使用virt-manager安装了KVM虚拟机，连接到了自定义的虚拟化网络中，配置了防火墙和安全组，加固了网络，并部署了DHCP服务为虚拟机分配IP地址，还部署了Nginx负载均衡服务来确保Web服务的高可用。

项目练习与思考

1. 选择题

（1）KVM 是一种基于 Linux（　　　）的虚拟化技术。

    A. 内核   B. 虚拟路由器   C. 虚拟交换机   D. 虚拟防火墙

（2）使用（　　　）可以对磁盘网卡等 I/O 设备进行虚拟化。

    A. KVM   B. QEMU   C. DHCP   D. Web

（3）virt-manager 通过（　　　）创建和管理 KVM 虚拟机。

    A. KVM   B. DHCP   C. libvirt   D. CPU

（4）南北向流量指进出（　　　）或网络边界的流量。

    A. 防火墙   B. 路由器   C. 安全组   D. 数据中心

（5）（　　　）流量指数据中心内部或云平台内网虚拟机、容器之间相互通信时产生的流量。

    A. 东西向   B. 南北向   C. 东向   D. 北向

2. 填空题

（1）KVM 虚拟化需要借助＿＿＿＿＿＿＿的虚拟化支持。

（2）在进行磁盘和网卡等 I/O 设备虚拟化时，需要借助＿＿＿＿＿＿＿工具。

（3）防火墙主要用于保护子网与＿＿＿＿＿＿＿网络的通信流量。

（4）＿＿＿＿＿＿＿可以实现每个子网内部的访问控制。

（5）配置＿＿＿＿＿＿＿可以实现安全组功能。

3. 简答题

（1）简述防火墙和安全组的区别。

（2）简述 KVM 虚拟化实现方式。

项目 **7**

构建OpenStack云平台虚拟化网络

项目描述

为整合计算、存储和网络资源，实现虚拟机的快速构建和统一管理，公司决定部署 OpenStack云平台。项目经理要求王亮在控制节点和计算节点上部署OpenStack云平台各组件服务，在控制节点上完成计算节点虚拟机的创建和管理，构建常用的OpenStack虚拟化网络实现虚拟机的内外网互联。

项目7思维导图如图7-1所示。

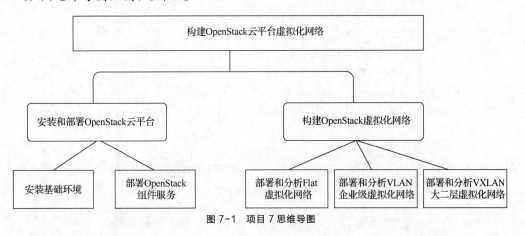

图7-1 项目7思维导图

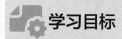

任务 7-1 安装和部署 OpenStack 云平台

学习目标

知识目标

- 掌握 OpenStack 云平台的作用。
- 掌握 OpenStack 核心组件的作用。

技能目标

- 能够安装 OpenStack 基础环境。
- 能够部署 OpenStack 组件服务。

素养目标

- 部署 OpenStack 云平台，培养遇到问题时不急躁、刻苦钻研的素养。
- 搭建 OpenStack 组件架构，学会从整体角度看待事物，理解其中的相互关系和影响。

7.1.1 任务描述

KVM 虚拟化技术提升了服务器资源的利用效率，但在使用中会发现，当创建和管理一台虚拟机时，都要到相对应的服务器上进行操作。为提升运维效率，公司决定部署 OpenStack 云平台，实现 KVM 虚拟机的统一部署和管理。

项目经理要求王亮按照图 7-2 所示的 OpenStack 集群组件，在服务器 controller（控制节点）上部署 RabbitMQ 服务、Memcached 服务、Mariadb 服务、Keystone 服务、Glance 服务、Placement 服务、Nova 服务、Neutron 服务、Horizon 服务。在服务器 compute（计算节点）上部署 Nova-compute 服务、Neutron 服务，部署完成后使用图形用户界面登录到 OpenStack 平台。

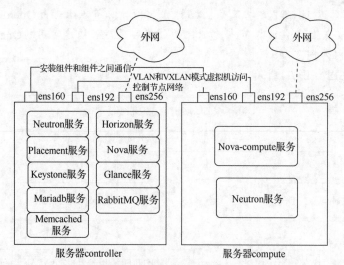

图 7-2 OpenStack 集群组件

7.1.2　必备知识

1. OpenStack 云平台

OpenStack 是一个开源的云计算平台，它提供了一套丰富的组件和工具，用于构建和管理私有云、公有云以及混合云环境。这些组件共同协作，提供了强大的计算、存储和网络功能，使用户能够轻松创建和管理虚拟机、存储资源和网络服务。以下是 OpenStack 平台的一些核心组件。

（1）Keystone（身份认证服务）

Keystone 提供身份认证和授权功能，管理用户、角色和权限，确保安全访问和资源控制。

（2）Glance（镜像服务）

Glance 用于管理虚拟机镜像，包括镜像的上传、下载、共享等操作。

（3）Placement（资源调度管理服务）

Placement 负责跟踪和调度可用资源，以满足用户的请求。

（4）Nova（计算服务）

Nova 负责虚拟机实例的管理和调度，包括实例的创建、启动、停止、迁移等操作。

（5）Neutron（网络服务）

Neutron 提供网络资源的管理和配置，包括虚拟网络、子网、路由器等，使虚拟机能够进行网络通信。

（6）Cinder（块存储服务）

Cinder 提供块存储服务，允许用户创建和管理持久化的存储卷，并将其附加到虚拟机中使用。

（7）Swift（对象存储服务）

Swift 提供对象存储服务，用于存储和检索大规模非结构化数据，具有高可靠性和可扩展性。

（8）Heat（编排服务）

Heat 用于定义和自动化应用程序及云资源的部署，实现基础设施即代码（Infrastructure as Code）的理念。

（9）Horizon（图形用户界面服务）

Horizon 是 OpenStack 提供的基于 Web 的用户界面，用于管理和监控 OpenStack 云平台的各种资源和服务。作为 OpenStack 的官方仪表板，Horizon 提供了一个直观、易用的图形用户界面，使用户能够通过浏览器来管理资源，而无须深入了解底层的命令行工具或 API。

除了这些核心组件之外，OpenStack 还有其他附加组件和工具，如 Ceilometer（计量服务）、Zun（容器管理服务）等，可以根据需求进行选择和部署。

2. OpenStack 云平台和 KVM 虚拟机的关系

OpenStack 云平台和 KVM 虚拟机之间存在密切的关系，可以简单地理解为 OpenStack 是管理和部署 KVM 虚拟机的工具及平台。

KVM 是一种基于 Linux 内核的虚拟化技术，它允许在一台物理主机上同时运行多台虚拟机，每台虚拟机都可以运行独立的操作系统。

OpenStack 作为一个开源的云计算平台，提供了一整套的组件和工具，用于构建、管理和部署云计算环境。在 OpenStack 中，可以利用 Nova 组件来管理和调度 KVM 虚拟机实例，利用 Neutron 组件来管理虚拟机的网络配置，利用 Cinder 组件来管理虚拟机的块存储等。因此，OpenStack 通过这些组件提供对 KVM 虚拟机的全面管理能力，用户可以通过 OpenStack 来创建、启动、停止、删除虚拟机，并对其进行网络配置、存储管理等操作。

7.1.3 安装基础环境

1. 配置服务器网络环境

使用 CentOS 8.ova 模板机创建名称为 controller、compute 的服务器，在服务器 controller 和 compute 上增加一块网卡。两台服务器的网卡及 IP 地址配置如表 7-1 所示。

微课

V7-1　安装基础环境

表 7-1　两台服务器的网卡及 IP 地址配置

服务器名称	网卡名称	连接到的网络	网络模式	IP 地址	网关
controller	ens160	VMnet8	NAT	192.168.200.10	192.168.200.2
	ens192	LAN1 区段	自定义网络	192.168.100.10	
	ens256	VMnet1	仅主机	不配置 IP 地址	
compute	ens160	VMnet8	NAT	192.168.200.20	192.168.200.2
	ens192	LAN1 区段	自定义网络	192.168.100.20	
	ens256	VMnet1	仅主机	不配置 IP 地址	

其中，服务器 controller、服务器 compute 上的 ens160 网卡作为各服务器上组件的通信网卡，因为在安装过程中需要用到网络上的源，所以需要配置成 NAT 模式。两台服务器上的 ens192 网卡用于 VLAN、VXLAN 网络模式下虚拟机访问控制节点网络服务的流量。两台服务器上的 ens256 网卡作为虚拟机连接到外网的网卡。

配置完成后，查看服务器 controller 的网卡和 IP 地址配置，如图 7-3 所示。

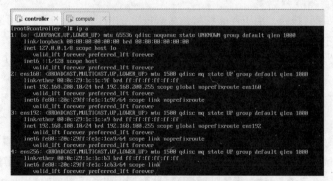

图 7-3　服务器 controller 的网卡和 IP 地址配置

查看服务器 compute 的网卡和 IP 地址配置，如图 7-4 所示。

图 7-4　服务器 compute 的网卡和 IP 地址配置

2．基础配置

（1）系统初始化配置

① 修改主机名。

修改第一台服务器的名称为 controller，修改第二台服务器的名称为 compute，命令如下。

```
[root@localhost ~]# hostnamectl set-hostname controller
[root@localhost ~]# hostnamectl set-hostname compute
```

修改完成后，按"Ctrl+D"组合键注销后再次登录，发现服务器名称已经修改成功了。

② 配置主机名称解析。

在两台服务器的/etc/hosts 文件中加入以下配置，实现主机名和 IP 地址的映射。

```
192.168.200.10 controller
192.168.200.20 compute
```

③ 关闭防火墙和 SELinux。

防火墙和 SELinux 会影响到 OpenStack 的部署，所以在两台服务器上关闭防火墙，命令如下。

```
[root@controller ~]# systemctl stop firewalld && systemctl disable firewalld
[root@compute ~]# systemctl stop firewalld && systemctl disable firewalld
```

在/etc/selinux/config 配置文件中，将 SELINUX=enforcing 修改为 SELINUX=disabled，实现 SELinux 的永久关闭，同时在两台服务器上做如下配置。

```
[root@controller ~]# setenforce 0
[root@compute ~]# setenforce 0
```

以上命令的作用是临时关闭 SELinux，因为修改配置文件后没有重启服务器，配置没有生效，所以需要临时关闭 SELinux。

（2）配置免密码登录

在服务器 controller 上部署组件时，需要登录本机和服务器 compute，为避免每次登录都输入密码，可配置免密码登录。首先在服务器 controller 上生成公钥和私钥，命令如下。

```
[root@controller ~]# ssh-keygen
```

在出现提示时，直接按"Enter"键即可生成公钥和私钥，然后将公钥复制给服务器 controller 和服务器 compute，命令如下。

```
[root@controller ~]# ssh-copy-id controller
[root@controller ~]# ssh-copy-id compute
```

在出现 Are you sure you want to continue connecting (yes/no/[fingerprint])?提示时，输入 yes，并输入服务器 controller 或者服务器 compute 的密码（这里设置的是 1），即可将公钥复制到本机和服务器 compute 上，实现免密码登录。

（3）配置时间同步

配置时间同步时，将服务器 controller 作为时间同步服务器，服务器 compute 同步时间到服务器 controller 上。

① 配置服务器 controller 为时间同步服务器。

在服务器 controller 上，打开/etc/chrony.conf 文件，修改以下 3 处内容。

一是注销默认的时间同步服务器，命令如下。

```
#pool 2.centos.pool.ntp.org iburst
```

二是设置哪些客户端可以同步时间到本机，命令如下。

```
allow 192.168.200.0/24
```

三是取消以下配置的注释。

```
local stratum 10
```

修改完成后，重启 chronyd 服务，命令如下。

```
[root@controller ~]# systemctl restart chronyd
```

② 服务器 compute 同步时间到服务器 controller 上。

在服务器 compute 上，打开/etc/chrony.conf 文件。修改第 3 行内容为 pool controller iburst，指明本机的时间同步服务器为 controller，修改完成后，重启 chronyd 服务，命令如下。

```
[root@compute ~]# systemctl restart chronyd
```

③ 查看时间同步效果。

在服务器 compute 上，查看时间同步服务器，命令如下。

```
[root@compute ~]# chronyc sources
```

在服务器 controller 和服务器 compute 上使用 date 命令查看时间是否一致，如果一致，则表示配置成功。

3. 配置网络 YUM 源

（1）配置华为 CentOS 8 网络 YUM 源

在两台服务器上，删除本地源，然后下载华为的 CentOS 8 网络 YUM 源，命令如下。

```
[root@controller~]#curl -o /etc/yum.repos.d/CentOS-Base.repo https://mirrors.
huaweicloud.com/repository/conf/CentOS-8-anon.repo
[root@compute~]#curl -o /etc/yum.repos.d/CentOS-Base.repo https://mirrors.
huaweicloud.com/repository/conf/CentOS-8-anon.repo
```

（2）配置 OpenStack 源

① 安装 OpenStack 源。

使用 yum search openstack 命令可以查看 YUM 源提供的 OpenStack 版本，如图 7-5 所示。

图 7-5　YUM 源提供的 OpenStack 版本

本次采用较新的 centos-release-openstack-ussuri.noarch 版本，在两台服务器上下载和安装源，命令如下。

```
[root@controller ~]# yum install centos-release-openstack-ussuri -y
[root@compute ~]# yum install centos-release-openstack-ussuri -y
```

② 修改源。

因为官方不再维护 CentOS 8 的源，所以下载完成后，在两台服务器上使用以下命令修改源的内容为 vault 源。

```
[root@controller ~]# sed -i 's/mirrorlist/#mirrorlist/g' /etc/yum.repos.d/CentOS-* #注释
[root@controller ~]# sed -i 's |#baseurl=http://mirror.centos.org|baseurl=http://vault.
centos.org|g' /etc/yum.repos.d/CentOS-* #修改源
[root@compute ~]# sed -i 's/mirrorlist/#mirrorlist/g' /etc/yum.repos.d/CentOS-* #注释
[root@compute ~]# sed -i 's|#baseurl=http://mirror.centos.org|baseurl=http://vault.
centos.org|g' /etc/yum.repos.d/CentOS-* #修改源
```

③ 更新软件包。

在两台服务器上更新软件包，并重新启动服务器，命令如下。

```
[root@controller ~]# yum upgrade -y
[root@controller ~]# reboot
[root@compute ~]# yum upgrade -y
[root@compute ~]# reboot
```

（3）安装 OpenStack 客户端和安全策略

安装 OpenStack 客户端工具，命令如下。

```
[root@controller ~]# yum install python3-openstackclient -y
[root@compute ~]# yum install python3-openstackclient -y
```

安装 OpenStack 安全策略，命令如下。

```
[root@controller ~]# yum install openstack-selinux -y
[root@compute ~]# yum install openstack-selinux -y
```

4. 安装和配置 Mariadb 数据库（服务器 controller）

（1）安装数据库

OpenStack 的多个组件需要在数据库上建立库和表，所以在服务器 controller 上安装 Mariadb 数据库以及 Python 程序连接数据库的驱动，命令如下。

```
[root@controller ~]# yum install mariadb mariadb-server python2-PyMySQL -y
```

安装完成后，启动数据库并设置为开机自启动，命令如下。

```
[root@controller ~]# systemctl start mariadb && systemctl enable mariadb
```

（2）设置 root 登录密码

启动完成后，为数据库的安全加固，将登录数据库的 root 用户密码设置为 1，命令如下。

```
[root@controller ~]# mysql_secure_installation
```

成功执行以上命令后，按照以下内容提示进行设置，重点是设置 root 用户登录密码、不禁止 root 用户远程登录、重新刷新权限。

```
Enter current password for root (enter for none):
OK, successfully used password, moving on...
Setting the root password ensures that nobody can log into the MariaDB
root user without the proper authorisation.
Set root password? [Y/n] y
New password:
Re-enter new password:
Password updated successfully!
Reloading privilege tables..
 ... Success!
By default, a MariaDB installation has an anonymous user, allowing anyone
to log into MariaDB without having to have a user account created for
them.   This is intended only for testing, and to make the installation
go a bit smoother.   You should remove them before moving into a
production environment.
Remove anonymous users? [Y/n] y
 ... Success!
Normally, root should only be allowed to connect from 'localhost'.   This
ensures that someone cannot guess at the root password from the network.
Disallow root login remotely? [Y/n] n
 ... skipping.
By default, MariaDB comes with a database named 'test' that anyone can
access.   This is also intended only for testing, and should be removed
```

```
before moving into a production environment.
Remove test database and access to it? [Y/n] n
 ... skipping.
Reloading the privilege tables will ensure that all changes made so far
will take effect immediately.
Reload privilege tables now? [Y/n] y
 ... Success!
Cleaning up...
All done!  If you've completed all of the above steps, your MariaDB
installation should now be secure.
Thanks for using MariaDB!
```

（3）修改配置文件

在/etc/my.cnf.d 目录下，为 OpenStack 建立数据库的配置文件 openstack.cnf，在文件中输入以下内容。

```
[mysqld]
bind-address = controller                      #设置绑定地址为 controller
default-storage-engine = innodb                #设置默认的存储引擎
innodb_file_per_table = on                     #使用单独的表空间
max_connections = 4096                         #设置最大连接数
collation-server = utf8_general_ci             #设置字符集的排序规则
character-set-server = utf8                     #设置默认的字符集
```

配置完成后，重新启动数据库，命令如下。

```
[root@controller ~]# systemctl restart mariadb
```

5. 安装和配置消息队列 RabbitMQ（服务器 controller）

（1）安装 rabbitmq-server

OpenStack 组件需要通过消息队列传输数据，所以在服务器 controller 上安装 RabbitMQ 服务，命令如下。

```
[root@controller ~]# yum install rabbitmq-server -y
```

安装完成后，启动消息队列并设置开机自启动，命令如下。

```
[root@controller ~]# systemctl start rabbitmq-server && systemctl enable rabbitmq-server
```

（2）设置登录用户

设置登录消息队列的用户名为 openstack，密码为 1，命令如下。

```
[root@controller ~]# rabbitmqctl add_user openstack 1
```

进行 openstack 用户配置，设置读写消息队列的权限，命令如下。

```
[root@controller ~]# rabbitmqctl set_permissions openstack ".*" ".*" ".*"
```

（3）查看用户和权限

查看用户信息，命令如下。

```
[root@controller ~]# rabbitmqctl list_users
```

查看用户的权限，命令如下。

```
[root@controller ~]# rabbitmqctl list_permissions
```

6. 安装和配置 Memcached（服务器 controller）

（1）安装 Memcached

OpenStack 中的 Keystone 用于认证用户和组件，当用户和组件登录后需要缓存 token 令牌，所以要在控制节点上安装 Memcached，以缓存 token 服务，命令如下。

```
[root@controller ~]# yum    install memcached python3-memcached -y
```

（2）配置 Memcached

打开/etc/sysconfig/memcached 文件，修改最后一行设置中监听的 IP 地址，内容如下。

```
OPTIONS="-l 127.0.0.1,::1,controller"
```

修改完成后，开启 Memcached 服务并设置开机自启动，命令如下。

```
[root@controller ~]# systemctl start memcached && systemctl enable memcached
```

7.1.4 部署 OpenStack 组件服务

1. 安装和配置 Keystone 服务（服务器 controller）

Keystone 服务是 OpenStack 的核心组件，用于用户和其他组件的认证及授权，需要首先安装该服务。

（1）创建 Keystone 服务的数据库并授权

Keystone 服务需要数据库的支持，所以首先在 Mariadb 中创建 Keystone 服务的数据库并授权用户使用该数据库。

① 创建 Keystone 服务的数据库。

登录到 Mariadb 数据库管理系统，命令如下。

微课

V7-2　部署 Keystone 服务

```
[root@controller ~]# mysql -u root -p1
```

创建数据库，名称为 keystone，命令如下。

```
MariaDB [(none)]> create database keystone;
```

② 授权本地和远程访问。

创建 keystone 用户，密码为 1，将 Keystone 服务的数据库所有表的所有权限授予 keystone 用户，当 keystone 用户在本机登录或者远程登录时，命令如下。

```
MariaDB [(none)]> grant all privileges on keystone.* to 'keystone'@'localhost' identified by '1';
MariaDB [(none)]> grant all privileges on keystone.* to 'keystone'@'%' identified by '1';
```

设置完成后，退出 Mariadb 数据库管理系统。

（2）安装配置服务

① 安装 Keystone 服务。

安装 Keystone 服务的相关组件，命令如下。

```
[root@controller ~]# yum    install openstack-keystone httpd python3-mod_wsgi -y
```

其中，openstack-keystone 是 Keystone 服务组件，由于 Keystone 与其他组件通信需要 HTTP，所以需要安装 httpd 和 python3-mod_wsgi。

② 配置 Keystone 服务。

打开 Keystone 服务的配置文件/etc/keystone/keystone.conf，在[database]下加入如下配置。

```
connection = mysql+pymysql://keystone:1@controller/keystone
```

其作用是配置 Keystone 组件访问的数据库以及使用的用户名和密码。

在[token]下加入如下配置。

```
provider = fernet
```

其作用是指定密钥管理器使用 Fernet 对称加密算法。

③ 同步 Keystone 服务的数据库。

```
[root@controller ~]# su -s /bin/sh -c "keystone-manage db_sync" keystone
```

该命令使用-s 选项指定要使用的 Shell，-c 选项指定要执行的命令，使用 su 命令切换到 keystone 用户。而 keystone-manage db_sync 命令用于同步 Keystone 服务的数据库结构，确保数据库中包含必要的表和列，以及其他必要的配置信息。

④ 生成 Fernet 密钥。

Fernet 密钥用于加密和解密令牌等敏感信息，生成密钥文件并设置所属的用户和组的命令如下。

```
[root@controller ~]# keystone-manage fernet_setup --keystone-user keystone --keystone-group keystone
```

设置完成后，可以看到/etc/keystone 目录下创建了 fernet-keys 文件。

⑤ 生成管理员凭据。

管理员登录同样需要身份验证和授权，所以需要生成管理员凭据，命令如下。

```
[root@controller ~]# keystone-manage credential_setup --keystone-user keystone --keystone-group keystone
```

设置完成后，可以看到/etc/keystone 目录下生成了 credential-keys 目录。

⑥ Keystone 服务初始化。

初始化 Keystone 服务，命令如下。

```
[root@controller ~]# keystone-manage bootstrap --bootstrap-password 1 --bootstrap-admin-url http://controller:5000/v3/ --bootstrap-internal-url http://controller:5000/v3/ --bootstrap-public-url http://controller:5000/v3/ --bootstrap-region-id RegionOne
```

各个选项的含义如下。

--bootstrap-password 1：指定初始化管理员用户的密码为 1。

--bootstrap-admin-url http://controller:5000/v3/：指定管理员 URL 地址。

--bootstrap-internal-url http://controller:5000/v3/：指定内部 URL 地址。

--bootstrap-public-url http://controller:5000/v3/：指定公共 URL 地址。

--bootstrap-region-id RegionOne：指定初始区域 ID 为 RegionOne。

⑦ 修改 httpd 服务。

打开/etc/httpd/conf/httpd.conf 配置文件，将第 98 行#ServerName www.example.com:80 的注释取消，并修改内容如下。

```
ServerName controller:80
```

为 Keystone 服务的 wsgi-Keystone.conf 文件创建软链接，命令如下。

```
[root@controller ~]# ln -s /usr/share/keystone/wsgi-keystone.conf /etc/httpd/conf.d/
```

设置完成后，启动 httpd 服务并设置开机自启动，命令如下。

```
[root@controller ~]# systemctl start httpd && systemctl enable httpd
```

⑧ 设置管理员客户端环境变量。

管理员使用命令行方式登录时，需要为管理员设置客户端的环境变量，在/root 目录下创建文件 admin-openrc.sh，输入以下内容。

```
export OS_USERNAME=admin
export OS_PASSWORD=1
export OS_PROJECT_NAME=admin
export OS_USER_DOMAIN_NAME=default
export OS_PROJECT_DOMAIN_NAME=default
export OS_AUTH_URL=http://controller:5000/v3
export OS_IDENTITY_API_VERSION=3
```

各个选项的含义如下。

OS_USERNAME=admin：设置管理员用户名为 admin。

OS_PASSWORD=1：设置管理员用户的密码为 1。

OS_PROJECT_NAME=admin：设置项目名称为 admin。

OS_USER_DOMAIN_NAME=default：设置用户域名为 default。

OS_PROJECT_DOMAIN_NAME=default：设置项目域名为 default。

OS_AUTH_URL=http://controller:5000/v3：设置认证 URL 地址为 http://controller:5000/v3。

OS_IDENTITY_API_VERSION=3：设置身份 API 版本为 3。

⑨ 验证 Keystone 服务。

加载 admin-openrc.sh，命令如下。

```
[root@controller ~]# source admin-openrc.sh
```

获取一个 token 令牌，命令如下。

```
[root@controller ~]# openstack token issue
```

结果如图 7-6 所示。

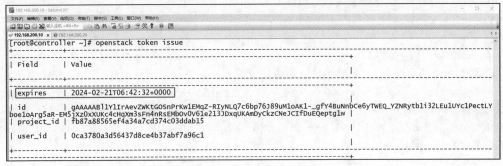

图 7-6　成功获取 token 令牌

从图中可以发现，token 令牌设置了过期时间。

2. 安装和配置 Glance 服务（服务器 controller）

（1）创建 Glance 服务的数据库并授权

Glance 服务需要数据库的支持，所以首先在 Mariadb 中创建 Glance 服务的数据库并授权用户使用该数据库。

① 创建 Glance 服务的数据库。

登录到 Mariadb 数据库管理系统，命令如下。

微课

V7-3　部署
Glance 服务

```
[root@controller ~]# mysql -u root -p1
```

创建数据库，名称为 glance，命令如下。

```
MariaDB [(none)]> create database glance;
```

② 授权本地和远程访问。

创建 glance 用户，密码为 1，当 glance 用户在本机登录或者远程登录时，将 Glance 服务的数据库所有表的所有权限授予 glance 用户，命令如下。

```
MariaDB [(none)]> grant all privileges on glance.* to 'glance'@'localhost' identified by '1';
MariaDB [(none)]> grant all privileges on glance.* to 'glance'@'%' identified by '1';
```

设置完成后，退出 Mariadb 数据库管理系统。

（2）在 Keystone 上为 Glance 服务创建用户

Glance 服务需要与其他服务进行交互，所以需要在 Keystone 上为 Glance 服务设置用户。

① 创建 service 工程。

在 default 域中创建一个 service 工程，命令如下。

```
[root@controller ~]# openstack project create --domain default service
```

② 创建 glance 用户。

在 default 域中创建用户 glance，命令如下。

```
[root@controller ~]# openstack user create --domain default --password-prompt glance
```

在提示输入密码时，输入 glance 用户的密码为 1。

③ 设置 glance 用户为 service 工程的管理员。

将 glance 用户设置为 service 工程的管理员，命令如下。


```
[root@controller ~]# openstack role add --project service --user glance admin
```

（3）在 Keystone 上创建 image 镜像服务并设置服务端点

① 创建 image 类型服务。

当用户和其他服务访问 Glance 服务时，需要到 Keystone 上去查找，这就需要使 Glance 服务注册到 Keystone 服务中，方法是在 Keystone 上创建类型为 image 的服务，然后设置提供服务的 URL 地址。创建 image 类型服务，名称为 glance，命令如下。

```
[root@controller ~]# openstack service create --name glance --description "OpenStack Image" image
```

② 设置服务的访问地址。

设置 image 类型服务的 URL 地址，命令如下。

```
[root@controller ~]# openstack endpoint create --region RegionOne image public http://controller:9292
[root@controller ~]# openstack endpoint create --region RegionOne image internal http://controller:9292
[root@controller ~]# openstack endpoint create --region RegionOne image admin http://controller:9292
```

以上 3 条命令分别为 public（公共）用户、internal（内部）用户、admin（管理员）设置了 Glance 服务的访问地址。

③ 查看访问地址（服务端点）。

查看 OpenStack 中各项服务的访问地址，命令如下。

```
[root@controller ~]# openstack endpoint list
```

结果如图 7-7 所示。

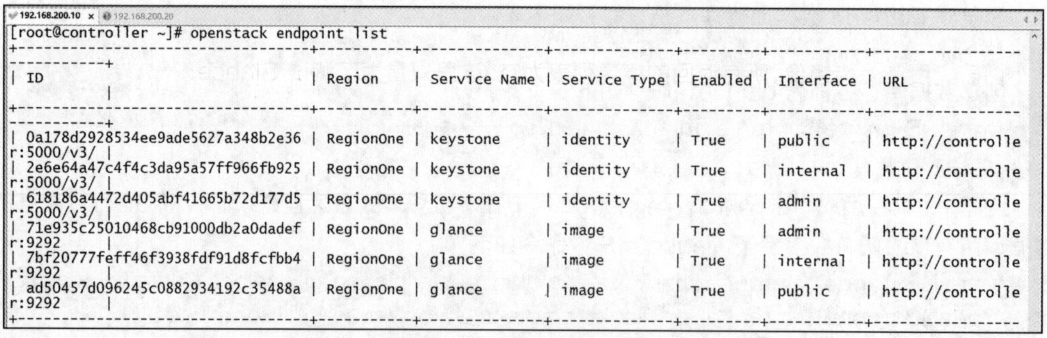

```
[root@controller ~]# openstack endpoint list
+----------------------------------+-----------+--------------+--------------+---------+-----------+-----------------
-----------+
| ID                               | Region    | Service Name | Service Type | Enabled | Interface | URL
           |
+----------------------------------+-----------+--------------+--------------+---------+-----------+-----------------
-----------+
| 0a178d2928534ee9ade5627a348b2e36 | RegionOne | keystone     | identity     | True    | public    | http://controlle
r:5000/v3/ |
| 2e6e64a47c4f4c3da95a57ff966fb925 | RegionOne | keystone     | identity     | True    | internal  | http://controlle
r:5000/v3/ |
| 618186a4472d405abf41665b72d177d5 | RegionOne | keystone     | identity     | True    | admin     | http://controlle
r:5000/v3/ |
| 71e935c25010468cb91000db2a0dadef | RegionOne | glance       | image        | True    | admin     | http://controlle
r:9292     |
| 7bf20777feff46f3938fdf91d8fcfbb4 | RegionOne | glance       | image        | True    | internal  | http://controlle
r:9292     |
| ad50457d096245c0882934192c35488a | RegionOne | glance       | image        | True    | public    | http://controlle
r:9292     |
+----------------------------------+-----------+--------------+--------------+---------+-----------+-----------------
```

图 7-7 查看 OpenStack 中各项服务的访问地址

（4）安装和配置 Glance 服务

① 安装 Glance 服务。

配置好数据库和 OpenStack 认证用户以及服务地址后，需要安装 Glance 服务组件，命令如下。

```
[root@controller ~]# yum install openstack-glance -y
```

② 配置 Glance 服务。

安装完成后，修改 Glance 服务的配置文件 /etc/glance/glance-api.conf，方法是先将 glance-api.conf 文件备份，再打开 glance-api.conf 文件，删除其所有内容后，将以下内容添加到该文件中。

```
[database]
connection = mysql+pymysql://glance:1@controller/glance
[keystone_authtoken]
www_authenticate_uri = <http://controller:5000>
auth_url = http://controller:5000
memcached_servers = controller:11211
auth_type = password
project_domain_name = default
user_domain_name = default
project_name = service
username = glance
password = 1
[paste_deploy]
flavor = keystone
[glance_store]
stores = file,http
default_store = file
filesystem_store_datadir = /var/lib/glance/images/
```

其中，[database]是连接数据库的配置，[keystone_authtoken]是 Glance 服务在 Keystone 服务上进行认证的配置，[glance_store]是 Glance 管理的镜像存储信息配置。

③ 同步数据库并开启服务。

修改配置文件后，同步数据库，开启服务并设置为开机自启动，命令如下。

```
[root@controller ~]# su -s /bin/sh -c "glance-manage db_sync" glance
[root@controller ~]# systemctl start openstack-glance-api && systemctl enable openstack-glance-api
```

服务开启完成后，查看镜像列表，命令如下。

```
[root@controller ~]# openstack image list
```

由于还没有上传镜像,所有返回的镜像列表为空,这里只是为了测试 Glance 镜像安装是否成功，后续在创建虚拟机时再上传镜像。

3. 安装和配置 Placement 服务（服务器 controller）

Placement 用来调度和管理计算节点上的资源，安装方法与 Glance 服务类似，也是在数据库管理系统中创建数据库并授权用户使用该数据库。

微课

V7-4 部署
Placement 服务

（1）创建 Placement 服务数据库并授权

在 Mariadb 中创建 Placement 服务的数据库并授权用户使用该数据库。

① 创建 Placement 服务的数据库。

登录到 Mariadb 数据库管理系统，命令如下。

```
[root@controller ~]# mysql -u root -p1
```

创建数据库，名称为 placement，命令如下。

```
MariaDB [(none)]> create database placement;
```

② 授权本地和远程访问。

创建 placement 用户，密码为 1，当 placement 用户在本机登录或者远程登录时，将 Placement 服务的数据库所有表的所有权限授予 placement 用户，命令如下。

```
MariaDB [(none)]> grant all privileges on placement.* to 'placement'@'localhost' identified by '1';
MariaDB [(none)]> grant all privileges on placement.* to 'placement'@'%' identified by '1';
```

设置完成后，退出 Mariadb 数据库管理系统。

（2）在 Keystone 上为 Placement 服务设置用户

Placement 服务需要与其他服务进行交互，所以需要在 Keystone 上为 Placement 服务设置用户。

① 创建 placement 用户。

在 default 域中创建 placement 用户，命令如下。

```
[root@controller ~]# openstack user create --domain default --password-prompt placement
```

在提示输入密码时，输入 placement 用户的密码为 1。

② 设置 placement 用户为 service 工程的管理员。

将 placement 用户设置为 service 工程的管理员，命令如下。

```
[root@controller ~]# openstack role add --project service --user placement admin
```

（3）在 Keystone 上创建 Placement 服务并设置服务端点

Placement 服务同样需要在 Keystone 上注册，设置服务访问地址，注册服务配置如下。

```
[root@controller ~]# openstack service create --name placement --description "Placement API" placement
```

设置公共用户、内部用户和管理员的服务访问地址，命令如下。

```
[root@controller ~]# openstack endpoint create --region RegionOne placement public http://controller:8778
[root@controller ~]# openstack endpoint create --region RegionOne placement internal http://controller:8778
[root@controller ~]# openstack endpoint create --region RegionOne placement admin http://controller:8778
```

（4）安装和配置 Placement 服务

① 安装 Placement 服务。

配置好数据库和 OpenStack 认证用户及服务地址后，需要安装 Placement 服务组件，命令如下。

```
[root@controller ~]# yum install openstack-placement-api -y
```

② 配置 Placement 服务。

安装完成后，修改 Placement 服务的配置文件/etc/placement/placement.conf，方法是先将 placement.conf 文件备份，再打开 placement.conf 文件，删除其所有内容后，将以下内容添加到该文件中。

```
[placement_database]
connection = mysql+pymysql://placement:1@controller/placement
[api]
auth_strategy = keystone
[keystone_authtoken]
auth_url = http://controller:5000/v3
```

```
memcached_servers = controller:11211
auth_type = password
project_domain_name = default
user_domain_name = default
project_name = service
username = placement
password = 1
```

③ 修改 00-placement-api.conf 配置。

打开/etc/httpd/conf.d/00-placement-api.conf 文件，将以下内容加入第 11 行之后，设置目录的访问权限。

```
<Directory /usr/bin>
    <IfVersion >= 2.4>
        Require all granted
    </IfVersion>
    <IfVersion < 2.4>
        Order allow,deny
        Allow from all
    </IfVersion>
</Directory>
```

配置完成后，重新开启 httpd 服务，命令如下。

```
[root@controller ~]# systemctl restart httpd
```

④ 同步数据库验证安装。

同步 placement 数据库，命令如下。

```
[root@controller ~]# su -s /bin/sh -c "placement-manage db sync" placement
```

验证 placement 安装效果，命令如下。

```
[root@controller ~]# placement-status upgrade check
```

结果如图 7-8 所示。

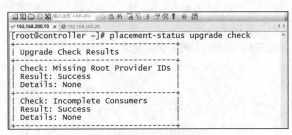

图 7-8　验证 Placement 组件

4. 安装和配置 Nova 服务（服务器 controller）

Nova 服务负责虚拟机实例的管理和调度，包括实例的创建、启动、停止、迁移等操作，是 OpenStack 的核心服务，在控制节点和计算节点上都需要安装。下面介绍如何在控制节点上安装 Nova 服务。

（1）创建 nova_api、nova、nova_cell0 数据库并授权

Nova 服务相对复杂，需要在 Mariadb 中创建 nova_api、nova、nova_cell0 等 3 个数据库并授权 Nova 用户使用这些数据库。

① 创建数据库。

登录到 Mariadb 数据库管理系统，命令如下。

微课

V7-5　控制节点部署 Nova 服务

```
[root@controller ~]# mysql -u root -p1
```
创建数据库，名称为 nova_api、nova、nova_cell0，命令如下。
```
MariaDB [(none)]> create database nova_api;
MariaDB [(none)]> create database nova;
MariaDB [(none)]> create database nova_cell0;
```
② 授权本地和远程访问。

创建 nova 用户，密码为 1，当 nova 用户在本机登录或者远程登录时，将 nova_api、nova、nova_cell0 数据库所有表的所有权限授予 nova 用户，命令如下。
```
MariaDB [(none)]> grant all privileges on nova_api.* to 'nova'@'localhost' identified by '1';
MariaDB [(none)]> grant all privileges on nova_api.* to 'nova'@'%' identified by '1';
MariaDB [(none)]> grant all privileges on nova.* to 'nova'@'localhost' identified by '1';
MariaDB [(none)]> grant all privileges on nova.* to 'nova'@'%' identified by '1';
MariaDB [(none)]> grant all privileges on nova_cell0.* to 'nova'@'localhost' identified by '1';
MariaDB [(none)]> grant all privileges on nova_cell0.* to 'nova'@'%' identified by '1';
```
设置完成后，退出 Mariadb 数据库管理系统。

（2）在 Keystone 上为 Nova 服务创建用户

Nova 服务需要与其他服务进行交互，所以需要在 Keystone 上为 Nova 服务设置用户。

① 创建 nova 用户。

在 default 域中创建用户 nova，命令如下。
```
[root@controller ~]# openstack user create --domain default --password-prompt nova
```
在提示输入密码时，输入 nova 用户的密码为 1。

② 设置 nova 用户为 service 工程的管理员。

将 nova 用户设置为 service 工程的管理员，命令如下。
```
[root@controller ~]# openstack role add --project service --user nova admin
```
（3）在 Keystone 上创建 Nova 服务并设置服务端点

Nova 服务同样需要在 Keystone 上注册，设置服务访问地址，注册服务配置如下。
```
[root@controller ~]# openstack service create --name nova --description "OpenStack Compute" compute
```
设置公共用户、内部用户和管理员的服务访问地址，命令如下。
```
[root@controller ~]# openstack endpoint create --region RegionOne compute public http://controller:8774/v2.1
[root@controller ~]# openstack endpoint create --region RegionOne compute internal http://controller:8774/v2.1
[root@controller ~]# openstack endpoint create --region RegionOne compute admin http://controller:8774/v2.1
```
（4）安装和配置 Nova 服务

① 安装 Nova 服务。

Nova 服务有 4 个，openstack-nova-api 提供对外访问服务，openstack-nova-conductor 提供与数据库的交互服务，openstack-nova-novncproxy 提供控制台登录服务，openstack-nova-scheduler 提供虚拟机调度服务，其安装命令如下。
```
[root@controller ~]# yum install openstack-nova-api openstack-nova-conductor openstack-nova-novncproxy openstack-nova-scheduler -y
```
② 配置 Nova 服务。

安装完成后，修改 Nova 服务的配置文件/etc/nova/nova.conf，方法是先将 nova.conf 文件备份，再打开 nova.conf 文件，删除其所有内容后，将以下内容添加到该文件中。

```
[DEFAULT]
enabled_apis = osapi_compute,metadata
transport_url = rabbit://openstack:1@controller:5672/
my_ip = 192.168.200.10
use_neutron = true
firewall_driver = nova.virt.firewall.NoopFirewallDriver
[api_database]
connection = mysql+pymysql://nova:1@controller/nova_api
[database]
connection = mysql+pymysql://nova:1@controller/nova
[api]
auth_strategy = keystone
[keystone_authtoken]
www_authenticate_uri = http://controller:5000/
auth_url = http://controller:5000/
memcached_servers = controller:11211
auth_type = password
project_domain_name = default
user_domain_name = default
project_name = service
username = nova
password = 1
[vnc]
enabled = true
server_listen = $my_ip
server_proxyclient_address = $my_ip
[glance]
api_servers = http://controller:9292
[oslo_concurrency]
lock_path = /var/lib/nova/tmp
[placement]
region_name = RegionOne
project_domain_name = default
project_name = service
auth_type = password
user_domain_name = default
auth_url = http://controller:5000/v3
username = placement
password = 1
```

因为 Nova 需要使用到 Glance 服务和 Placement 服务，所以在配置文件中也进行了相关配置，配置内容解释请参照任务微课。

③ 同步数据库。

需要同步 nova_api 数据库、nova 数据库，同时创建 cell0 映射和 cell1 计算单元，用于管理和分配计算资源。

```
[root@controller ~]# su -s /bin/sh -c "nova-manage api_db sync" nova
[root@controller ~]# su -s /bin/sh -c "nova-manage cell_v2 map_cell0" nova
[root@controller ~]# su -s /bin/sh -c "nova-manage cell_v2 create_cell --name=cell1
```

```
--verbose" nova
    [root@controller ~]# su -s /bin/sh -c "nova-manage db sync" nova
```
创建 cell0 和 cell1 后，使用以下命令可以列出创建的 cell。
```
    [root@controller ~]# su -s /bin/sh -c "nova-manage cell_v2 list_cells" nova
```
④ 开启服务。

开启 Nova 的 4 个服务并设置开机自启动，命令如下。
```
    [root@controller ~]# systemctl start openstack-nova-api.service openstack-nova-
scheduler.service openstack-nova-conductor.service openstack-nova-novncproxy.service
    [root@controller ~]# systemctl enable openstack-nova-api.service openstack-nova-
scheduler.service openstack-nova-conductor.service openstack-nova-novncproxy.service
```

5. 安装和配置 Nova-compute 服务（服务器 compute）

Nova-compute 服务负责在计算节点上创建虚拟机，安装过程如下。

（1）安装 Nova-compute 服务

安装 Nova-compute 服务的命令如下。
```
    [root@compute ~]# yum   install openstack-nova-compute -y
```
（2）配置 Nova-compute 服务

打开/etc/nova/nova.conf 文件，清空其内容，在文件中输入以下内容。

微课

V7-6　计算节点部
署 Nova 服务

```
[DEFAULT]
enabled_apis = osapi_compute,metadata
transport_url = rabbit://openstack:1@controller:5672/
my_ip = 192.168.200.20
use_neutron = true
firewall_driver = nova.virt.firewall.NoopFirewallDriver
[api]
auth_strategy = keystone
[keystone_authtoken]
www_authenticate_uri = http://controller:5000/
auth_url = http://controller:5000/
memcached_servers = controller:11211
auth_type = password
project_domain_name = default
user_domain_name = default
project_name = service
username = nova
password = 1
[vnc]
enabled = true
server_listen = 0.0.0.0
server_proxyclient_address = $my_ip
novncproxy_base_url = http://192.168.200.10:6080/vnc_auto.html
[glance]
api_servers = http://controller:9292
[oslo_concurrency]
lock_path = /var/lib/nova/tmp
[placement]
region_name = RegionOne
project_domain_name = default
```

```
project_name = service
auth_type = password
user_domain_name = default
auth_url = http://controller:5000/v3
username = placement
password = 1
```

（3）开启服务

在服务器 compute 上，需要开启 libvirtd 和 openstack-nova-compute 服务，命令如下。

```
[root@compute ~]# systemctl start libvirtd && systemctl enable libvirtd
[root@compute ~]# systemctl start openstack-nova-compute && systemctl enable openstack-nova-compute
```

（4）修改服务器 controller 节点的 Nova 配置

① 发现服务器 compute 并将其注册到 Nova cell 中。

Nova cell 用于管理和分配计算资源，在服务器 controller 上首先要发现服务器 compute，命令如下。

```
[root@controller ~]# su -s /bin/sh -c "nova-manage cell_v2 discover_hosts --verbose" nova
```

在/etc/nova/nova.conf 中加入如下内容，设置自动发现服务器 compute 的时间间隔为 300s。

```
[scheduler]
discover_hosts_in_cells_interval = 300
```

修改后，重启 openstack-nova-api 服务，命令如下。

```
[root@controller ~]# systemctl restart openstack-nova-api
```

② 验证 Nova 配置。

在服务器 controller 上，查看 Nova 的各项服务，命令如下。

```
[root@controller ~]# openstack compute service list
```

结果如图 7-9 所示。

```
192.168.200.10 x   192.168.200.20
[root@controller ~]# openstack compute service list
+----+----------------+------------+----------+---------+-------+----------------------------+
| ID | Binary         | Host       | Zone     | Status  | State | Updated At                 |
+----+----------------+------------+----------+---------+-------+----------------------------+
| 4  | nova-conductor | controller | internal | enabled | up    | 2024-02-21T13:52:59.000000 |
| 6  | nova-scheduler | controller | internal | enabled | up    | 2024-02-21T13:53:01.000000 |
| 8  | nova-compute   | compute    | nova     | enabled | up    | 2024-02-21T13:53:02.000000 |
+----+----------------+------------+----------+---------+-------+----------------------------+
```

图 7-9　验证 Nova 组件

当运行在服务器 controller 上的两项服务和运行在服务器 compute 上的一项服务都是 up 状态时，表明 Nova 组件安装成功。

6. 安装配置 Neutron 服务（服务器 controller）

Neutron 是 OpenStack 的必备核心服务，提供网络资源的管理和配置，包括虚拟网络、子网、路由器等，使虚拟机能够进行网络通信，在控制节点和计算节点上都需要安装。

微课

V7-7　控制节点部署 Neutron 服务

（1）创建 Neutron 服务的数据库并授权

在 Mariadb 中创建 Neutron 服务的数据库并授权用户使用该数据库。

① 创建 Neutron 服务的数据库。

登录到 Mariadb 数据库管理系统，命令如下。

```
[root@controller ~]# mysql -u root -p1
```

创建数据库，名称为 neutron，命令如下。

MariaDB [(none)]> create database neutron;

② 授权本地和远程访问。

创建 neutron 用户，密码为 1。当 placement 用户在本机登录或者远程登录时，将 neutron 数据库所有表的所有权限授予 neutron 用户，命令如下。

MariaDB [(none)]> grant all privileges on neutron.* to 'neutron'@'localhost' identified by '1';
MariaDB [(none)]> grant all privileges on neutron.* to 'neutron'@'%' identified by '1';

设置完成后，退出 Mariadb 数据库管理系统。

（2）在 Keystone 上为 Neutron 服务创建用户

Neutron 服务需要与其他服务进行交互，所以需要在 Keystone 上为 Neutron 服务设置用户。

① 创建 neutron 用户。

在 default 域中创建用户 neutron，命令如下。

[root@controller ~]# openstack user create --domain default --password-prompt neutron

在提示输入密码时，输入 neutron 用户的密码为 1。

② 设置 neutron 用户为 service 工程的管理员。

将 neutron 用户设置为 service 工程的管理员，命令如下。

[root@controller ~]# openstack role add --project service --user neutron admin

（3）在 Keystone 上创建 Neutron 服务并设置服务端点

Neutron 服务同样需要在 Keystone 上注册，设置服务访问地址，注册服务配置如下。

[root@controller ~]# openstack service create --name neutron --description "OpenStack Networking" network

设置公共用户、内部用户和管理员的服务访问地址，命令如下。

[root@controller ~]# openstack endpoint create --region RegionOne network public http://controller:9696

[root@controller ~]# openstack endpoint create --region RegionOne network internal http://controller:9696

[root@controller ~]# openstack endpoint create --region RegionOne network admin http://controller:9696

（4）安装 Neutron 服务

配置好数据库和 OpenStack 认证用户以及服务地址后，需要安装 Neutron 服务的组件，命令如下。

[root@controller ~]# yum install openstack-neutron openstack-neutron-ml2 openstack-neutron-linuxbridge ebtables -y

（5）配置 Neutron 服务

① 修改主配置文件。

打开/etc/neutron/neutron.conf 文件，清空其所有内容，添加以下配置。

```
[database]
connection = mysql+pymysql://neutron:1@controller/neutron
[DEFAULT]
core_plugin = ml2
service_plugins = router
allow_overlapping_ips = true
transport_url = rabbit://openstack:1@controller
auth_strategy = keystone
notify_nova_on_port_status_changes = true
notify_nova_on_port_data_changes = true
```

```
[keystone_authtoken]
www_authenticate_uri = http://controller:5000
auth_url = http://controller:5000
memcached_servers = controller:11211
auth_type = password
project_domain_name = default
user_domain_name = default
project_name = service
username = neutron
password = 1
[nova]
auth_url = http://controller:5000
auth_type = password
project_domain_name = default
user_domain_name = default
region_name = RegionOne
project_name = service
username = nova
password = 1
[oslo_concurrency]
lock_path = /var/lib/neutron/tmp
```

配置内容解释请参照任务微课。

② 配置 ml2_conf.ini。

ml2_conf.ini 是 OpenStack Neutron 中 ML2 插件的配置文件，用于配置 ML2 插件的各种选项和参数。打开/etc/neutron/plugins/ml2/ml2_conf.ini 文件，清空其内容，添加以下配置。

```
[ml2]
type_drivers = flat,vlan,vxlan
tenant_network_types = vxlan
mechanism_drivers = linuxbridge,l2population
extension_drivers = port_security
[ml2_type_flat]
flat_networks = provider
[ml2_type_vlan]
network_vlan_ranges = vlan:10:2000
[ml2_type_vxlan]
vni_ranges = 1:1000
[securitygroup]
enable_ipset = true
```

③ 配置/etc/neutron/plugins/ml2/linuxbridge_agent.ini。

linuxbridge_agent.ini 是 OpenStack Neutron 中 Linux Bridge 网络代理的配置文件，用于实现虚拟网络的二层交换和连接。打开/etc/neutron/plugins/ml2/linuxbridge_agent.ini 文件，清空其内容，添加以下配置。

```
[linux_bridge]
physical_interface_mappings = provider:ens256,vlan:ens192
[vxlan]
enable_vxlan = true
local_ip = 192.168.100.10
l2_population = true
```

```
[securitygroup]
enable_security_group = true
firewall_driver = neutron.agent.linux.iptables_firewall.IptablesFirewallDriver
```
④ 安装并启动必要组件（控制节点和计算节点）。

安装桥接工具，命令如下。
```
[root@controller ~]# yum install bridge-utils -y
```
加载 br_netfilter 模块，支持桥接设备过滤，命令如下。
```
[root@controller ~]# modprobe br_netfilter
```
设置系统启动时自动加载，命令如下。
```
[root@controller ~]# echo br_netfilter > /etc/modules-load.d/br_netfilter.conf
```
注意，以上环境在计算节点上也要安装。

⑤ 修改 l3_agent.ini。

L3 代理是 Neutron 网络服务的一个组件，用于提供路由功能和跨子网的网络连接。打开/etc/neutron/l3_agent.ini 文件，在[DEFAULT]下输入以下内容，指明二层工具是 Linux Bridge。
```
interface_driver = linuxbridge
```
⑥ 修改 dhcp_agent.ini。

dhcp_agent.ini 是 OpenStack Neutron 中 DHCP 代理的配置文件。打开/etc/neutron/dhcp_agent.ini 文件，在[DEFAULT]下输入以下内容。
```
interface_driver = linuxbridge
dhcp_driver = neutron.agent.linux.dhcp.Dnsmasq
enable_isolated_metadata = true
```
⑦ 修改 metadata_agent.ini。

metadata_agent.ini 是元数据代理的配置文件。元数据代理用于提供虚拟机实例来获取云环境元数据信息的功能。打开/etc/neutron/metadata_agent.ini 文件，在[DEFAULT]下输入以下内容，设置元数据的节点为 controller，元数据代理和虚拟机实例之间通信的共享密钥是 1。
```
nova_metadata_host = controller
metadata_proxy_shared_secret = 1
```
⑧ 修改 nova.conf。

因为 Neutron 服务需要与 Nova 服务交互，所以需要修改 Nova 服务的配置。打开/etc/nova/nova.conf 文件，在末尾添加如下内容。
```
[neutron]
auth_url = http://controller:5000
auth_type = password
project_domain_name = default
user_domain_name = default
region_name = RegionOne
project_name = service
username = neutron
password = 1
service_metadata_proxy = true
metadata_proxy_shared_secret = 1
```
（6）开启 Neutron 服务

① 创建软链接。

网络服务初始化脚本需要一个软链接指向/etc/neutron/plugins/ml2/ml2_conf.ini 文件。创建

ml2_conf.ini 的软链接，命令如下。

```
[root@controller ~]# ln -s /etc/neutron/plugins/ml2/ml2_conf.ini /etc/neutron/plugin.ini
```

② 同步数据库。

同步 neutron 数据库的命令如下。

```
[root@controller  ~]#  su  -s  /bin/sh  -c  "neutron-db-manage  --config-file
/etc/neutron/neutron.conf  --config-file  /etc/neutron/plugins/ml2/ml2_conf.ini  upgrade  head"
neutron
```

③ 开启服务。

重启 nova-api 服务，命令如下。

```
[root@controller ~]# systemctl restart openstack-nova-api.service
```

开启 Neutron 的相关服务，命令如下。

```
[root@controller ~]# systemctl start neutron-server.service neutron-linuxbridge-agent.
service neutron-dhcp-agent.service neutron-metadata-agent.service neutron-l3-agent.
service
```

设置开机自启动，命令如下。

```
[root@controller ~]# systemctl enable neutron-server.service neutron-linuxbridge-
agent.service neutron-dhcp-agent.service neutron-metadata-agent.service neutron-l3-
agent.service
```

7. 安装和配置 Neutron 服务（服务器 compute）

（1）安装服务器 compute 的 Neutron 服务

在服务器 compute 上，需要安装 Neutron 网桥和相关服务，命令如下。

```
[root@compute  ~]#  yum  install  openstack-neutron-linuxbridge
ebtables ipset -y
```

（2）配置服务器 compute 的 Neutron 服务

① 修改 neutron.conf。

打开/etc/neutron/neutron.conf 文件，清空其内容，输入以下内容。

微课

V7-8 计算节点
部署 Neutron 服务

```
[DEFAULT]
transport_url = rabbit://openstack:1@controller
auth_strategy = keystone
[keystone_authtoken]
www_authenticate_uri = http://controller:5000
auth_url = http://controller:5000
memcached_servers = controller:11211
auth_type = password
project_domain_name = default
user_domain_name = default
project_name = service
username = neutron
password = 1
[oslo_concurrency]
lock_path = /var/lib/neutron/tmp
```

② 修改 linuxbridge_agent.ini。

打开/etc/neutron/plugins/ml2/linuxbridge_agent.ini 文件，清空其内容，输入以下内容。

```
[linux_bridge]
physical_interface_mappings = provider:ens256,vlan:ens192
```

```
[vxlan]
enable_vxlan = true
local_ip = 192.168.100.20
l2_population = true
[securitygroup]
enable_security_group = true
firewall_driver = neutron.agent.linux.iptables_firewall.IptablesFirewallDriver
```

③ 修改 nova.conf。

208

打开/etc/nova/nova.conf 文件，在文件尾部加入如下内容。

```
[neutron]
auth_url = http://controller:5000
auth_type = password
project_domain_name = default
user_domain_name = default
region_name = RegionOne
project_name = service
username = neutron
password = 1
```

（3）启动服务

重启 Nova 服务，命令如下。

```
[root@compute ~]# systemctl restart openstack-nova-compute
```

开启 Neutron 网桥服务，命令如下。

```
[root@compute ~]# systemctl start neutron-linuxbridge-agent && systemctl enable
neutron-linuxbridge-agent
```

（4）验证 Neutron 服务

在服务器 controller 上查看 Neutron 组件，命令如下。

```
[root@controller ~]# openstack network agent list
```

结果如图 7-10 所示。

```
192.168.200.10 x    192.168.200.20
[root@controller ~]# openstack network agent list
+--------------------------------------+--------------------+------------+-------------------+-------+-------+--------
--------------------+
| ID                                   | Agent Type         | Host       | Availability Zone | Alive | State | Binary
                    |
+--------------------------------------+--------------------+------------+-------------------+-------+-------+--------
--------------------+
| 095f3dec-5826-4e45-ae14-ad20baef10be | L3 agent           | controller | nova              | :-)   | UP    | neutro
n-l3-agent          |
| 7151908a-ddff-4331-bbb9-85af85402df9 | Metadata agent     | controller | None              | :-)   | UP    | neutro
n-metadata-agent    |
| 91414684-8e07-4f33-b2c8-bb482e66e33b | DHCP agent         | controller | nova              | :-)   | UP    | neutro
n-dhcp-agent        |
| acbdf2b6-a437-480f-9ca5-cb5c789735a0 | Linux bridge agent | controller | None              | :-)   | UP    | neutro
n-linuxbridge-agent |
| b126fd28-a3f3-445f-b894-73796abbfe3c | Linux bridge agent | compute    | None              | :-)   | UP    | neutro
n-linuxbridge-agent |
+--------------------------------------+--------------------+------------+-------------------+-------+-------+--------
--------------------+
```

图 7-10　验证 Neutron 组件

可以看到服务器 controller 上的 4 个服务和服务器 compute 上的 1 个服务，且它们都处于 UP 状态，说明 Neutron 服务安装成功。

8. 安装和配置 Horizon 服务（服务器 controller）

（1）安装 Horizon 服务

Horizon 提供图形用户界面支持，使用户能够通过图形化操作创建和管理计算、网络及存储资源。在服务器 controller 上安装 Horizon 服务，命令如下。

```
[root@controller ~]# yum install openstack-dashboard -y
```

微课

V7-9　安装
Horizon 服务

（2）配置 Horizon 服务

① 修改 local_settings。

打开/etc/openstack-dashboard/local_settings 文件，修改以下 3 处配置。

将 OPENSTACK_HOST = "127.0.0.1"修改为 OPENSTACK_HOST = "controller";

将 ALLOWED_HOSTS = ['horizon.example.com', 'localhost']修改为 ALLOWED_HOSTS = ['*'];

将 OPENSTACK_KEYSTONE_URL = "http://%s/identity/v3" % OPENSTACK_HOST 修改为 OPENSTACK_KEYSTONE_URL = "http://%s:5000/v3" % OPENSTACK_HOST。

在文件尾部增加以下内容。

```
SESSION_ENGINE = 'django.contrib.sessions.backends.cache'
CACHES = {
'default': {
'BACKEND': 'django.core.cache.backends.memcached.MemcachedCache',
'LOCATION': 'controller:11211',
}
}
OPENSTACK_KEYSTONE_MULTIDOMAIN_SUPPORT = True
OPENSTACK_KEYSTONE_DEFAULT_DOMAIN = "default"
OPENSTACK_KEYSTONE_DEFAULT_ROLE = "user"
OPENSTACK_API_VERSIONS = {
"identity": 3,
"image": 2,
"volume": 3,
}
```

② 修改 openstack-dashboard.conf 文件。

打开/etc/httpd/conf.d/openstack-dashboard.conf 文件，在第 3 行下面添加如下配置。

```
WSGIApplicationGroup %{GLOBAL}
```

③ 修改 defaults.py 和 settings.py。

打开/usr/share/openstack-dashboard/openstack_dashboard/defaults.py 文件，将其中的 WebROOT = '/' 修改为 WebROOT = '/dashboard'。

打开/usr/share/openstack-dashboard/openstack_dashboard/test/settings.py 文件，同样将 WebROOT = '/' 修改为 WebROOT = '/dashboard'。

④ 重启 httpd 服务和 memcached 服务。

修改配置后，需要重启 httpd 服务和 memcached 服务，命令如下。

```
[root@controller ~]# systemctl restart httpd
[root@controller ~]# systemctl restart memcached
```

（3）验证 Horizon 服务。

在 Windows 主机上，打开浏览器，访问 http://192.168.200.10/dashboard，结果如图 7-11 所示，说明 Horizon 服务安装成功。

图 7-11　验证 Horizon 服务

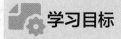 任务 7-2　构建 OpenStack 虚拟化网络

学习目标

知识目标
- 掌握 Neutron 组件的架构。
- 掌握使用 Neutron 组件创建虚拟化网络的流程。

技能目标
- 能够部署和分析 Flat 虚拟化网络。
- 能够部署和分析 VLAN 企业级虚拟化网络。
- 能够部署和分析 VXLAN 大二层虚拟化网络。

素养目标
- 分析虚拟化网络，能够通过深入观察思考，透过表面现象揭示事物的本质特征。
- 分析网络组件配置，培养在虚拟化网络环境下发现问题、分析问题、解决问题的能力。

7.2.1　任务描述

构建 OpenStack 云平台之后，需要在云平台上创建虚拟机。虚拟机需要借助虚拟化网络实现内外网互联。项目经理要求王亮使用图形用户界面创建常用的虚拟化网络，并且在命令行界面中分析虚拟化网络中的各种网络虚拟设备及连接方式，深入理解 OpenStack 云平台的虚拟化网络。Flat虚拟化网络拓扑如图 7-12 所示。

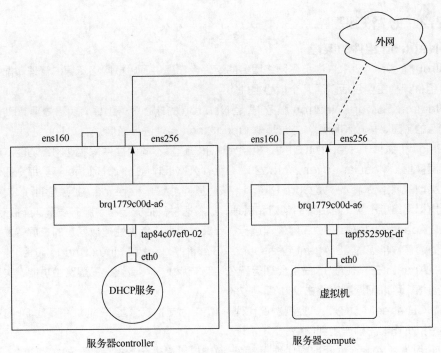

图 7-12 Flat 虚拟化网络拓扑

VLAN 虚拟化网络拓扑如图 7-13 所示。

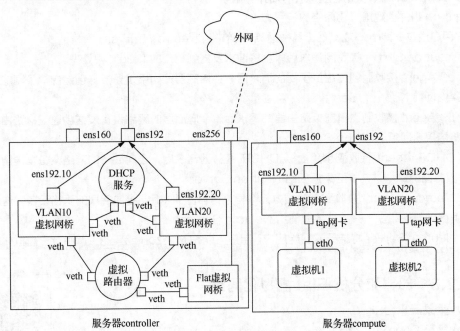

图 7-13 VLAN 虚拟化网络拓扑

VXLAN 虚拟化网络拓扑与 VLAN 虚拟化网络拓扑基本一致,读者可参照 VLAN 虚拟化网络对其进行操作。

7.2.2 必备知识

1. Neutron 组件的架构

Neutron 是 OpenStack 中负责网络服务的组件，它提供了虚拟网络资源的管理和配置功能。Neutron 组件架构主要包括以下几个核心组件。

① Neutron Server（Neutron 服务）：是 Neutron 的核心服务组件，负责处理 API 请求，协调网络资源的创建、修改和删除，并与其他 OpenStack 组件进行通信。

② Plugin（插件）：Neutron 的插件机制允许用户选择不同的插件来实现网络功能。常见的插件包括二层模型（Modular Layer 2，ML2）、Open vSwitch、Linux Bridge 等。每个插件都负责管理特定类型的网络资源，分为 Core Plugin（核心插件）和 Extension（扩展插件）。其中，核心插件包括虚拟网络、子网、路由等的创建和管理；扩展插件包括安全组、服务质量、虚拟专用网等。

③ L2 Agent（二层代理）：二层代理运行在计算节点上，负责处理数据包的二层转发，实现虚拟机之间的通信。常见的 L2 Agent 包括 Open vSwitch Agent 和 Linux Bridge Agent。

④ L3 Agent（三层代理）：三层代理运行在控制节点上，负责处理三层路由功能，实现虚拟机与外网的通信，可以配置静态路由、NAT 等功能。

⑤ DHCP Agent（动态主机控制协议代理）：负责为虚拟机分配 IP 地址和其他 DHCP 配置信息，确保虚拟机能够正确连接到网络。

⑥ Metadata Agent（元数据代理）：用于向虚拟机提供元数据信息，如实例的 IP 地址、密钥等。

2. Neutron 组件创建虚拟化网络的流程

Neutron 组件创建虚拟化网络的流程如下。

① 用户通过 Horizon 或其他工具发送 API 请求到 Neutron Server。

② Neutron Server 接收到请求后，会将请求发送到相应的 Plugin 中处理。

③ L2 Agent 接收到创建虚拟子网的请求后，会向底层的网络设备发送创建虚拟子网的命令，并将结果返回给 Neutron Server。

④ L3 Agent 接收到创建虚拟路由器的请求后，会向底层的网络设备发送创建虚拟路由器的命令，并将结果返回给 Neutron Server。

⑤ DHCP Agent 接收到创建虚拟 DHCP 服务器请求后，会向底层的网络设备发送创建虚拟 DHCP 服务器的命令，并将结果返回给 Neutron Server。

⑥ Metadata Agent 接收到创建虚拟元数据服务器的请求后，会向底层的网络设备发送创建虚拟元数据服务器的命令，并将结果返回给 Neutron Server。

⑦ Neutron Server 将结果返回给用户，用户可以在 Horizon 或其他工具中查看虚拟化网络的状态。

7.2.3 部署和分析 Flat 虚拟化网络

1. 登录云平台

（1）登录 OpenStack 云平台

使用浏览器访问 OpenStack 云平台的图形用户登录界面 http://192.168.200.10/dashboard，输入管理员的域名、用户名和密码，如图 7-14 所示，单击"登入"按钮，即可成功登录 OpenStack 云平台。

微课

V7-10 部署和分析 Flat 虚拟化网络

图 7-14　登录 OpenStack 云平台

（2）创建 Flat 类型的网络

登录 OpenStack 云平台后，选择左侧导航菜单中的"管理员"选项，选择"网络"→"网络"
选项，再单击右侧的"创建网络"按钮，如图 7-15 所示。

图 7-15　单击"创建网络"按钮

在弹出的"创建网络"对话框中输入 Flat 网络相关信息，如图 7-16 所示。

图 7-16　输入 Flat 网络相关信息

当前的项目是 admin，所以项目选择 admin。由于要连接到 Windows 主机（外网），所以勾选"外部网络"复选框。勾选"启用管理员状态"复选框后，网络将被启动，一般要为该网络创建子网，所以要勾选"创建子网"复选框。

"在供应商网络类型"下拉列表中，选择 Flat 网络，在"物理网络"选项中填写 provider，这是由于在 ml2_conf.ini 文件中配置了以下内容。

```
[ml2_type_flat]
flat_networks = provider
```

以上配置定义了创建 Flat 网络时网络的名称为"provider"。

单击"下一步"按钮，在打开的"子网"选项卡中输入子网相关信息，如图 7-17 所示。

图 7-17　输入子网相关信息

"网络地址"填写 192.168.10.0/24、"网关 IP"填写 192.168.10.1 的原因是在 linuxbridge_agent.ini 文件中配置了以下选项。

```
[linux_bridge]
physical_interface_mappings = provider:ens256,vlan:ens192
```

以上配置定义了物理网络名称"provider"对应的网卡为 ens256，而 ens256 网卡为仅主机模式，连接到 VMnet1 中，VMnet1 的网络地址为 192.168.10.0/24，在 Windows 主机上的网卡地址为 192.168.10.1。

单击"下一步"按钮后，在打开的"子网详情"选项卡中设置子网详情信息，如图 7-18 所示。

图 7-18　输入子网详情信息

单击"创建"按钮后，成功创建了 Flat 网络，如图 7-19 所示。

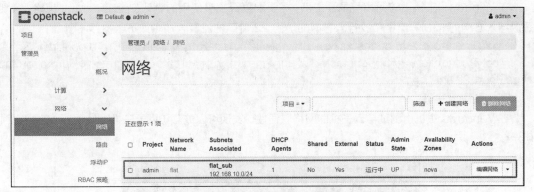

图 7-19　成功创建 Flat 网络

2. 基于 Flat 网络创建云主机

（1）上传镜像

在使用 OpenStack 创建云主机时，需要使用到镜像，所以要上传一个镜像到云平台上，方法如下。首先将 cirros-0.3.4-x86_64-disk.img 镜像文件上传到控制节点，然后使用以下命令将镜像文件上传到云平台上。

```
[root@controller ~]# source admin-openrc.sh
[root@controller ~]# openstack image create --disk-format qcow2 --container-format bare --file cirros-0.3.4-x86_64-disk.img c1
```

以上命令创建的镜像名称为 c1，采用的磁盘格式为 qcow2，容器类型为 bare。

（2）创建实例类型

在创建云主机时，需要为云主机指定实例类型，实例类型规定了云主机 CPU、内存、磁盘的大小。创建名称为 small、CPU 核心数为 1、内存大小为 200MB、磁盘大小为 1GB 的实例类型，命令如下。

```
[root@controller ~]# openstack flavor create --vcpus 1 --disk 1 --ram 200 small
```

（3）创建安全组

在创建云主机时，需要为云主机指定安全组，创建名称为 sg 的安全组的命令如下。

```
[root@controller ~]# openstack security group create sg
```

（4）创建云主机 demo1

使用图形用户界面和命令行都可以创建云主机，使用图形用户界面的优势是直观，使用命令行的优势是高效。在控制节点上，使用命令行方式创建云主机 demo1 的命令如下。

```
[root@controller ~]# openstack server create --flavor small --network flat --image c1 --security-group sg demo1
```

设置完成后，查看虚拟机列表信息，命令如下。

```
[root@controller ~]# openstack server list
```

结果如图 7-20 所示，发现云主机 demo1 已经成功创建了，IP 地址是 192.168.10.87。

```
[root@controller ~]# openstack server list
+--------------------------------------+-------+--------+--------------------+-------+--------+
| ID                                   | Name  | Status | Networks           | Image | Flavor |
+--------------------------------------+-------+--------+--------------------+-------+--------+
| 64f59658-e014-4e54-bb65-5317d319629a | demo1 | ACTIVE | flat=192.168.10.87 | c1    | small  |
+--------------------------------------+-------+--------+--------------------+-------+--------+
```

图 7-20　成功创建云主机 demo1

（5）配置安全组策略

在 Windows 主机上访问和登录云主机，需要配置云主机使用的默认安全组 default 策略，分别是放行入方向的 ICMP 流量和放行入方向的访问 22 端口的流量，命令如下。

```
[root@controller ~]# openstack security group rule create --ingress --protocol icmp sg
[root@controller ~]# openstack security group rule create --ingress --protocol tcp
--dst-port 22 sg
```

（6）登录云主机

在 Windows 主机上测试与云主机的网络联通性，发现可以成功访问云主机 demo1，如图 7-21所示。

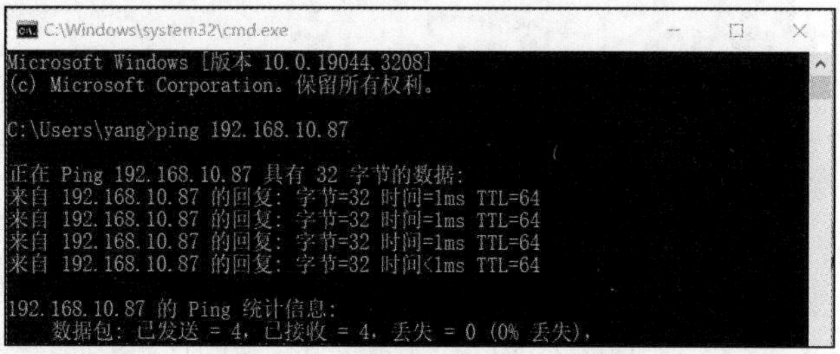

图 7-21　成功访问云主机 demo1

在 Windows 主机上使用 SecureCRT 工具登录云主机 demo1。云主机登录的用户名和密码可以在图形用户界面中查看，具体请参照任务微课。用户名为 cirros，密码为 cubswin:)，成功登录云主机 demo1 的效果如图 7-22 所示。

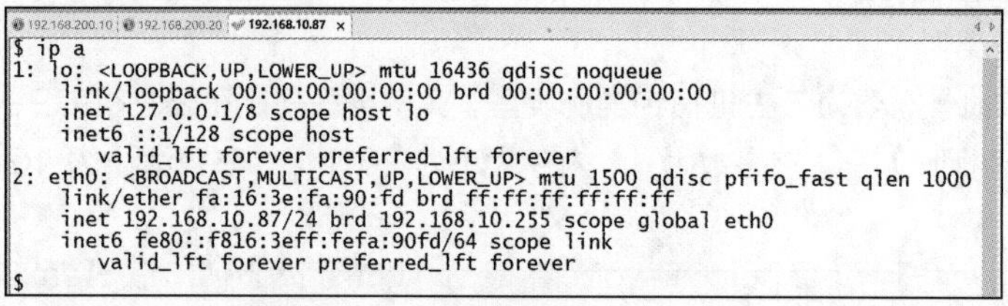

图 7-22　成功登录云主机 demo1

3. 分析 Flat 类型的网络

（1）查看计算节点的虚拟网络设备

由于云主机 demo1 是在计算节点上创建的，因此先查看计算节点的虚拟化网络设备，命令如下。

```
[root@controller ~]# brctl show
```

结果如图 7-23 所示。

图 7-23　计算节点的虚拟化网络设备

从图中可以发现，Flat 网络创建了 brq1779c00d-a6 虚拟网桥。在虚拟网桥上，分别连接着 ens256 网卡和 tapf55259bf-df 网卡。由于在 linuxbridge_agent.ini 文件中配置了逻辑名称 provider 与 ens 256 网卡绑定，所以 ens 256 网卡会连接到虚拟网桥上。tapf55259bf-df 网卡是连接到虚拟机的虚拟网卡，可以通过以下方式验证。

查看运行在服务器 compute 上的云主机的名称，如图 7-24 所示。

```
192.168.200.10  192.168.200.20 x  192.168.10.87
[root@compute ~]# virsh list --all
 Id   名称                   状态
----------------------------------------
 2    instance-00000002    running
```

图 7-24　运行在服务器 compute 上的云主机的名称

使用 virsh list 命令查询到的名称和创建云主机时使用的名称 demo1 不同，demo1 是云主机在 OpenStack 云平台上的名称，这点需要注意。查看虚拟机 instance-00000002 的网络端口，如图 7-25 所示。

```
192.168.200.10  192.168.200.20 x  192.168.10.87
[root@compute ~]# virsh domiflist instance-00000002
接口              类型          源            型号      MAC
-----------------------------------------------------------
 tapf55259bf-df   bridge    brq1779c00d-a6   virtio   fa:16:3e:fa:90:fd
```

图 7-25　查看虚拟机 instance-00000002 的网络端口

从图中可以发现 tapf55259bf-df 是连接到云主机的网卡，绑定到虚拟网桥 brq1779c00d-a6 上。因为云主机通过 brq1779c00d-a6 连接到计算节点的 ens256 网卡上，所以此时虚拟机访问 Windows 主机（外网）是不需要通过控制节点的。

（2）查看控制节点的虚拟化网络设备

查看控制节点的虚拟化网络设备，如图 7-26 所示。

```
192.168.200.10 x  192.168.200.20  192.168.10.87
[root@controller ~]# brctl show
bridge name       bridge id            STP enabled    interfaces
brq1779c00d-a6    8000.000c291c1cb3    no             ens256
                                                      tap84c07ef0-02
```

图 7-26　控制节点的虚拟化网络设备

从图中可以发现，控制节点上也创建了虚拟网桥 brq1779c00d-a6，连接到 ens256 网卡上，同时连接了 tap84c07ef0-02 网卡，这块网卡连接到提供 DHCP 服务的虚拟化网络命名空间的另一块网卡。查看控制节点的网络命名空间，如图 7-27 所示。

```
192.168.200.10 x  192.168.200.20  192.168.10.87
[root@controller ~]# ip netns
qdhcp-1779c00d-a655-4f9a-91ba-1dba96c1d615 (id: 0)
```

图 7-27　查看控制节点的网络命名空间

进入网络命名空间 qdhcp-1779c00d-a655-4f9a-91ba-1dba96c1d615，命令如下。

```
[root@controller ~]# ip netns exec qdhcp-1779c00d-a655-4f9a-91ba-1dba96c1d615 bash
```

查看运行的网卡和 IP 地址，如图 7-28 所示。

```
192.168.200.10 x  192.168.200.20  192.168.10.87
[root@controller ~]# ip a
1: lo: <LOOPBACK,UP,LOWER_UP> mtu 65536 qdisc noqueue state UNKNOWN group default
qlen 1000
    link/loopback 00:00:00:00:00:00 brd 00:00:00:00:00:00
    inet 127.0.0.1/8 scope host lo
       valid_lft forever preferred_lft forever
    inet6 ::1/128 scope host
       valid_lft forever preferred_lft forever
2: ns-84c07ef0-02@if7: <BROADCAST,MULTICAST,UP,LOWER_UP> mtu 1500 qdisc noqueue s
tate UP group default qlen 1000
    link/ether fa:16:3e:5f:b5:9a brd ff:ff:ff:ff:ff:ff link-netnsid 0
    inet 192.168.10.10/24 brd 192.168.10.255 scope global ns-84c07ef0-02
       valid_lft forever preferred_lft forever
    inet 169.254.169.254/16 brd 169.254.255.255 scope global ns-84c07ef0-02
       valid_lft forever preferred_lft forever
    inet6 fe80::f816:3eff:fe5f:b59a/64 scope link
       valid_lft forever preferred_lft forever
```

图 7-28　查看运行的网卡和 IP 地址

结合图 7-28 和图 7-26 可以发现，ns-84c07ef0-02 和 tap84c07ef0-02 是一对 veth 网卡，

ns-84c07ef0-02 网卡的 IP 地址为 192.168.10.10，通过 tap84c07ef0-02 网卡连接到 brq1779c00d-a6 虚拟网桥上，再通过控制节点的 ens256 网卡与计算节点相连，此时运行在网络命名空间下的分配 IP 地址的程序就可以为创建的云主机分配 IP 地址了。

微课

V7-11　部署和分析 VLAN 企业级虚拟化网络

7.2.4　部署和分析 VLAN 企业级虚拟化网络

1. 创建 VLAN 网络

（1）使用图形用户界面创建 VLAN10 网络

登录云平台后，选择左侧导航菜单中的"管理员"选项，选择"网络"→"网络"选项，单击右侧的"创建网络"按钮，在弹出的"创建网络"对话框中进行相关设置，如图 7-29 所示。

图 7-29　建立 VLAN 网络

在"供应商网络类型"下拉列表中选择 VLAN，"物理网络"填写 vlan，"段 ID"填写 10，原因是在 ml2_conf.ini 文件中配置了以下内容。

```
[ml2_type_vlan]
network_vlan_ranges = vlan:10:2000
```

以上配置定义了创建 VLAN 网络时的逻辑名称为 vlan，vlan 的范围是 10～2000。

由于创建的 VLAN 网络用于内部通信，因此不勾选"外部网络"复选框，在连接外网时，需要创建路由联通内网和外网。单击"下一步"按钮，填写子网信息，如图 7-30 所示。

图 7-30　填写子网信息

由于创建的 VLAN 网络用于连接内部，因此网络地址不需要与宿主机在相同网络。单击“下一步”按钮，在打开的“子网详情”选项卡中，填写分配的地址池为 192.168.20.10～192.168.20.200，单击“创建”按钮。

（2）使用 VLAN10 网络创建云主机 demo2

创建了 VLAN 网络后，使用 VLAN 网络创建云主机，名称为 demo2。

```
[root@controller ~]# openstack server create --flavor small --network vlan10 --image c1 demo2
```

创建完成后，查看云平台上的云主机列表，发现成功创建了云主机 demo2，如图 7-31 所示。

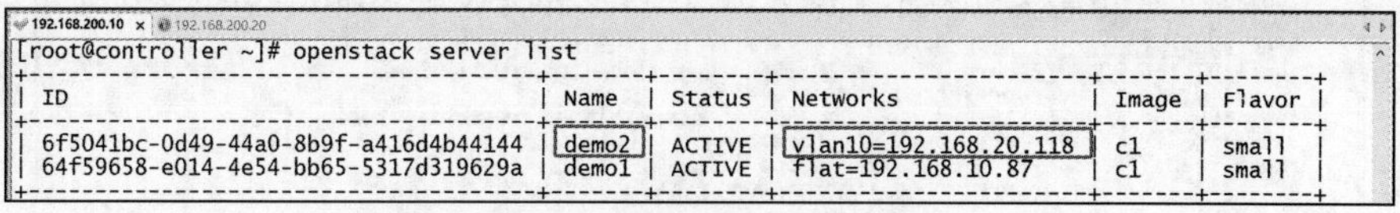

```
[root@controller ~]# openstack server list
+--------------------------------------+-------+--------+-----------------------+-------+--------+
| ID                                   | Name  | Status | Networks              | Image | Flavor |
+--------------------------------------+-------+--------+-----------------------+-------+--------+
| 6f5041bc-0d49-44a0-8b9f-a416d4b44144 | demo2 | ACTIVE | vlan10=192.168.20.118 | c1    | small  |
| 64f59658-e014-4e54-bb65-5317d319629a | demo1 | ACTIVE | flat=192.168.10.87    | c1    | small  |
+--------------------------------------+-------+--------+-----------------------+-------+--------+
```

图 7-31 成功创建云主机 demo2

从图中可以发现，云主机 demo2 已经创建成功，IP 地址是 192.168.20.118。

2. 分析 VLAN 类型的网络

（1）查看计算节点的虚拟化网络设备

查看计算节点的虚拟化网络设备，如图 7-32 所示。

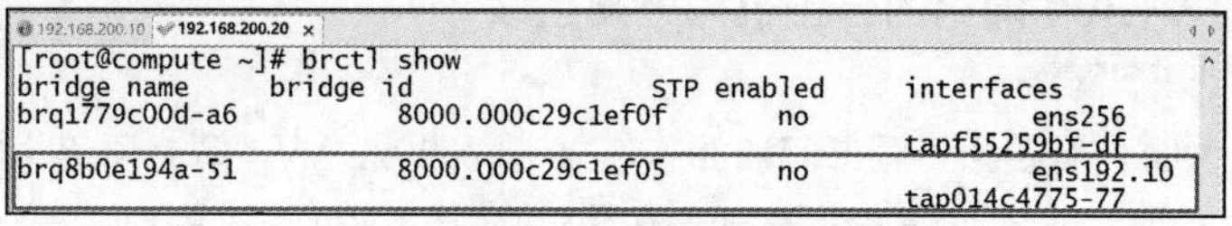

```
[root@compute ~]# brctl show
bridge name       bridge id              STP enabled    interfaces
brq1779c00d-a6    8000.000c29c1ef0f      no             ens256
                                                        tapf55259bf-df
brq8b0e194a-51    8000.000c29c1ef05      no             ens192.10
                                                        tap014c4775-77
```

图 7-32 查看计算节点的虚拟化网络设备

从图中可以发现，在计算节点上创建了虚拟网桥 brq8b0e194a-51，连接到 ens192.10 网卡和 tap014c4775-77 网卡，其中，tap014c4775-77 是连接到云主机 demo2 的网卡，而 ens192.10 是 ens192 的子网卡。查询计算节点的网卡及 IP 地址，命令如下。

```
[root@compute ~]# ip a
```

从结果中可以发现 ens192.10 网卡显示为 ens192.10@ens192，说明该网卡是物理网卡 ens192 的子网卡。这是由于在 linuxbridge_agent.ini 文件中定义了以下配置。

```
[linux_bridge]
physical_interface_mappings = provider:ens256,vlan:ens192
```

这里的 vlan 是 ml2_conf.ini 文件中定义的逻辑名称，绑定到 ens192 物理网卡上。

（2）查看控制节点的虚拟化网络设备

查看控制节点的虚拟化网络设备，如图 7-33 所示。

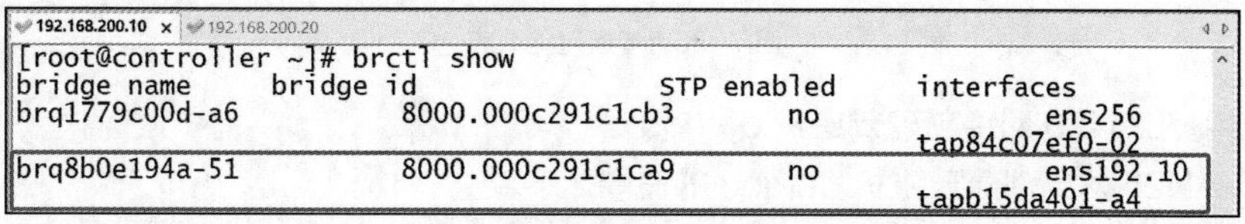

```
[root@controller ~]# brctl show
bridge name       bridge id              STP enabled    interfaces
brq1779c00d-a6    8000.000c291c1cb3      no             ens256
                                                        tap84c07ef0-02
brq8b0e194a-51    8000.000c291c1ca9      no             ens192.10
                                                        tapb15da401-a4
```

图 7-33 查看控制节点的虚拟化网络设备

从图中可以发现，控制节点创建了 brq8b0e194a-51 虚拟网桥，连接到了 ens192.10 网卡和 tapb15da401-a4 网卡，其中 ens192.10 网卡是 ens192 网卡的子网卡。

tapb15da401-a4 连接到负责 DHCP 地址分配的网络命名空间网卡上，查看并进入网络命名空间，命令如下。

```
[root@controller ~]# ip netns
qdhcp-8b0e194a-51df-4e70-925f-6a8cf7f8ab4d(id: 1)
qdhcp-1779c00d-a655-4f9a-91ba-1dba96c1d615 (id: 0)
[root@controller ~]# ip netns exec qdhcp-8b0e194a-51df-4e70-925f-6a8cf7f8ab4d bash
```

查看网络命名空间网卡及 IP 地址，结果如图 7-34 所示。

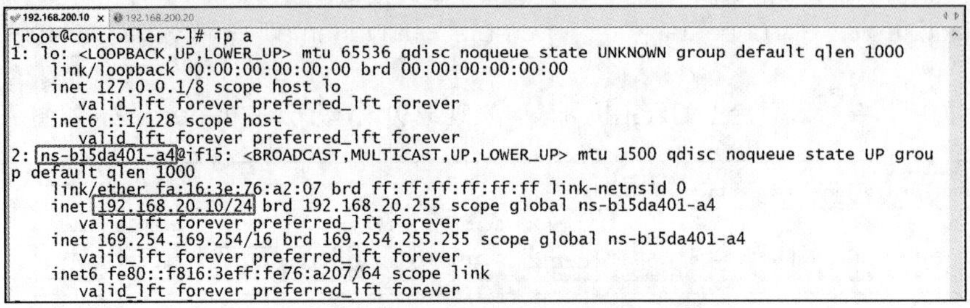

图 7-34　查看网络命名空间网卡及 IP 地址

　　qdhcp-8b0e194a-51df-4e70-925f-6a8cf7f8ab4d 网络命名空间的网卡 ns-b15da401-a4 通过 tapb15da401-a4 网卡连接到虚拟网桥 brq8b0e194a-51，控制节点网桥通过 ens192.10 的上行网卡 ens192 连接到计算节点的 ens192 网卡，再通过 ens192.10 网卡连接到计算节点的网桥，最后连接到云主机，云主机就可以获取到网络命名空间分配的 IP 地址了。

3. 实现不同 VLAN 网络的云主机内外网互联

（1）创建 VLAN20 网络

　　当网络规模较大时，需要为不同部门和业务建立不同的 VLAN，隔离网络中的广播流量。在云平台上创建 VLAN20 网络，创建的方法与创建 VLAN10 基本一致，不同点在于创建 VLAN20 网络时，"段 ID"输入 20，输入子网的网络地址为 192.168.30.0/24，网关为 192.168.30.1，分配的地址池为 192.168.30.10～192.168.30.200。创建完成后，在图形用户界面中查看网络列表，结果如图 7-35 所示。

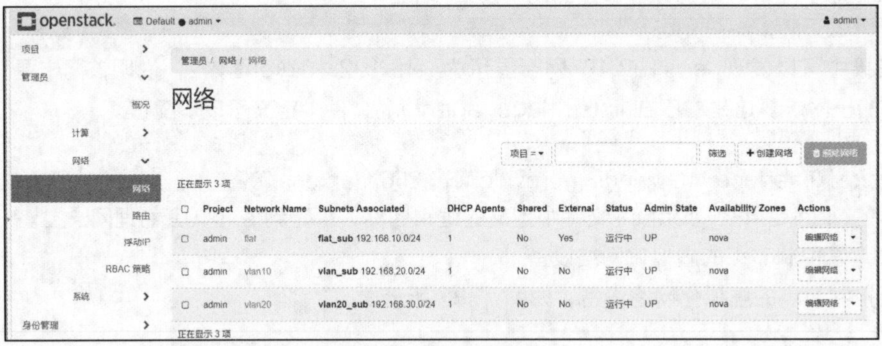

图 7-35　查看网络列表

（2）使用 VLAN20 网络创建云主机 demo3

　　基于 VLAN20 网络创建云主机 demo3 的命令如下。

```
[root@controller ~]# openstack server create --flavor small --network vlan20 --image c1 demo3
```

　　创建完成后，查看云主机列表，发现成功创建了云主机 demo3，如图 7-36 所示，云主机 demo3 的 IP 地址为 192.168.30.69。

```
[root@controller ~]# openstack server list
+--------------------------------------+-------+--------+----------------------+-------+--------+
| ID                                   | Name  | Status | Networks             | Image | Flavor |
+--------------------------------------+-------+--------+----------------------+-------+--------+
| fd0d170a-a806-4d91-9a5a-0fe0a088f12e | demo3 | ACTIVE | vlan20=192.168.30.69 | c1    | small  |
| 6f5041bc-0d49-44a0-8b9f-a416d4b44144 | demo2 | ACTIVE | vlan10=192.168.20.118| c1    | small  |
| 64f59658-e014-4e54-bb65-5317d319629a | demo1 | ACTIVE | flat=192.168.10.87   | c1    | small  |
+--------------------------------------+-------+--------+----------------------+-------+--------+
```

图 7-36　成功创建云主机 demo3

（3）创建虚拟路由器 r1 联通 VLAN20、VLAN30 和外部 Flat 网络

云主机 demo2 和 demo3 位于不同的网络中，无法互联，实现不同 VLAN 网络中的云主机互联的方法是建立虚拟路由器。此外，这两个网络中的云主机是无法访问外网的，需要将虚拟路由器连接到外部 Flat 网络上，实现内部云主机与外网的互联。

① 创建虚拟路由器 r1。

登录云平台后，选择左侧导航菜单中的"管理员"选项，选择"网络"→"路由"选项，单击右侧的"新建路由"按钮，在弹出的"新建路由"对话框中进行设置，如图 7-37 所示。

图 7-37　创建虚拟路由器 r1

在创建虚拟路由器 r1 时，在"外部网络"下拉列表中选择连接已经创建的外网 flat，勾选"启用 SNAT"复选框，实现内网到外网的源地址转换。

② 为虚拟路由器添加接口。

添加完成后，在路由界面中单击虚拟路由器 r1，如图 7-38 所示。

图 7-38　单击虚拟路由器 r1

在进入的 r1 界面中，选择"接口"选项卡，单击"增加接口"按钮，如图 7-39 所示。

图 7-39 增加接口

在"增加接口"对话框中，"子网"选择 vlan10：192.168.20.0124（vlan-sub），在"IP 地址（可选）"文本框中填写 VLAN10 网络的网关地址 192.168.20.1，单击"提交"按钮，如图 7-40 所示。

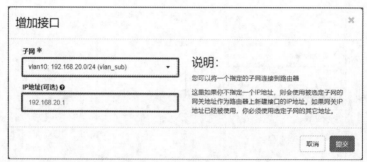

图 7-40 "增加接口"对话框

同理，增加虚拟路由器 r1 的第二个接口 VLAN20，在"IP 地址（可选）"文本框中填写 VLAN20 网络的网关地址 192.168.30.1。

增加接口后，查看虚拟路由器 r1 的接口信息，如图 7-41 所示。

图 7-41 虚拟路由器 r1 的接口信息

（4）测试云主机内外网的联通性

① 登录云主机。

在计算节点上使用 virsh 命令查看云主机的名称，命令如下。

```
[root@compute ~]# virsh list --all
```

结果如图 7-42 所示。

```
[root@compute ~]# virsh list --all
 Id    名称                   状态
----------------------------------------------------
 2     instance-00000002      running
 6     instance-00000006      running
 7     instance-00000007      running
```

图 7-42　查看云主机的名称

登录 instance-00000006 云主机，命令如下。

```
[root@compute ~]# virsh console instance-00000006
```

按“Enter”键，按照提示输入用户名和密码，进入 instance-00000006 云主机，查看其 IP 地址后，发现是基于 VLAN10 网络创建的云主机 demo2，IP 地址为 192.168.20.118，如图 7-43 所示。

```
$ ip a
1: lo: <LOOPBACK,UP,LOWER_UP> mtu 16436 qdisc noqueue
    link/loopback 00:00:00:00:00:00 brd 00:00:00:00:00:00
    inet 127.0.0.1/8 scope host lo
    inet6 ::1/128 scope host
       valid_lft forever preferred_lft forever
2: eth0: <BROADCAST,MULTICAST,UP,LOWER_UP> mtu 1500 qdisc pfifo_fast qlen 1000
    link/ether fa:16:3e:94:fd:d4 brd ff:ff:ff:ff:ff:ff
    inet 192.168.20.118/24 brd 192.168.20.255 scope global eth0
    inet6 fe80::f816:3eff:fe94:fdd4/64 scope link
       valid_lft forever preferred_lft forever
```

图 7-43　查看云主机的 IP 地址

② 测试内外网的联通性。

在云主机 demo2 上，测试与云主机 demo3 的联通性，结果如图 7-44 所示。

```
$ ping 192.168.30.69 -c 4
PING 192.168.30.69 (192.168.30.69): 56 data bytes
64 bytes from 192.168.30.69: seq=0 ttl=63 time=1.708 ms
64 bytes from 192.168.30.69: seq=1 ttl=63 time=0.931 ms
64 bytes from 192.168.30.69: seq=2 ttl=63 time=1.352 ms
64 bytes from 192.168.30.69: seq=3 ttl=63 time=1.101 ms
```

图 7-44　测试与云主机 demo3 的联通性

此时，发现已经可以与 VLAN30 中的云主机 demo3 正常通信了。测试与虚拟路由器 r1 连接外网 flat 的接口 192.168.10.58 的联通性，结果如图 7-45 所示。

```
$ ping 192.168.10.58 -c 4
PING 192.168.10.58 (192.168.10.58): 56 data bytes
64 bytes from 192.168.10.58: seq=0 ttl=64 time=1.918 ms
64 bytes from 192.168.10.58: seq=1 ttl=64 time=0.747 ms
64 bytes from 192.168.10.58: seq=2 ttl=64 time=0.789 ms
64 bytes from 192.168.10.58: seq=3 ttl=64 time=1.011 ms
```

图 7-45　测试与虚拟路由器 r1 外网接口的联通性

此时，发现已经可以和虚拟路由器 r1 连接外网的接口正常通信了，实现了内网主机访问外网。

（5）外网主机登录到云主机

① 分配浮动 IP 地址。

登录云平台后，选择左侧导航菜单中的“项目”选项，选择“计算”→“实例”选项，可以查看到正在运行的云主机列表，如图 7-46 所示。

224

图 7-46　查看正在运行的云主机列表

单击 demo2 记录"创建快照"右侧的下拉按钮，选择"绑定浮动 IP"选项，在弹出的"管理浮动 IP 的关联"对话框中，单击右侧的"+"按钮，如图 7-47 所示。

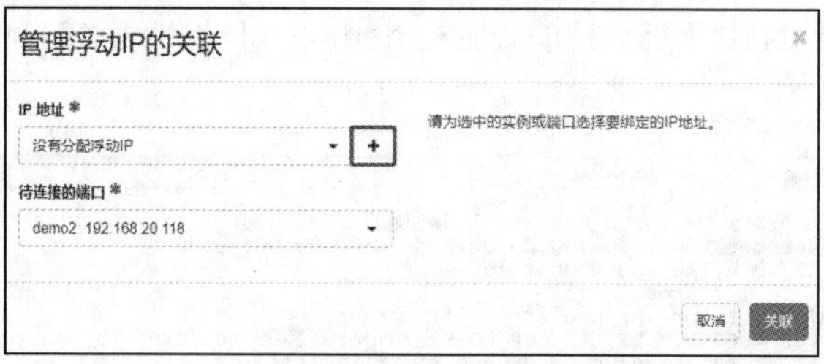

图 7-47　"管理浮动 IP 的关联"对话框

在弹出的"分配浮动 IP"对话框中，单击"分配 IP"按钮，如图 7-48 所示。

图 7-48　"分配浮动 IP"对话框

分配 Flat 网络的 IP 地址后，在"管理浮动 IP 的关联"对话框中单击"关联"按钮，如图 7-49 所示。

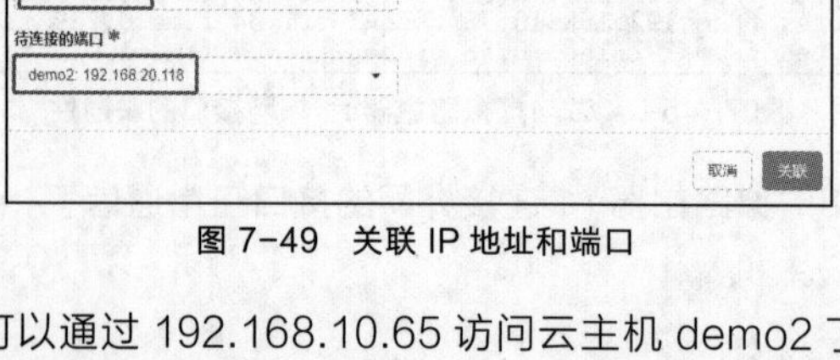

图 7-49　关联 IP 地址和端口

关联后，外网主机就可以通过 192.168.10.65 访问云主机 demo2 了。

② 在 Windows 主机上登录云主机 demo2。

在 Windows 主机上，使用 SecureCRT 登录 192.168.10.65，输入用户名 cirros、密码

cubswin:)，查看其 IP 地址，如图 7-50 所示。

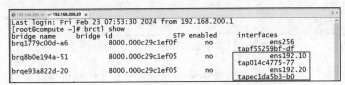

图 7-50　通过浮动 IP 成功登录云主机 demo2 并查看其 IP 地址

4．分析 VLAN 内外互联网络

（1）查看计算节点的虚拟化网络设备

查看计算节点的虚拟化网络设备，如图 7-51 所示。

```
@ 192.168.200.10  @ 192.168.200.20 ×
Last login: Fri Feb 23 07:53:30 2024 from 192.168.200.1
[root@compute ~]# brctl show
bridge name       bridge id            STP enabled   interfaces
brq1779c00d-a6    8000.000c29c1ef0f       no          tapf55259bf-df
brq8b0e194a-51    8000.000c29c1ef05       no          ens192.10
                                                      tap014c4775-77
brqe93a822d-20    8000.000c29c1ef05       no          ens192.20
                                                      tapec1da5b3-b0
```

图 7-51　查看计算节点的虚拟化网络设备

从图中可以看出，虚拟网桥 brq8b0e194a-51 连接着 ens192.10 网卡和 tap014c4775-77 网卡，tap014c4775-77 网卡用于连接云主机 demo2，虚拟网桥 brqe93a822d-20 连接着 ens192.20 网卡和 tapec1da5b3-b0 网卡，tapec1da5b3-b0 网卡用于连接云主机 demo3。ens192.10 和 ens192.20 是 ens192 网卡的子网卡，通过 ens192 网卡与控制节点连接。

（2）查看控制节点的虚拟化网络设备

查看控制节点的虚拟化网络设备，如图 7-52 所示。

```
192.168.200.10 ×  @ 192.168.200.20
Last login: Thu Feb 22 18:12:35 2024 from 192.168.200.1
[root@controller ~]# brctl show
bridge name       bridge id            STP enabled   interfaces
brq1779c00d-a6    8000.000c291c1cb3       no          ens256
                                                      tap84c07ef0-02
                                                      tapf0b49a47-16
brq8b0e194a-51    8000.000c291c1ca9       no          ens192.10
                                                      tapa62fff0b-1f
                                                      tapb15da401-a4
brqe93a822d-20    8000.000c291c1ca9       no          ens192.20
                                                      tap6354aa2e-be
                                                      tap97ee624b-6d
```

图 7-52　查看控制节点的虚拟化网络设备

从图中可以看出，虚拟网桥 brq8b0e194a-51 连接着 ens192.10 网卡、tapa62fff0b-1f 网卡、tapb15da401-a4 网卡，网桥 brqe93a822d-20 连接着 ens192.20 网卡、tap6354aa2e-be 网卡、tap97ee624b-6d 网卡。ens192.10 和 ens192.20 是 ens192 网卡的子网卡。每个虚拟网桥上的另外两块网卡都分别连接到负责分配 IP 地址的 DHCP 命名空间和负载路由转发的网络命名空间。

查看控制节点的网络命名空间，命令如下。

```
[root@controller ~]# ip netns
```

结果如下。

```
qrouter-06c3dfa6-4d85-4f1c-8b62-62e73a3e0048 (id: 3)
qdhcp-e93a822d-2038-4e7e-a666-a6d74d7b5eb7 (id: 2)
qdhcp-8b0e194a-51df-4e70-925f-6a8cf7f8ab4d (id: 1)
qdhcp-1779c00d-a655-4f9a-91ba-1dba96c1d615 (id: 0)
```

其中，qdhcp-8b0e194a-51df-4e70-925f-6a8cf7f8ab4d 网络命名空间用于为 VLAN10 网络主机分配 IP 地址，qdhcp-e93a822d-2038-4e7e-a666-a6d74d7b5eb7 网络命名空间用于为

VLAN20 网络主机分配 IP 地址，qrouter-06c3dfa6-4d85-4f1c-8b62-62e73a3e0048 网络命名空间运行虚拟路由器 r1 的网络协议栈。进入虚拟路由器 r1 的命名空间，命令如下。

```
[root@controller ~]# ip netns exec qrouter-06c3dfa6-4d85-4f1c-8b62-62e73a3e0048
bash
```

查看其网卡及 IP 地址，如图 7-53 所示。

```
192.168.200.10 × @ 192.168.200.20
[root@controller ~]# ip a
1: lo: <LOOPBACK,UP,LOWER_UP> mtu 65536 qdisc noqueue state UNKNOWN group default qlen 1000
    link/loopback 00:00:00:00:00:00 brd 00:00:00:00:00:00
    inet 127.0.0.1/8 scope host lo
       valid_lft forever preferred_lft forever
    inet6 ::1/128 scope host
       valid_lft forever preferred_lft forever
2: qg-f0b49a47-16@if21: <BROADCAST,MULTICAST,UP,LOWER_UP> mtu 1500 qdisc noqueue state UP group default qlen 1000
    link/ether fa:16:3e:27:02:29 brd ff:ff:ff:ff:ff:ff link-netnsid 0
    inet 192.168.10.58/24 brd 192.168.10.255 scope global qg-f0b49a47-16
       valid_lft forever preferred_lft forever
    inet 192.168.10.65/32 brd 192.168.10.65 scope global qg-f0b49a47-16
       valid_lft forever preferred_lft forever
    inet6 fe80::f816:3eff:fe27:229/64 scope link
       valid_lft forever preferred_lft forever
3: qr-a62fff0b-1f@if22: <BROADCAST,MULTICAST,UP,LOWER_UP> mtu 1500 qdisc noqueue state UP group default qlen 1000
    link/ether fa:16:3e:a0:a8:da brd ff:ff:ff:ff:ff:ff link-netnsid 0
    inet 192.168.20.1/24 brd 192.168.20.255 scope global qr-a62fff0b-1f
       valid_lft forever preferred_lft forever
    inet6 fe80::f816:3eff:fea0:a8da/64 scope link
       valid_lft forever preferred_lft forever
4: qr-6354aa2e-be@if23: <BROADCAST,MULTICAST,UP,LOWER_UP> mtu 1500 qdisc noqueue state UP group default qlen 1000
    link/ether fa:16:3e:b9:32:23 brd ff:ff:ff:ff:ff:ff link-netnsid 0
    inet 192.168.30.1/24 brd 192.168.30.255 scope global qr-6354aa2e-be
       valid_lft forever preferred_lft forever
```

图 7-53　查看虚拟路由器 r1 网卡及 IP 地址

从图中可以看出，虚拟路由器 r1 连接着 3 块网卡，其中，qr-a62fff0b-1f 的 IP 地址是 192.168.20.1，作为 VLAN10 网络中云主机的网关；qr-6354aa2e-be 的 IP 地址是 192.168.30.1，作为 VLAN20 网络中云主机的网关；qg-f0b49a47-16 网卡连接到外部 flat 网络，有两个 IP 地址，分别是 192.168.10.58 和 192.168.10.65。其中，192.168.10.58 用于内网云主机的 SNAT，使内网主机可以访问外网，192.168.10.65 作为访问云主机 demo2 的外网地址，使用 iptables -t nat -nL 命令可以查看虚拟路由器 r1 生成的 Iptables 的源 IP 地址和目标 IP 地址转换规则。

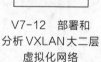

微课

V7-12　部署和分析 VXLAN 大二层虚拟化网络

7.2.5　部署和分析 VXLAN 大二层虚拟化网络

1. 创建 VXLAN 网络

登录云平台后，选择左侧导航菜单中的"管理员"选项，选择"网络"→"网络"选项，再单击右侧的"创建网络"按钮，在弹出的"创建网络"对话框中进行设置，创建 VXLAN10 网络，如图 7-54 所示。

图 7-54　创建 VXLAN10 网络

在“供应商网络类型”下拉列表中选择 VXLAN，在“段 ID”中输入 10。输入 10 的原因是在 ml2_conf.ini 文件中定义了如下配置。

```
[ml2_type_vxlan]
vni_ranges = 1:1000
```

这两行配置定义了 VXLAN 的范围从 1～1000。

单击“下一步”按钮，设置子网的网络地址为 192.168.40.0/24、网关为 192.168.40.1，分配地址池为 192.168.40.10～192.168.40.200。查看云平台网络列表，发现成功创建了 VXLAN10 网络，如图 7-55 所示。

```
[root@controller ~]# openstack network list
+--------------------------------------+---------+--------------------------------------+
| ID                                   | Name    | Subnets                              |
+--------------------------------------+---------+--------------------------------------+
| 1779c00d-a655-4f9a-91ba-1dba96c1d615 | flat    | 9456c08d-b9b4-4484-af49-aa851fad4075 |
| 787325c2-1c9d-4088-9ca3-1dabfc91ff23 | vxlan10 | 096e487e-5e30-4ee8-ad72-11daabe35a7b |
| 8b0e194a-51df-4e70-925f-6a8cf7f8ab4d | vlan10  | 7ba658e1-8aaf-4092-873f-300ba2d511a0 |
| e93a822d-2038-4e7e-a666-a6d74d7b5eb7 | vlan20  | a7d03a27-aa85-4e57-8658-e55d60322a37 |
+--------------------------------------+---------+--------------------------------------+
```

图 7-55 成功创建 VXLAN10 网络

2. 基于 VXLAN10 网络创建云主机

在控制节点上使用 VXLAN10 网络创建云主机 demo4，命令如下。

```
[root@controller ~]# openstack server create --flavor small --network vxlan10 --image c1 demo4
```

设置完成后，查看云主机列表，命令如下。

```
[root@controller ~]# openstack server list
```

结果如图 7-56 所示，发现云主机 demo4 已经成功创建了，IP 地址是 192.168.40.166。

```
[root@controller ~]# openstack server list
+--------------------------------------+-------+--------+------------------------------------------+-------+--------+
| ID                                   | Name  | Status | Networks                                 | Image | Flavor |
+--------------------------------------+-------+--------+------------------------------------------+-------+--------+
| c58d7295-1313-4042-b612-cb29261870bf | demo4 | ACTIVE | vxlan10=192.168.40.166                   | c1    | small  |
| fd0d170a-a806-4d91-9a5a-0fe0a088f12e | demo3 | ACTIVE | vlan20=192.168.30.69                     | c1    | small  |
| 6f5041bc-0d49-44a0-8b9f-a416d4b44144 | demo2 | ACTIVE | vlan10=192.168.20.118, 192.168.10.65     | c1    | small  |
| 64f59658-e014-4e54-bb65-5317d319629a | demo1 | ACTIVE | flat=192.168.10.87                       | c1    | small  |
+--------------------------------------+-------+--------+------------------------------------------+-------+--------+
```

图 7-56 成功创建云主机 demo4

3. 分析 VXLAN 类型的网络

（1）查看计算节点的虚拟化网络设备

查看计算节点的虚拟化网络设备，如图 7-57 所示。

```
[root@compute ~]# brctl show
bridge name       bridge id            STP enabled     interfaces
brq1779c00d-a6    8000.000c29c1ef0f    no                        ens256
                                                       tapf55259bf-df
brq787325c2-1c    8000.f2d7c96116ae    no                        tap7964d14d-ab
                                                       vxlan-10
brq8b0e194a-51    8000.000c29c1ef05    no                        ens192.10
                                                       tap014c4775-77
brqe93a822d-20    8000.000c29c1ef05    no                        ens192.20
                                                       tapec1da5b3-b0
```

图 7-57 查看计算节点的虚拟化网络设备

其中，brq787325c2-1c 虚拟网桥连接着 vxlan-10 虚拟网卡和 tap7964d14d-ab 虚拟网卡，tap7964d14d-ab 连接到云主机 demo4 上，这样云主机 demo4 就可以通过 ens192 网卡连接到控制节点，因为在配置计算节点的 linuxbridge_agent.ini 文件时定义了如下配置。

```
[vxlan]
enable_vxlan = true
local_ip = 192.168.100.20
```

这 3 行配置启用了 VXLAN 网络，并且将计算节点 VXLAN 的 VTEP 地址设置为 192.168.100.20，负责将虚拟机的数据包封装为 VXLAN 报文，并配置 ens192 网卡的 IP 地址为 192.168.100.20。

（2）查看控制节点的虚拟化网络设备

查看控制节点的虚拟化网络设备，如图 7-58 所示。

```
192.168.200.10 ×   192.168.200.20
[root@controller ~]# brctl show
bridge name       bridge id            STP enabled    interfaces
brq1779c00d-a6        8000.000c291c1cb3        no           ens256
                                                            tap84c07ef0-02
                                                            tapf0b49a47-16
brq787325c2-1c        8000.4225da884c4b        no              tapc4dfcdaf-eb
                                                            vxlan-10
brq8b0e194a-51        8000.000c291c1ca9        no           ens192.10
                                                            tapa62fff0b-1f
                                                            tapb15da401-a4
brqe93a822d-20        8000.000c291c1ca9        no           ens192.20
                                                            tap6354aa2e-be
                                                            tap97ee624b-6d
```

图 7-58 查看控制节点的虚拟化网络设备

其中，brq787325c2-1c 虚拟网桥连接着 vxlan-10 虚拟网卡和 tapc4dfcdaf-eb 虚拟网卡，tapc4dfcdaf-eb 连接到为云主机分配 IP 地址的网络命名空间。在配置控制节点的 linuxbridge_agent.ini 文件时，定义了如下配置。

```
[vxlan]
enable_vxlan = true
local_ip = 192.168.100.10
```

这 3 行配置启用了 VXLAN 网络，并且将控制节点 VXLAN 的 VTEP 地址设置为 192.168.100.10，负责将虚拟机的数据包封装为 VXLAN 报文，并配置 ens192 网卡的 IP 地址为 192.168.100.10，这样负责分配 IP 地址的网络命名空间网卡就可以通过 ens192 网卡连接到计算节点，为云主机分配 IP 地址了。

4. VXLAN 类型网络的云主机内外网互联

VXLAN 类型网络的云主机内外网互联与 VLAN 网络的配置分析方法基本一致，由于篇幅有限，这里不细讲，具体实现请读者参考任务微课内容。

项目小结

OpenStack的云平台安装比较复杂，需要掌握安装过程的规律，如在安装大多数组件时，需要在数据库中创建该组件的数据库，授权该数据库给用户使用，并在Keystone中创建组件的用户，安装后修改配置文件，同步数据库并开启服务等。

初学者学习OpenStack云平台的虚拟化网络难度比较大，当出现网络问题时，也无从分析和排错，本项目部署和分析了OpenStack常用的虚拟化网络，能使读者对这部分内容有深入的理解，解决遇到的网络虚拟化问题。

项目练习与思考

1. 选择题

（1）Keystone 组件负责云平台用户和其他服务的（   ）。

　　A. 检查　　　　B. 访问　　　　C. 认证授权　　　　D. 数据库

（2）Glance 负责创建和管理 OpenStack 云平台的（   ）。

　　A. 网络　　　　B. 计算　　　　C. 镜像　　　　D. 存储

（3）在计算节点上需要安装 Nova 组件的（　　）服务。

　　　A．KVM　　　　　B．Nova-compute　C．libvirt　　　　　　D．CPU

（4）Neutron 为用户和云主机提供（　　）服务。

　　　A．计算　　　　　B．存储　　　　　C．网络　　　　　D．镜像

（5）Horizon 为用户提供（　　）界面服务。

　　　A．图形　　　　　B．命令行　　　　C．脚本　　　　　D．网络

2．填空题

（1）配置 Neutron 服务的＿＿＿＿＿＿文件时，可以定义网络的逻辑名称。

（2）配置 Neutron 服务的＿＿＿＿＿＿文件时，可以定义网络逻辑名称和物理网卡的绑定关系。

（3）部署 VXLAN 网络时，需要配置 VTEP 绑定的每台宿主机网卡的＿＿＿＿＿＿地址。

（4）在安装 OpenStack 组件出现问题时，需要检查每个组件对应的＿＿＿＿＿＿。

（5）OpenStack 连接内外网的虚拟设备是虚拟路由器，是通过＿＿＿＿＿＿空间实现的。

3．简答题

（1）简述 Neutron 组件的架构。

（2）简述 OpenStack 云平台和 KVM 虚拟机的关系。

项目 **8**

构建Docker容器虚拟化网络

🔍 项目描述

为了简化应用程序的打包、交付和部署过程，提高开发人员和运维人员的工作效率，公司决定使用Docker容器技术部署各类业务系统。项目经理要求王亮安装Docker容器引擎，部署单宿主机Docker容器网络和跨宿主机的Docker容器网络。

项目8思维导图如图8-1所示。

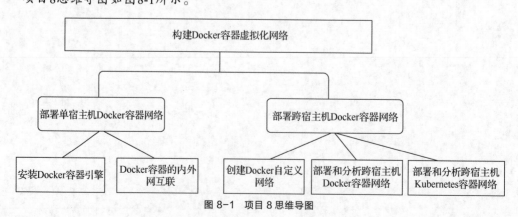

图 8-1　项目 8 思维导图

部署单宿主机 Docker 容器网络

学习目标

知识目标

- 掌握 Docker 镜像与容器的关系。
- 掌握单宿主机 Docker 容器的内外网互联方式。

技能目标

- 能够安装 Docker 容器引擎。
- 能够部署单宿主机 Docker 容器网络。

素养目标

- 安装 Docker 容器引擎，减少资源占用和启动时间，培养不断优化解决方案的能力。
- 部署单宿主机 Docker 容器网络，培养良好的学习能力和独立思考能力。

8.1.1　任务描述

使用传统模式部署应用时，需要手动安装和配置软件环境，从而花费运维人员大量的时间，工作量大且容易出错。当需要增强应用程序的处理能力时，需要手动添加新的物理机或虚拟机，很难实现服务能力的快速扩展。

Docker 容器能够简化应用程序的打包、交付和部署过程，实现业务的快速部署和启动。项目经理要求王亮按照图 8-2 所示的网络拓扑，在服务器 node1 上部署 Docker 容器引擎并创建容器 1 和容器 2，分析单宿主机环境下 Docker 容器的内外网互联方式。

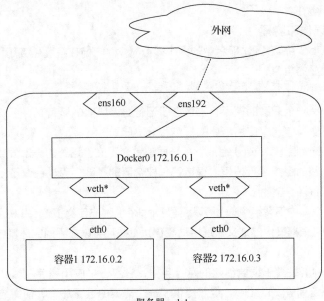

服务器node1

图 8-2　任务 8-1 网络拓扑

8.1.2 必备知识

1. Docker 容器引擎

Docker 是目前最流行的容器引擎之一，它是一个开源的软件平台，用于快速构建、打包和部署应用程序到容器中。它提供了一种轻量级的虚拟化技术，使开发人员、运维人员能够将应用程序及其所有依赖项打包到一个独立的容器中，并在任何环境中以相同的方式运行。Docker 容器引擎具备以下特点。

（1）镜像管理

Docker 使用镜像来打包应用程序及其依赖项，镜像是一个只读的模板，包含运行应用程序所需的所有文件和配置。开发人员可以基于现有的镜像构建自定义的镜像，实现应用程序的快速部署。

（2）容器管理

Docker 可以管理容器的生命周期，包括创建、启动、停止、删除等操作。开发人员可以通过 Docker 命令行工具或 Docker API 来管理容器，实现对应用程序的灵活控制。

（3）跨平台支持

Docker 容器可以在任何支持 Docker 引擎的平台上运行，无论是物理服务器、虚拟机还是公有云服务，确保了应用程序在不同环境中的一致性。

（4）网络管理

Docker 提供了灵活的网络配置选项，允许容器之间进行通信，也可以通过端口映射将容器暴露给外网。

（5）存储管理

Docker 提供了多种存储驱动程序，可以使容器与数据卷和存储卷进行交互，实现数据的持久化和共享。

（6）安全性

Docker 提供了多层次的安全机制，包括命名空间隔离、控制组隔离、资源限制、容器签名等，保障了容器环境的安全性。

2. Docker 镜像和容器

镜像和容器是 Docker 容器化平台中的两个核心概念，它们在容器化应用程序的构建、运行和部署过程中扮演着重要的角色。

（1）镜像

镜像（Image）是一个只读的模板，它包含了运行容器所需的所有文件系统内容、软件环境、库和设置。可以将镜像看作一个应用程序的打包和分发形式。

Docker 镜像由多个层（Layer）组成，每一层都包含了文件系统的一部分或一组操作，这些层组合在一起形成了完整的容器运行环境。镜像是创建容器的基础，通过镜像可以创建出一个或多个具体的运行实例，即容器。

可以从 Docker 仓库中下载镜像，也可以编写 Dockerfile 来定义镜像，并使用 Docker 镜像来创建和运行容器。容器可根据镜像的定义快速启动和停止，并且可以在不同的环境中进行部署和移植。

（2）容器

容器（Container）是基于镜像创建的运行实例，它包含了应用程序及其依赖的所有内容，如文件、环境变量、系统库等。Docker 容器提供了一个隔离的运行环境，使得应用程序可以在其中独立运行，不受外部环境的影响，每个容器都是相互隔离的，拥有自己的文件系统、进程空间、网络接口等资源。

这种基于镜像和容器的容器化技术，为开发者提供了一种便捷、高效的应用程序部署和管理方式。

3. Docker 容器网络模式

（1）bridge 网络模式

bridge 网络模式是 Docker 容器默认的网络模式。容器使用独立网络命名空间，在默认模式下，容器连接到虚拟网桥 docker0。通过虚拟网桥 docker0 以及 Iptables 规则与宿主机和外网主机互联。

（2）host 网络模式

在 Docker 中，使用 host 网络模式意味着容器与宿主机共享网络命名空间，容器将直接使用宿主机的网络栈，而不再进行网络地址转换。这种模式下，容器将绑定到宿主机的网络接口上，使得容器可以直接访问宿主机上的所有网络服务，同时可以让外网直接访问到容器内的服务。

（3）container 网络模式

container 网络模式指定新创建的容器和已经存在的一个容器共享一个网络命名空间，而不是和宿主机共享，新创建的容器不会创建自己的网卡、配置自己的 IP 地址，而是和一个指定的容器共享 IP 地址、端口范围等。两个容器除了网络之外，其他的（如文件系统、进程列表等）还是隔离的，两个容器的进程可以通过回环网卡设备通信。container 网络模式适用于两个容器频繁通信的场景。

（4）none 网络模式

none 网络模式将容器放置在自己的网络栈中，它不对网络进行任何配置。该模式关闭了容器的网络功能，通常在容器并不需要网络的场景下使用，如只需要写磁盘卷的批处理任务。

8.1.3　安装 Docker 容器引擎

1. 配置服务器网络环境

使用 CentOS 8.ova 模板机创建一台名称为 node1 的服务器，服务器的网卡及 IP 地址配置如表 8-1 所示。

微课

V8-1　安装 Docker 容器引擎

表 8-1　服务器的网卡及 IP 地址配置

服务器名称	网卡名称	连接到的网络	网络模式	IP 地址	网关
node1	ens160	VMnet1	仅主机	192.168.10.2	
	ens192	VMnet8	NAT	192.168.200.10	192.168.200.2

服务器 node1 的 ens160 网卡作为 SecureCRT 登录网卡，ens192 网卡用于访问外网，安装 Docker 容器引擎。

配置完成后，查看服务器 node1 的网卡和 IP 地址配置，如图 8-3 所示。

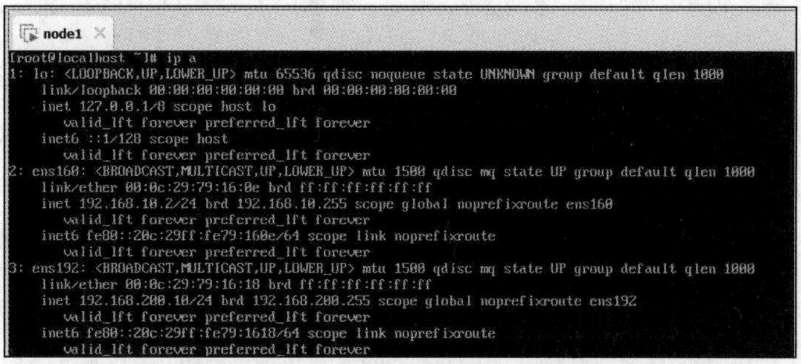

图 8-3　服务器 node1 的网卡和 IP 地址配置

2. 配置 YUM 源

下载 Docker 社区版的 YUM 源到本地，命令如下。

```
[root@localhost ~]# curl https://download.docker.com/linux/centos/docker-ce.repo -o /etc/yum.repos.d/docker-ce.repo
```

3. 安装并启动 Docker

安装 Docker 引擎和命令行工具，命令如下。

```
[root@localhost ~]# yum install docker-ce docker-ce-cli -y
```

安装完成后，启动 Docker 引擎并设置为开机自启动，命令如下。

```
[root@localhost ~]# systemctl start docker && systemctl enable docker
```

查看 Docker 引擎版本，命令如下。

```
[root@localhost ~]# docker -v
```

结果如下。

```
Docker version 25.0.3, build 4debf41
```

8.1.4 Docker 容器的内外网互联

1. Docker 容器间互联

（1）虚拟网桥 docker0

安装完 Docker 引擎后，会生成一个虚拟网桥 docker0，查看服务器 node1 的网卡和 IP 地址配置，如图 8-4 所示。从图中可以发现，docker0 已经安装到服务器 node1 上了。

```
[root@localhost ~]# ip a
1: lo: <LOOPBACK,UP,LOWER_UP> mtu 65536 qdisc noqueue state UNKNOWN group default qlen 1000
    link/loopback 00:00:00:00:00:00 brd 00:00:00:00:00:00
    inet 127.0.0.1/8 scope host lo
       valid_lft forever preferred_lft forever
    inet6 ::1/128 scope host
       valid_lft forever preferred_lft forever
2: ens160: <BROADCAST,MULTICAST,UP,LOWER_UP> mtu 1500 qdisc mq state UP group default qlen 1000
    link/ether 00:0c:29:79:16:0e brd ff:ff:ff:ff:ff:ff
    inet 192.168.10.2/24 192.168.10.255 scope global noprefixroute ens160
       valid_lft forever preferred_lft forever
    inet6 fe80::20c:29ff:fe79:160e/64 scope link noprefixroute
       valid_lft forever preferred_lft forever
3: ens192: <BROADCAST,MULTICAST,UP,LOWER_UP> mtu 1500 qdisc mq state UP group default qlen 1000
    link/ether 00:0c:29:79:16:18 brd ff:ff:ff:ff:ff:ff
    inet 192.168.200.10/24 brd 192.168.200.255 scope global noprefixroute ens192
       valid_lft forever preferred_lft forever
    inet6 fe80::20c:29ff:fe79:1618/64 scope link noprefixroute
       valid_lft forever preferred_lft forever
4: docker0: <NO-CARRIER,BROADCAST,MULTICAST,UP> mtu 1500 qdisc noqueue state DOWN group default
    link/ether 02:42:56:bc:1c:eb brd ff:ff:ff:ff:ff:ff
    inet 172.17.0.1/16 brd 172.17.255.255 scope global docker0
       valid_lft forever preferred_lft forever
```

图 8-4　服务器 node1 的网卡和 IP 地址配置

创建的 Docker 容器连接到这个虚拟网桥上，运行的多个容器通过虚拟网桥连接在一个二层网络中。Docker 会从定义的私有网络中选择一个和宿主机不同的 IP 地址分配给虚拟网桥 docker0，连接到虚拟网桥 docker0 的容器启动时将获取到与虚拟网桥 docker0 同一网络的 IP 地址。

（2）创建两个容器

① 下载 alpine 镜像。

alpine 镜像容量比较小，运行镜像成为容器后，容器内支持多种网络命令，命令如下。

```
[root@controller ~]# docker pull alpine
```

使用 docker pull 命令可以从默认的 Docker 仓库中下载镜像，这里没有加上 alpine 镜像的版本，采用的是默认版本 latest。

② 查看镜像。

下载镜像后，可以使用 docker images 命令查看下载到本地的镜像，结果如图 8-5 所示。

```
[root@localhost ~]# docker images
REPOSITORY    TAG      IMAGE ID       CREATED       SIZE
alpine        latest   05455a08881e   4 weeks ago   7.38MB
```

图 8-5　查看下载到本地的镜像

③ 创建容器 test1。

基于 alpine 镜像创建容器 test1，命令如下。

```
[root@localhost ~]#   docker run -itd --name=test1 alpine /bin/sh
```

以上命令基于 alpine 镜像创建了测试容器 test1。使用-it /bin/sh 命令开启一个终端 Shell 进程，保持和容器的交互，保证容器一直处于运行状态。-d 表示在后台运行容器。

④ 创建容器 test2。

基于 alpine 镜像创建容器 test2，命令如下。

```
[root@localhost ~]# docker run -itd --name=test2 alpine /bin/sh
```

与容器 test1 类似，以上命令基于 alpine 镜像创建了测试容器 test2。

（3）测试容器联通性

① 查看容器 test1 的 IP 地址。

进入容器 test1，命令如下。

```
[root@localhost ~]# docker exec -it test1 /bin/sh
```

进入容器 test1 后，运行与用户交互的 Shell 进程/bin/sh，查看 IP 地址，容器 test1 的 IP 地址为 172.17.0.2，如图 8-6 所示。

图 8-6　查看容器 test1 的 IP 地址

② 查看容器 test2 的 IP 地址。

使用 exit 命令退出容器 test1，然后进入容器 test2，命令如下。

```
[root@localhost ~]# docker exec -it test2 /bin/sh
```

进入容器 test2 后，运行与用户交互的 Shell 进程/bin/sh，查看 IP 地址，容器 test2 的 IP 地址为 172.17.0.3，结果如图 8-7 所示。

图 8-7　查看容器 test2 的 IP 地址

③ 在容器 test2 中测试与容器 test1 的联通性。

在容器 test2 中测试与容器 test1 的联通性，结果如图 8-8 所示。

图 8-8　测试容器 test2 与容器 test1 的联通性

从图中可以发现，容器 test2 和容器 test1 是能够互联的。

④ 查看虚拟网桥信息。

在服务器 node1 上，查看虚拟网桥 docker0 的信息，如图 8-9 所示。

图 8-9　查看虚拟网桥 docker0 的信息

从图中可以发现，虚拟网桥 docker0 连接着两块 veth 虚拟网卡，两块网卡分别连接到容器 test1和容器 test2 中。

2. Docker 容器访问外网

（1）测试容器访问外网主机

进入容器 test1，测试与外网主机 8.8.8.8 的联通性，结果如图 8-10 所示。

```
192.168.10.2 ×
[root@localhost ~]# docker exec -it test1 /bin/sh
/ # ping 8.8.8.8 -c 4
PING 8.8.8.8 (8.8.8.8): 56 data bytes
64 bytes from 8.8.8.8: seq=0 ttl=127 time=69.723 ms
64 bytes from 8.8.8.8: seq=1 ttl=127 time=69.431 ms
64 bytes from 8.8.8.8: seq=2 ttl=127 time=70.100 ms
64 bytes from 8.8.8.8: seq=3 ttl=127 time=69.618 ms

--- 8.8.8.8 ping statistics ---
4 packets transmitted, 4 packets received, 0% packet loss
round-trip min/avg/max = 69.431/69.718/70.100 ms
```

图 8-10　测试容器 test1 与外网的联通性

（2）分析容器访问外网主机网络配置

容器 test1 访问外网的原因有 3 个。一是在容器 test1 中设置了去往虚拟网桥 docker0 的网关，如图 8-11 所示。

```
192.168.10.2 ×
/ # route -n
Kernel IP routing table
Destination     Gateway         Genmask         Flags Metric Ref    Use Iface
0.0.0.0         172.17.0.1      0.0.0.0         UG    0      0        0 eth0
172.17.0.0      0.0.0.0         255.255.0.0     U     0      0        0 eth0
```

图 8-11　查看容器 test1 的路由

二是在容器宿主机服务器 node1 上，设置了默认网关 192.168.200.2，通过 ens192 网卡进行转发，如图 8-12 所示。

```
192.168.10.2 ×
[root@localhost ~]# route -n
Kernel IP routing table
Destination     Gateway         Genmask         Flags Metric Ref    Use Iface
0.0.0.0         192.168.200.2   0.0.0.0         UG    103    0        0 ens192
172.17.0.0      0.0.0.0         255.255.0.0     U     425    0        0 docker0
192.168.10.0    0.0.0.0         255.255.255.0   U     102    0        0 ens160
192.168.200.0   0.0.0.0         255.255.255.0   U     103    0        0 ens192
```

图 8-12　服务器 node1 的默认网关设置

容器去往外网的数据到达虚拟网桥 docker0 后，就会转发到 ens192 网卡上。

三是服务器 node1 上的 Iptables 规则设置了源地址转换，即将来自 172.17.0.0/16 的数据转换为出口网卡 ens192 的 IP 地址，如图 8-13 所示。

```
192.168.10.2 ×
[root@localhost ~]# iptables -t nat -nL
Chain PREROUTING (policy ACCEPT)
target     prot opt source               destination
DOCKER     all  --  0.0.0.0/0            0.0.0.0/0            ADDRTYPE match dst
-type LOCAL

Chain INPUT (policy ACCEPT)
target     prot opt source               destination

Chain POSTROUTING (policy ACCEPT)
target     prot opt source               destination
MASQUERADE all  --  172.17.0.0/16        0.0.0.0/0
```

图 8-13　查看服务器 node1 上的 Iptables 地址转换规则

3. 外网主机访问容器

（1）下载 Nginx 镜像

下载一个 Nginx 的镜像，命令如下。

```
[root@localhost ~]# docker pull nginx
```

（2）运行 Nginx 镜像

基于 Nginx 镜像，在后台运行 Nginx 容器，将容器的 80 端口映射到宿主机服务器 node1 的 192.168.200.10 的 81 端口上，也就是 ens192 网卡的 81 端口，命令如下。

```
[root@localhost ~]# docker run --name=nginx -d -p 192.168.200.10:81:80 nginx
```

（3）外网访问 Nginx 服务

在 Windows 主机上，使用浏览器访问地址 http://192.168.200.10:81，结果如图 8-14 所示。

图 8-14　Windows 主机访问 Nginx 容器

从图中可以发现，已经可以在 Windows 主机上访问服务器 node1 上的 Nginx 容器了。

（4）分析外网主机访问容器的网络配置

使用 docker inspect nginx | grep IP 命令查看 Nginx 容器的 IP 地址为 172.17.0.4，如图 8-15 所示。

```
192.168.10.2  ×
[root@localhost ~]# docker inspect nginx | grep IP
            "LinkLocalIPv6Address": "",
            "LinkLocalIPv6PrefixLen": 0,
            "SecondaryIPAddresses": null,
            "SecondaryIPv6Addresses": null,
            "GlobalIPv6Address": "",
            "GlobalIPv6PrefixLen": 0,
            "IPAddress": "172.17.0.4",
```

图 8-15　查看 Nginx 容器的 IP 地址

查看服务器 node1 上的 Iptables 地址转换规则，如图 8-16 所示。

```
192.168.10.2  ×
[root@localhost ~]# iptables -t nat -nL
Chain PREROUTING (policy ACCEPT)
target     prot opt source               destination
DOCKER     all  --  0.0.0.0/0            0.0.0.0/0            ADDRTYPE match dst-type LOCAL

Chain INPUT (policy ACCEPT)
target     prot opt source               destination

Chain POSTROUTING (policy ACCEPT)
target     prot opt source               destination
MASQUERADE all  --  172.17.0.0/16        0.0.0.0/0
MASQUERADE tcp  --  172.17.0.4           172.17.0.4           tcp dpt:80

Chain OUTPUT (policy ACCEPT)
target     prot opt source               destination
DOCKER     all  --  0.0.0.0/0            !127.0.0.0/8          ADDRTYPE match dst-type LOCAL

Chain DOCKER (2 references)
target     prot opt source               destination
RETURN     all  --  0.0.0.0/0            0.0.0.0/0
DNAT       tcp  --  0.0.0.0/0            192.168.200.10       tcp dpt:81 to:172.17.0.4:80
```

图 8-16　查看 Iptables 地址转换规则

从图中可以看出，服务器 node1 上配置了目标地址转换规则，将访问 192.168.200.10 的 81 端口流量发送到 172.17.0.4 的 80 端口，实现了外网主机访问容器内的应用。

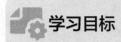

任务 8-2 部署跨宿主机 Docker 容器网络

学习目标

知识目标

- 掌握 Docker 容器自定义网络的特点。
- 掌握容器跨宿主机通信的常用技术。

技能目标

- 能够创建 Docker 自定义网络。
- 能够部署跨宿主机 Docker 容器网络。

素养目标

- 学习跨宿主机容器通信，锻炼系统架构和系统思维能力。
- 自定义网络和 VXLAN 网络的结合使用，培养将复杂问题拆解以解决问题的能力。

8.2.1 任务描述

在默认情况下，所有的容器都连接到虚拟网桥 docker0 上，容器之间可以相互访问。在有些场景下，不需要所有容器实现网络互联，例如，有两个不同的容器应用，一个部署的是电商平台，另一个部署的是游戏平台，它们之间就没有必要实现互联，因为一旦某个容器出现病毒，就会影响到其他容器。自定义网络可以很好地解决这个问题，它提供了一种灵活的网络环境，方便实现容器之间的通信与隔离。

项目经理要求王亮按照图 8-17 所示的网络拓扑，在服务器 node1 和服务器 node2 上部署自定义网络和容器，基于 VXLAN 技术实现自定义网络容器的跨宿主机互联。

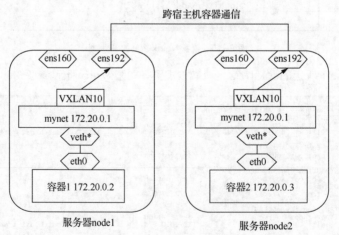

图 8-17 任务 8-2 网络拓扑

8.2.2 必备知识

1. Docker 容器自定义网络

Docker 容器自定义网络是由 Docker 提供的一种功能，用于在容器之间创建一个虚拟的、隔离的网络环境。创建自定义网络，连接到同一网络的容器之间可以进行通信，而其与主机上的其他网络和容器会隔离开来。自定义网络的主要特点包括以下 4 个。

（1）隔离性

自定义网络提供了一种隔离的网络环境，使得连接到同一网络的容器可以相互通信，而与主机上的其他网络隔离开来。这种隔离性能够确保容器之间的通信不会干扰主机上的其他网络或容器。

（2）灵活性

用户可以根据自己的需求创建多个不同的自定义网络，并将容器连接到这些网络中。这样就可以根据应用程序的需求，将容器组织成不同的网络拓扑结构，以实现更灵活的网络架构。

（3）IP 地址管理

Docker 会为每个连接到自定义网络的容器分配一个独立的 IP 地址，使得容器可以通过 IP 地址进行通信。此外，Docker 提供了内置的 DNS 服务，使得容器可以使用其他容器的名称进行解析，而无须使用 IP 地址。

（4）多网络连接

一个容器可以连接到多个不同的自定义网络，以便与不同网络的容器进行通信。这种多网络连接功能可以用于构建更复杂的网络架构和应用场景。

2. 容器跨宿主机通信的常用技术

（1）VXLAN 网络

VXLAN 是一种基于虚拟隧道技术的容器网络解决方案，它可以在底层网络上创建一个逻辑网络，并为每个容器分配一个唯一的 IP 地址。VXLAN 网络可以实现容器跨宿主机和跨数据中心的网络通信，同时支持网络隔离和高级网络策略。VXLAN 的优点是具有较好的可扩展性和灵活性，可以适应不同规模和复杂度的网络环境。

（2）Macvlan 网络

Macvlan 是一种基于物理网卡的容器网络解决方案，它可以将容器直接绑定到物理网卡上，并为每个容器分配一个唯一的 MAC 地址和 IP 地址。Macvlan 网络可以实现容器与宿主机之间的网络隔离，同时可以实现容器之间的网络通信。Macvlan 支持多播和广播等高级网络功能，适用于需要高性能网络的场景。但是，它也有一些限制，如不能跨宿主机使用，且需要提前配置好物理网卡。

（3）Calico 网络

Calico 是一种开源的容器网络和网络安全解决方案，它基于标准的 IP 协议栈来实现容器的网络互联。Calico 使用 BGP 来传递容器之间的流量，可以实现跨宿主机的容器网络通信。

（4）Flannel 网络

Flannel 是一种轻量级的容器网络解决方案，它基于 VXLAN 或 UDP 报文进行容器间通信。Flannel 可以在多个 Docker 宿主机之间创建一个虚拟网络，并为每个容器分配一个唯一的 IP 地址。

（5）Weave Net 网络

Weave Net 是一种开源的容器网络解决方案，并提供丰富的网络策略和安全功能，可以实现容器跨宿主机访问。

8.2.3　创建 Docker 自定义网络

1. 配置服务器网络环境

使用 CentOS 8.ova 模板机创建两台服务器，名称为 node1 和 node2，服务器的网卡及 IP 地址配置如表 8-2 所示。

微课

V8-2　创建
Docker 自定义
网络

表 8-2 服务器的网卡及 IP 地址配置

服务器名称	网卡名称	连接到的网络	网络模式	IP 地址	网关
node1	ens160	VMnet1	仅主机	192.168.10.2	
	ens192	VMnet8	NAT	192.168.200.10	192.168.200.2
node2	ens160	VMnet1	仅主机	192.168.10.3	
	ens192	VMnet8	NAT	192.168.200.20	192.168.200.2

服务器的 ens160 网卡作为 SecureCRT 登录网卡，ens192 网卡用于访问外网，安装 Docker 容器引擎，同时作为两台服务器上容器之间的互联网卡，配置完成后，查看服务器 node1 的网卡和 IP 地址配置，如图 8-18 所示。

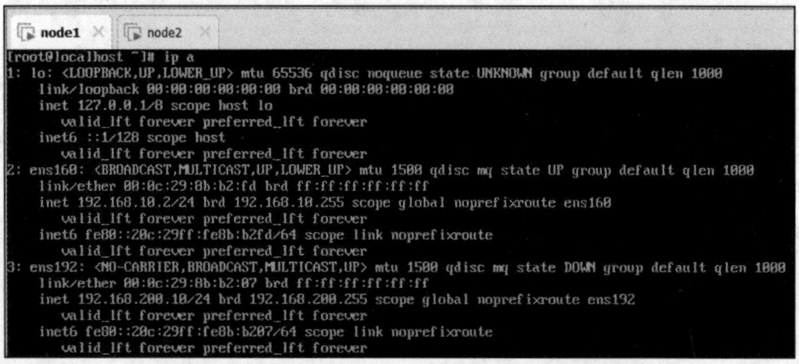

图 8-18 服务器 node1 的网卡和 IP 地址配置

查看服务器 node2 的网卡和 IP 地址配置，如图 8-19 所示。

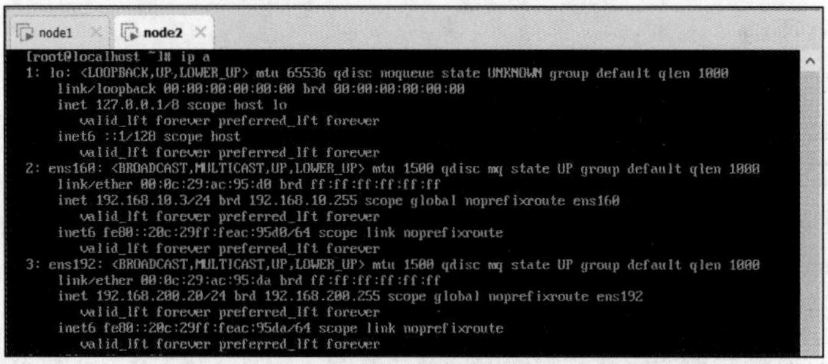

图 8-19 服务器 node2 的网卡和 IP 地址配置

2. 安装 Docker 容器引擎

按照任务 8-1 安装 Docker 容器引擎的方法在服务器 node1 和服务器 node2 上安装 Docker 容器引擎，查看服务器 node1 上的 Docker 容器版本，如图 8-20 所示。

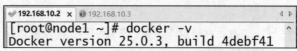

```
192.168.10.2 x    192.168.10.3
[root@node1 ~]# docker -v
Docker version 25.0.3, build 4debf41
```
图 8-20 服务器 node1 上的 Docker 容器版本

查看服务器 node2 上的 Docker 容器版本，如图 8-21 所示。

```
192.168.10.2   192.168.10.3 x
[root@node2 ~]# docker -v
Docker version 25.0.3, build 4debf41
```
图 8-21 服务器 node2 上的 Docker 容器版本

3. 创建自定义网络

（1）在服务器 node1 上创建 Docker 容器自定义网络

创建名称为 mynet、子网地址为 172.20.0.0/16 的自定义网络，命令如下。

```
[root@node1 ~]# docker network create --subnet=172.20.0.0/16 mynet
```

创建完成后，查看 Docker 容器网络，结果如图 8-22 所示。

```
192.168.10.2 × 192.168.10.3
[root@node1 ~]# docker network ls
NETWORK ID      NAME      DRIVER    SCOPE
9817055e071e    bridge    bridge    local
23612ab2264b    host      host      local
7e4e91eb5623    mynet     bridge    local
f4f88db2a4b3    none      null      local
```

图 8-22　查看服务器 node1 上创建的 mynet 自定义网络

（2）在服务器 node2 上创建 Docker 容器自定义网络

创建名称为 mynet、子网地址为 172.20.0.0/16 的自定义网络，命令如下。

```
[root@node2 ~]# docker network create --subnet=172.20.0.0/16 mynet
```

创建完成后，查看 Docker 容器网络，结果如图 8-23 所示。

```
192.168.10.2 192.168.10.3 ×
[root@node2 ~]# docker network ls
NETWORK ID      NAME      DRIVER    SCOPE
392786b7b9c3    bridge    bridge    local
b0c01af7255b    host      host      local
7a24cde993c6    mynet     bridge    local
40543ddb3658    none      null      local
```

图 8-23　查看服务器 node2 上创建的 mynet 自定义网络

8.2.4　部署和分析跨宿主机 Docker 容器网络

微课

V8-3　部署和分析
跨宿主机 Docker 容
器网络

1. 基于自定义网络创建容器

（1）下载 alpine 镜像

使用 alpine 镜像运行测试容器，在两台服务器上下载镜像，命令如下。

```
[root@node1 ~]# docker pull alpine
[root@node2 ~]# docker pull alpine
```

（2）在服务器 node1 上创建并测试容器 test1

基于 alpine 镜像和 mynet 自定义网络创建容器 test1，命令如下。

```
[root@node1 ~]# docker run -itd --name=test1 --ip 172.20.0.2 --network=mynet alpine
/bin/sh
```

在服务器 node1 上基于 alpine 镜像和 mynet 自定义网络创建了测试容器 test1，指定了容器的 IP 地址为 172.20.0.2。使用-it /bin/sh 命令的作用是开启一个终端 Shell 进程，保持和容器的交互，保证容器一直处于运行状态。-d 选项的作用是在后台运行容器，不占用当前终端页面。

（3）在服务器 node2 上创建并测试容器 test2

基于 alpine 镜像和 mynet 自定义网络创建容器 test2，命令如下。

```
[root@node2 ~]# docker run -itd --name=test2 --ip 172.20.0.3 --network=mynet alpine
/bin/sh
```

在服务器 node2 上基于 alpine 镜像和 mynet 自定义网络创建了测试容器 test2，指定了容器的 IP 地址为 172.20.0.3。使用-it /bin/sh 命令的作用是开启一个终端 Shell 进程，保持和容器的交互，保证容器一直处于运行状态。-d 选项的作用是在后台运行容器，不占用当前终端页面。

（4）查看服务器 node1 和服务器 node2 的网桥

在服务器 node1 上查看网桥配置，结果如图 8-24 所示。

图 8-24　查看服务器 node1 上的网桥配置

从图中可以发现，服务器 node1 增加了网桥 br-7e4e91eb5623，连接到了 veth220e278 网卡。新增加网桥是因为创建了 mynet 自定义网络，绑定的网卡连接到了容器 test1。

在服务器 node2 上查看网桥配置，结果如图 8-25 所示。

图 8-25　查看服务器 node2 上的网桥配置

从图中可以发现，服务器 node2 增加了网桥 br-7a24cde993c6，连接到了 veth931b54f 网卡，新增加网桥是因为创建了 mynet 自定义网络，绑定的网卡连接到了容器 test1。

2. 使用 VXLAN 技术实现容器跨宿主机互联

（1）在服务器 node1 上创建 VXLAN10 虚拟接口

在服务器 node1 上创建 VXLAN10 虚拟接口，VXLAN ID 为 10，远端 IP 地址为服务器 node2 的 ens192 接口，IP 地址为 192.168.200.20，远端目标端口为 4789，配置如下。

```
[root@node1 ~]# ip link add vxlan10 type vxlan id 10 remote 192.168.200.20 dstport 4789
```

配置完成后，启动 VXLAN10 虚拟接口，配置如下。

```
[root@node1 ~]# ip link set vxlan10 up
```

将 VXLAN10 虚拟接口绑定到虚拟网桥 br1 上，配置如下。

```
[root@node1 ~]# brctl addif br-7e4e91eb5623 vxlan10
```

（2）在服务器 node2 上创建 VXLAN10 虚拟接口

在服务器 node2 上创建 VXLAN10 虚拟接口，VXLAN ID 为 10，远端 IP 地址为服务器 node1 的 ens192 接口，IP 地址为 192.168.200.10，远端目标端口为 4789，配置如下。

```
[root@node2 ~]# ip link add vxlan10 type vxlan id 10 remote 192.168.200.10 dstport 4789
```

配置完成后，启动 VXLAN10 虚拟接口，配置如下。

```
[root@node2 ~]# ip link set vxlan10 up
```

将 VXLAN10 虚拟接口绑定到虚拟网桥 br2 上，配置如下。

```
[root@node2 ~]# brctl addif br-7a24cde993c6 vxlan10
```

（3）测试联通性

在服务器 node2 上使用 Tcpdump 工具抓取流经 veth931b54f 的 ICMP 流量，在服务器 node1 上进入容器 test1，测试与容器 test2 的联通性，结果如图 8-26 所示。

图 8-26　测试容器 test1 与容器 test2 的联通性

从图中可以发现，容器 test1 和容器 test2 已经能够正常通信了，说明跨宿主机的容器互联配置成功了。在服务器 node2 上抓取流经 veth931b54f 网卡的流量，如图 8-27 所示。

```
● 192.168.10.2 | ● 192.168.10.3 ×
[root@node2 ~]# tcpdump -t -vv -i veth931b54f -p icmp
dropped privs to tcpdump
tcpdump: listening on veth931b54f, link-type EN10MB (Ethernet), capture size 262144 bytes
IP (tos 0x0, ttl 64, id 18248, offset 0, flags [DF], proto ICMP (1), length 84)
    172.20.0.2 > 172.20.0.3: ICMP echo request, id 50, seq 0, length 64
IP (tos 0x0, ttl 64, id 39758, offset 0, flags [none], proto ICMP (1), length 84)
    172.20.0.3 > 172.20.0.2: ICMP echo reply, id 50, seq 0, length 64
IP (tos 0x0, ttl 64, id 19230, offset 0, flags [DF], proto ICMP (1), length 84)
    172.20.0.2 > 172.20.0.3: ICMP echo request, id 50, seq 1, length 64
IP (tos 0x0, ttl 64, id 39954, offset 0, flags [none], proto ICMP (1), length 84)
    172.20.0.3 > 172.20.0.2: ICMP echo reply, id 50, seq 1, length 64
IP (tos 0x0, ttl 64, id 20179, offset 0, flags [DF], proto ICMP (1), length 84)
    172.20.0.2 > 172.20.0.3: ICMP echo request, id 50, seq 2, length 64
IP (tos 0x0, ttl 64, id 40464, offset 0, flags [none], proto ICMP (1), length 84)
    172.20.0.3 > 172.20.0.2: ICMP echo reply, id 50, seq 2, length 64
IP (tos 0x0, ttl 64, id 21148, offset 0, flags [DF], proto ICMP (1), length 84)
    172.20.0.2 > 172.20.0.3: ICMP echo request, id 50, seq 3, length 64
IP (tos 0x0, ttl 64, id 40651, offset 0, flags [none], proto ICMP (1), length 84)
    172.20.0.3 > 172.20.0.2: ICMP echo reply, id 50, seq 3, length 64
```

图 8-27　在服务器 node2 上抓取流经 veth931b54f 网卡的流量

从图中可以看出，在服务器 node2 上抓取到了容器 test1 访问容器 test2 的 ICMP 流量。

8.2.5　部署和分析跨宿主机 Kubernetes 容器网络

1. 导入 Kubernetes 集群

Kubernetes 是当下主流的集群模式下的容器管理平台，由于篇幅所限，部署 Kubernetes 集群的过程不再详述，具体请参照本书资源中的部署过程文档，部署完成的 Kubernetes 集群将以虚拟机的形式提供给读者。在使用时，导入 3 台虚拟机（即 3 台服务器）即可，3 台服务器的 IP 地址规划如表 8-3 所示。

微课

V8-4　部署和分析跨宿主机 Kubernetes 容器网络

表 8-3　3 台服务器的 IP 地址规划

服务器名称	网卡名称	IP 地址
master	ens32	192.168.0.10
node1	ens32	192.168.0.20
node2	ens32	192.168.0.30

2. 创建 Pod 容器

（1）创建两个 Pod 容器

Kubernetes 将容器运行在 Pod 中，首先在服务器 master 上创建名称为 nginx 的 Pod，使用镜像为 nginx:1.7.9。

`[root@master ~]# kubectl run nginx --image=nginx:1.7.9`

在服务器 master 上继续创建名称为 nginx1 的 Pod，使用镜像为 nginx:1.7.9。

`[root@master ~]# kubectl run nginx1 --image=nginx:1.7.9`

创建完成后，使用 kubectl get pod -o wide 命令查看 Pod 容器的信息，如图 8-28 所示。

```
● 查看nginx | ● 查看nginx1 | ● master × | ● node1 | ● node2
[root@master ~]# kubectl get pod -o wide
NAME     READY   STATUS    RESTARTS   AGE   IP           NODE    NOMINATED NODE   READINESS GATES
nginx    1/1     Running   0          55m   172.16.1.4   node1   <none>           <none>
nginx1   1/1     Running   0          31m   172.16.2.2   node2   <none>           <none>
```

图 8-28　查看 Pod 容器的信息

从图中可以发现名称为 nginx 的 Pod 调度到了服务器 node1，IP 地址为 172.16.1.4；名称为 nginx1 的 Pod 调度到了服务器 node2，IP 地址为 172.16.2.2。

（2）进入 Pod 并测试联通性

在服务器 master 上，进入名称为 nginx 的 Pod，命令如下。

```
[root@master ~]# kubectl exec -it nginx /bin/bash
root@nginx:/#
```

测试其与名称为 nginx1 的 Pod 的联通性，结果如图 8-29 所示，发现可以正常通信。

```
远程nginx  克隆nginx1  ✔ master ×  node1  node2
root@nginx:/# ping 172.16.2.2 -c 4
PING 172.16.2.2 (172.16.2.2): 48 data bytes
56 bytes from 172.16.2.2: icmp_seq=0 ttl=62 time=0.948 ms
56 bytes from 172.16.2.2: icmp_seq=1 ttl=62 time=0.521 ms
56 bytes from 172.16.2.2: icmp_seq=2 ttl=62 time=0.318 ms
56 bytes from 172.16.2.2: icmp_seq=3 ttl=62 time=0.315 ms
```

图 8-29　测试 Pod 的联通性

（3）分析跨宿主机容器网络

服务器 node1 上的 pod-nginx 与服务器 node2 上的 pod-nginx1 实现网络互联的拓扑如图 8-30 所示。

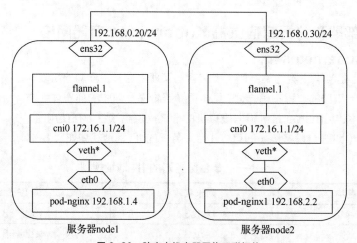

图 8-30　跨宿主机容器网络互联拓扑

其中，Flannel 组件是 Kubernetes 的网络插件，是一种覆盖网络，将 TCP 数据包装在另一种网络包中进行路由转发和通信，目前已经支持 UDP、VXLAN 等数据转发方式，默认的节点间数据通信方式是 UDP 转发。

它的功能有两个：一个是在不同节点上生成不同网段的网桥，连接到不同的 Pod 容器，如服务器 node1 上的 cni0 和服务器 node2 上的 cni0 使用不同的网络地址；另一个是当 Pod 容器将数据发送给 cni0 网桥后，Flannel 会通过查询 etcd 数据库查看发往目标地址的数据转发到哪台服务器上，如当服务器 node1 上 pod-nginx 容器访问 192.168.2.2 时，会将数据转发到 flannel.1 网卡，此时 Flannel 会查看 etcd，发现 192.168.2.2 在服务器 node2 的 192.168.0.30 上，即将数据转发到服务器 node2。

3. 外网主机访问 Kubernetes 集群

（1）Service 实现的机制

由于 Pod 存在生命周期，有销毁，有重建，无法提供一个固定的访问接口给客户端，且用户不可能记住所有同类型的 Pod 地址，因此 Service 资源对象就出现了。Service 基于标签选择器将一组 Pod 定义成一个逻辑组合，并通过自己的 IP 地址和端口调度代理请求访问组内的 Pod 对象，如图 8-31 所示。它向客户端隐藏了真实处理用户请求的 Pod 资源，就像由 Service 直接处理并响应一样。

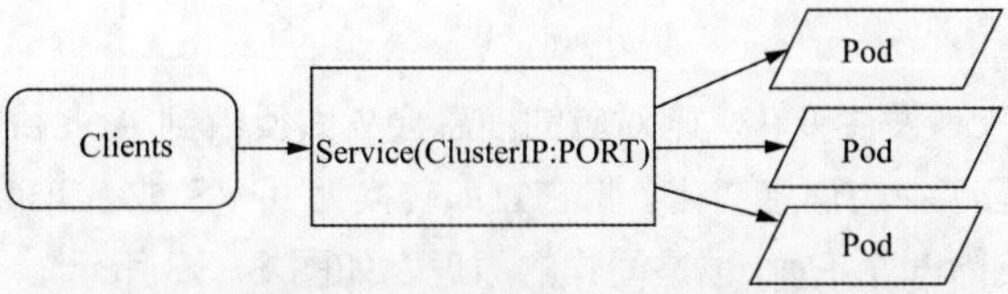

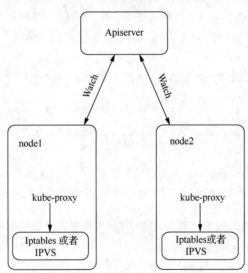

图 8-31　客户端通过访问 Service 来访问组内的 Pod 对象

　　Service 对象的 IP 地址也称为 Cluster IP，它位于为 Kubernetes 集群配置指定的 IP 地址范围内，是虚拟的 IP 地址，它在 Service 对象创建之后保持不变，并且能够被同一集群中的 Pod 资源所访问。Service 端口用于接收客户端请求，并将请求转发至后端的 Pod 应用的相应端口，这样的代理机制也称为端口代理，它基于 TCP/IP 协议栈的传输层。

　　Service 对象的 IP 地址是虚拟地址，Pod 对象的 IP 地址是 Pod IP 地址，都是在集群内部可以访问的，无法响应集群外部的访问请求。解决该问题的办法是在单一的节点上做端口暴露或让 Pod 资源共享工作节点的网络命名空间。除此之外，还可以使用 NodePort 类型的 Service 资源，或者是有 7 层负载均衡能力的 Ingress 资源。

　　（2）Service 实现的工作原理

　　在 Kubernetes 集群中，每个工作节点都运行一个 kube-proxy 组件，这个组件进程始终监视着 Apiserver 中有关 Service 的变动信息，获取任何一个与 Service 资源相关的变动状态。通过 Watch（监视），一旦有 Service 资源相关的变动和创建，kube-proxy 就将使用 Iptables 或者 IPVS 规则在当前 node 上实现资源调度，如图 8-32 所示。

图 8-32　Service 实现的工作原理

　　① Iptables 代理模式。

　　客户端进行 IP 请求时，直接请求本地内核 Service IP，根据 Iptables 的规则直接将请求转发到各 Pod 上。因为使用 Iptables 来完成转发，所以也存在不可忽视的性能损耗，如果集群中存在上万的 Service/Endpoint，那么 node 上的 Iptables 规则数量将会非常庞大，性能会受到影响。

　　② IPVS 代理模式。

　　Kubernetes 自 1.9-alpha 版本引入了 IPVS 代理模式，客户端 IP 请求到达内核空间时，根据 IPVS 的规则直接分发到各 Pod 上。kube-proxy 会监视 Service 对象和 Endpoints，确保 IPVS 状态与期望一致。访问服务时，流量将被重定向到其中一个后端 Pod，IPVS 为负载均衡算法提供了更多选项。

如果某个服务后端 Pod 发生变化，则对应的信息会立即反映到 Apiserver 上，而 kube-proxy 通过 Watch 到 etcd 数据库中的信息变化，将它立即转换为 IPVS 或者 Iptables 中的规则，这些动作都是动态和实时的，删除一个 Pod 也是同样的原理，如图 8-33 所示。

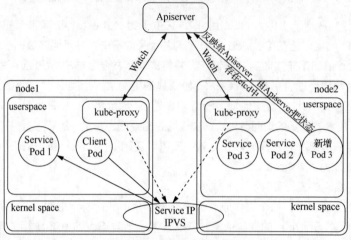

图 8-33 新增 Pod 后的变化

（3）在 Kubernetes 集群中创建 Service 服务

在服务器 master 上创建 Service 服务，访问名称为 nginx 的 Pod 容器，命令如下。

`[root@master ~]# kubectl expose pod nginx --port=80`

创建完成后，查看 Service，如图 8-34 所示。

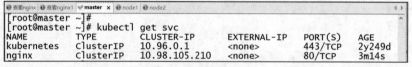

图 8-34 查看 Service

从图中可以发现暴露了名称为 nginx 的 Pod 容器。Service 服务的名称为 nginx、IP 地址为 10.98.105.210，通过访问 10.98.105.210 就可以访问服务器 node1 上的 Nginx 服务了，命令如下。

`[root@master ~]# curl http://10.98.105.210`

（4）在集群外部访问 Kubernetes 容器

打开名称为 nginx 的 Service，命令如下。

`[root@master ~]# kubectl edit svc nginx`

修改第 26 行"type: ClusterIP"中的 ClusterIP 为 NodePort。

`type: NodePort`

保存配置并退出后，查看修改后的 Service，结果如图 8-35 所示。

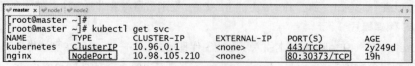

图 8-35 查看修改后的 Service

从图中可以发现，Service 已经修改为 NodePort 类型，外部访问的端口号为 30373，在 Windows 主机上使用浏览器访问 http://192.168.0.10:30373，结果如图 8-36 所示，发现已经能够成功访问了。

图 8-36　外部访问集群内 Pod 容器

项目小结

Docker容器极大地简化了应用程序的打包、交付和部署过程，提高了开发人员和运维人员的工作效率，同时降低了应用程序在不同环境中运行的风险。其具备轻量级、快速启动、环境一致性、高可用、生态丰富等特点。将业务系统部署到Docker容器中的目的是对外提供服务，这就要求部署Docker容器的内网和外网。任务8-1讲解了单宿主机环境下容器的内外网互联，任务8-2讲解了跨宿主机环境下容器之间的网络互联。

项目练习与思考

1．选择题

（1）容器是基于（　　）创建的运行实例。

　　A．网络　　　　　　B．存储　　　　　　C．镜像　　　　　　D．路由

（2）Docker 容器默认和使用最多的网络模式是（　　）。

　　A．bridge 网络　　　　　　　　　　B．host 网络

　　C．container 网络　　　　　　　　　D．none 网络

（3）安装 Docker 容器引擎后，默认的虚拟网桥名称是（　　）。

　　A．docker0　　　B．docker1　　　C．docker2　　　D．docker3

（4）在使用自定义网络创建容器时，可以通过（　　）选项指定容器的 IP 地址。

　　A．--net　　　　B．--ip　　　　C．--network　　　D．--bridge

（5）VXLAN 是一种基于虚拟（　　）的网络解决方案。

　　A．网络技术　　　B．交换技术　　　C．路由技术　　　D．隧道技术

2．填空题

（1）进入某个容器时，可以使用_____命令。

（2）基于镜像运行容器时，可以通过＿＿＿＿＿＿选项指定容器和宿主机之间的端口映射关系。

（3）当容器访问外网主机时，需要在宿主机上建立 Iptables＿＿＿＿＿规则。

（4）当外网主机访问容器时，需要在宿主机上建立 Iptables＿＿＿＿＿规则。

（5）使用＿＿＿＿＿命令可以从远程仓库下载镜像。

3. 简答题

（1）简述 Docker 的 4 种默认网络模式的特点。

（2）简述 Docker 跨宿主机容器网络的常用技术。